国家级首批一流课程教材、清华大学精品课程教材
纺织服装高等教育"十四五"部委级规划教材
服装史论书系

中外服装史

（第三版）

贾玺增 著

东华大学出版社

·上海·

图书在版编目（CIP）数据

中外服装史 / 贾玺增著 . —— 3 版 . —— 上海：东华
大学出版社 , 2024.3
　　ISBN 978-7-5669-2341-7

　　Ⅰ . ①中⋯ Ⅱ . ①贾⋯ Ⅲ . ①服装—历史—世界
Ⅳ . ① TS941-091

　　中国国家版本馆 CIP 数据核字 (2024) 第 022374 号

责任编辑：马文娟
装帧设计：上海程远文化传播有限公司

中外服装史（第三版）
ZHONGWAI FUZHUANGSHI (DISANBAN)

著：贾玺增

参编：程晓英

出版：东华大学出版社（上海市延安西路1882号，邮政编码：200051）

出版社网址：http://dhupress.dhu.edu.cn

天猫旗舰店：http://dhdx.tmall.com

营销中心：021-62193056 62373056 62379558

印刷：上海雅昌艺术印刷有限公司

开本：889mm×1194mm 1/16

印张：21.75

字数：562千字

版次：2024年3月第3版

印次：2024年3月第1次印刷

书号：ISBN 978-7-5669-2341-7

定价：98.00元

数字资源获取方式

第一步：刮开右侧图层

第二步：使用激活码，激活全书数字资源

第三步：兑换成功后扫描右方二维码，即可免费
获取数字资源

服装史系列课程
资源二维码

刮开涂层，微信扫码后
按提示操作

书中如有错页、倒页，请联系出版社调换，联系电话：021-62193056。

序

　　超越国界、地域、族群和性别的服装通史，涵盖的内容非常丰富，其参照的坐标也不限于时间和空间，且相互穿插、错综复杂，所以少有独创性研究著作，多为综述性的编撰。B.Eidher 主编的 *Encycfopedia of World Dress and Fashion* 篇幅浩大，集全世界各国优秀的服装史论界专家学者于一役，方能做到既有广度又有深度。而且，全书采用百科词条的形式，将复杂的大历史拆成一个个小史实（事件、人、物、现象和风格等），一个词条解决一个史实，再以时空、族群等为坐标分门别类进行编排，有其撰写方便之处。如果要以有限的篇幅以编年史的形式写一部兼顾中外的服装史，难度是相当大的。

　　记得很久之前，还是青年学者的郑巨欣教授写了一部《世界服装史》。我有幸被邀请审稿。稿中郑氏力图以古代（Ancient）、中世纪（Middle Age）和文艺复兴时期（Renaissance）等历史时期为线索与我国的先秦、汉唐和宋元进行对应，并以此展开带比较研究性质的叙述。由于各个历史发展的差异性和特殊性，这种尝试可谓难上加难。

　　对比前辈学者，贾玺增采用了相对自然的编排和表述。他平实地以公元纪年为时间坐标上的刻度，回避了中西方历史阶段对应的复杂性和难度，我个人以为是合理的选择，特别是对于一部以涵盖面丰富和叙述简明为目标的服装史来说。

　　虽然简明，这部中外服装史却有一些值得赞许的特点。第一，书名虽然是《中外服装史》，事实上内容覆盖的是"中西"服装史，即外国部分采用了以西方服装发展为主流，以古代埃及和两河流域为起点，再以古代爱琴海和希腊文明为起点的欧洲史，最后一直到 20 世纪下半叶，把视野扩大至欧洲之外。第二，作者更多以一个设计师而非纯粹学者的立场进行史料的选择和叙述。这点与作者在写作前对目标读者群的考量高度相关。第三，作者对历史服饰与相关艺术和相应文化之间的关联给予了较多的关注。这或许是因为服饰之起源与艺术之起源有较多的交集，更因为时装与先锋艺术之间的天然盟友关系。

　　就世界范围而言，中国开设服装设计专业的院校最多，几乎所有服装专业院校都开设服装史课程。至少一半院校只开设中外服装史，而不分别开设中国服装史和外国服装史。而且，服装史课程的课时并不多（大致在 36 ~ 96 课时，2 ~ 4 学分）。因此，可以预期这本书会受到服装设计专业广大院校师生的欢迎。当然，非此专业的读者，想一窥时装界的奥秘，这本书也是一个很好的选择。

包铭新

东华大学服装与艺术设计学院教授、博士生导师

第二版序

当今世界，人类着装形态趋于大同已是不争的事实。服装风尚的变迁也已从过去的几百年一大变、数十年一小变的区域性传承，发展为几年一大变、几季一小变的国际流行时尚。它包容性强、影响力大，很少有人能置身事外。或许言过其实，但我真的认为：流行时尚是当代人类社会伟大的文明成果与宝贵的物质财富。它可以消除区域文化差异，丰富社会生活，满足感官享受，同时又能引发人们对社会问题的关注与思考、修炼心性、提升品位、开启智慧，促进商业发展，并具有积极向上、愉悦大众的文化内涵。这就是流行时尚的魅力所在！

尽管时尚风云瞬息万变，但终究脱离不了历史文化的土壤。对于流行时尚的设计，必然要借鉴、依托于人类服装历史，从中找到有社会价值并易于视觉化的设计内容。互联网经济、信息科技革命、工业化批量制造等现代经营与生产方式，在为人类提供更丰富的物质产品和消费享受的同时，也在很大程度上扼杀了原本多姿多彩的民族和区域文化。与此同时，当代国际流行时尚审美形态，在国际范围内趋于同化的加速过程中，对原本存在于中西方服装历史中的多元文化报以热切期盼和渴求。前者是时代的脉搏，任谁也无法改变；后者是流行时尚的快速演变与商业市场激烈竞争的必然结果。这为时尚产业的设计者带来了挑战与机遇。

在《中外服装史（第一版）》出版的两年时间里，本人有幸收到许多读者的慷慨赞誉，也得到了同行、专家们的认可。谢谢大家给予我的支持和鼓励。本次再版，除了补充了古埃及部分的内容，还在书尾增加了中外服装史拉页通览全景图。初衷是由于中外服装史内容过于繁杂，初学者和普通读者很难做到概览全貌、了然于胸。为此，本书根据年代顺序，将中外服装各个时期中的典型款式上下并置地分列在书尾拉页上，从而有助于大家进行中外服装史的比较与通览。

祝大家在学习中外服装史的过程中，享受快乐、学以致用、知行并进！

贾玺增

写于清华大学美术学院

第三版序

自 2016 年《中外服装史》第一版印刷至 2024 年第三版已累计有 11 次印刷。从开始撰写《中外服装史（第一版）》到现在，已经有十年的时间。回想当年每天沉浸在服装史写作中的样子，一切都还历历在目。光阴的流逝让人感慨，如果将数以千计的"十年"拼叠，便自然形成了服装的历史。

毋庸置疑，学好服装史不易，教好服装史更不易。其原因在于，服装史领域涉及的内容极其丰富，简单删减会让学科失去生动性，繁杂罗列难于掌握全貌，理论枯燥难于激发学习者兴趣。为了更好地适应服装史的学习和教学需要，这本教材在内容构思、理论梳理、案例取舍、文图结合、版式布局等方面都进行了反复推敲和精心打磨。自《中外服装史（第一版）》出版至今，收获了许多来自读者、院校师生们的好评和赞誉。目前，国内有 300 余所院校选用此书作为教材。为了便于学习，我们在第二版增加了服装史相关知识视频和中外服装史拉页通览全景图。第三版改版增加了中国传统色彩研究内容，并不断研究、提升教材出版形式，呈现高质量新形态的内容，努力构建服装史教学研究体系。现在撰写第三版序，格外感到亲切，服装史的研究是我学术生涯里最重要、最核心的内容。我其他的研究方向，如中国传统纹样、中国传统色彩、诗词文学时尚史、中国元素时装设计等板块，都是在服装史研究的基础上展开的。

从 2015 年到现在的近十年，可谓是我个人学术生涯成长的重要阶段。这期间，我们做了很多与《中外服装史》教材相关的教学研究和学术交流活动。首先，在中国纺织服装教育学会、东华大学出版社、东华大学期刊中心领导的支持下，我们策划了"华夏衣裳"中国高等院校服装史学术论坛，至 2023 年已经连续举办 6 届会议，参与的院校有 200 余所，会议发言的学者有 200 多位，听众更是多达数十万。大家对服装史学科的关注和学习兴趣日益浓厚且不断高涨，我们建立了"华夏衣裳"中国高等院校服装史教师交流群，一起交流服装史的教学方法和教学心得。其次，我们用了很长时间，花费了很多精力，为《中外服装史》教材配备了专门的教学课件，教授服装史课程的老师以此课件教学省去了很多时间，我也计划每二至三年，补充、完善和升级一次课件。最后，我在 2020 年出版了《中国服装史》，以及《中外服装史（简明版）》《中国服装史（简明版）》《西方服装史（简明版）》。这三本简明版的撰写目标是"易读、易学、易掌握"，提炼服装史的"核心知识点"，以"极简词条"为读者图文并茂地快速构建服装史的知识体系。由此，"服装史论书系"就形成了一个具有不同学习层次的服装史教材系列丛书。

除了服装史课堂学习的教材之外，我们还不断尝试拓展、深入研究服装史专业内容，"宣物存形"书系就是以中国传统纹样为主题的系列图书，可以作为服装史教学的配套课外阅读和学习书籍。2023 年出版了《宣物存形——汉代漆器纹样》，2024 年将出版《宣物存形——明代织锦纹样》。此外，"中国最美服饰丛书"也是"服装史论书系"中的重要内容，2024 年出版的《中国最美服饰：马面裙》是这个系列的第一本书，后面将有"挽袖""云肩"……主题的出版计划。整体的想法是将"服装史论书系"出版成一个互相支撑、内容丰富的学术生态体系。

感谢读者们的长期陪伴、大力支持和厚爱，感谢清华大学美术学院、中国纺织服装教育学会、东华大学出版社、东华大学期刊中心领导、师长和朋友们的鼓励和提携。

祝大家知行合一、学以致用，在服装史的学习上不断精进，在服装史的传承与创新上再创辉煌！

写于清华大学美术学院

目 录

第四章 公元前 2—公元 4 世纪服装 / 81

第一章 概述

中国自古便有"衣冠礼仪之邦"之美誉，其辉煌成就有目共睹。它不仅是中华文明的重要组成部分，更是世界文化宝库中的一颗璀璨明珠。

服装是一面镜子，是人类所处地理环境、气候物产、民族性格、文化特点、历史风貌等诸多元素的综合反映。中国古代服饰是在一个相对封闭的大陆型地理环境中形成和发展的。它东面和南面濒临太平洋，西北有漫漫戈壁和一望无际的大草原，西南耸立着世界屋脊青藏高原。这使得中国古代服饰远离世界其他服饰文化，以"自我"为中心，沿着自己的方向独立发展，自始至终都保持着与众不同的文化品格。

中国绝大多数地区属季风性气候类型，一年中春夏秋冬四季更替。这塑造了前开前合、多层着装的中国传统服装形态，以及"交领右衽"和"直领对襟"的衣襟结构。前者两侧衣襟作"y"字形重叠相掩，体现了"以右为上""尊右卑左"的文化观念；后者衣襟为直线，竖垂于胸前。两者组合在一起，具有闭合性好、穿脱方便、富有层次等优点。人们可以通过服装的叠加与递减，实现对身体温度的调节。

中华文明的发源地——黄河、长江流域的水系、土地、气候等自然环境，为华夏祖先的农业生产提供了得天独厚的条件。由农耕生活发展而来的"天人合一"的观念，使中国古代服饰具有师法自然、人随天道的品格特点。中国先民通过服装的色彩、纹样、造型等内容与天时、地理、人事之间建立联系，从而在心理上形成"天人感应"的意识。同时，中国先民通过"四季花"与"节令物"等应景服饰文化进行情景模拟，构建出一幅生动和谐、时节有序、内外融合的"新世界"，体现了华夏民族的浪漫情怀和充满智慧的文化想象力，也反映了中国先民在历史演变过程中的主动积极的参与意识。

中国是世界丝绸的发源地。种桑、养蚕、纺丝、织造丝绸是中国先民的伟大发明。丝绸的输出与传播为中华文明赢得了永久的世界声誉。通过车马人力开辟的"丝绸之路"，在交通极不发达的古代堪称奇迹。工业革命来临之前，中国贸易占有很大的优势，外销丝绸为中华民族积累了极其巨大的财富。依附于纺织材料的是刺绣技艺。原始社会时，人们用文身、文面等方式美化生活，后人用针将线反复穿绕面料形成精巧绚丽的纹样，它们承载着厚重的传统文化与民族精神。制作成匹满地花纹的绣品，不仅需要长年累月的时间和纯熟灵活的技巧，而且需要聪明的艺术悟性和毅力。

除了纺织、刺绣等技艺，更令人称道的是华夏先民对于服装裁剪技术的全面掌握与高超运用。在江陵马山楚墓出土的素纱棉袍，其腰部和背部各有一处省道结构，合乎人体特征和运动规律的设计，表现出古代楚人的高超智慧和精妙的制衣技巧。它比起西方中世纪末期（13—14 世纪）才开始使用的省道技术，领先了 1500 余年。河北满城汉墓出土的金缕玉衣的袖窿造型，与我们今天西装袖的造型极其相似。这说明中国古人在汉代就已经掌握了高超的人体三维包装技术。

出于机能性考虑，中国古人创造了在袍服的后部或两侧开衩的"缺胯袍"。出于骑射的需要，元代先民还创造了在腰部横断，下裳施加褶裥的裙袍一体式服装，史称"辫线袍"。辫线袍上身紧窄合体，下摆宽松，腰间密褶，在整体外观上呈现出松紧有致、疏密相间的节奏感。这种形制与游牧民族的马背生活和谐统一。上身紧使人在骑马时手臂活动灵活自由，下身宽松则易于骑乘。这些结构既保持了服装外观的端庄，又赋予了服装机能性。尽管明朝政府曾下诏"衣冠如唐制"，试图恢复汉族服装式样，但元人的袍裙式结构不仅没有随着朝代更替而被淘汰，反而对后世服装式样产生了深远的影响。其式样如旋子、程子衣，以及两旁缀摆、交领或圆领大袖的直摆及膝襕的装饰形式亦被明人保留了下来。至清代，辫线袍演变成上衣下裳的袍裙式服装结构的清皇帝朝袍。它从最初产生于实用功能的需要，在被符号化定型之后，最终成为一种附加于服饰之上的文化象征。

长期的农业经济模式使华夏民族的民族性格具有鲜明的农耕文化特征。农业生产方式对于自然环境的依赖和生活资料自给自足的特点，培养了中华民族乐天知命、安于现状、清心寡欲、追求和谐的民族性格。在农业经济社会里，农业生产使中国先民长期生活和劳作于相对固定的区域内，这形成了中国先民安静内向的性格与封闭保守的心理。农业生产这种简单的经验操作，养成了中国古人经验主义的思维特征，这种思维方式使得中国人特别重视经验，注重现实人事，而缺少对于科学研究的热情，严重阻碍了中国科学技术的发展和进步。由于灌溉和耕种的需要，中国古人需要以自然村落的形式组成最为原始的社会组织。而社会组织的基本构成单位则是以血缘关系组成的家庭单位。由于土地的不可迁移性、生产力水平和对土地资源的依赖，使血缘关系成为中国封建社会组织结构的最佳途径。与生活于爱琴海区域的古希腊人不同，生活于黄河流域的中国古人不愿去海上冒险，而是兴修水利，这种工作不是少数人能够完成的，也不是某个部落能够单独完成的，需要大量的人力物力和高度的社会组织结构。这最终形成了中国封建社会的整体社会

模式：家庭——国家，家长制——封建制，孝父——忠君，父父子子——君君臣臣，促成了中央集权和官僚政治权威的产生。

复杂的社会组织系统、血缘脉络和礼仪教化，最终演变成严格的等级秩序。早在西周时期，中国古人就已形成了六冕、四弁、六服等丰富的服饰礼仪文化。周王服装从制丝到最终穿着，要经过20多道严格的管理程序。在经历汉代、唐代、宋代、明代的补充和丰富后，直至清代，中国服饰形成了一套缜密、繁缛、严谨的礼仪体系。处于社会中的人被井然有序地安置于由冕旒、章纹、绶带制度所交织而成的礼仪等级中。人们根据自己的身份和穿用的场合选择与自身相对应的服饰。服装表现了在中国传统等级社会中，人们之间相互协调与制约的复杂关系，体现了中国古人升降周旋、揖让进退与"唯礼是尚"的高度智慧和理想追求。

西方服饰文化是指以围绕着地中海的尼罗河文明、西亚的两河流域文明、爱琴文明以及南欧的古希腊、古罗马文明为基础，经过在中世纪的发展、拜占庭文化的滋养，混合与借鉴来自北方的日耳曼民族文化后，在基督教文化的控制和影响下发展、形成的服饰文化。西方服饰文化是由多种文明相互混合，以经济、军事和政治实力为风向标，不断转移历史发展中心，伴随着民族迁徙、文化移动而具有明显的时代特征和风格变化的服饰文化。

整体来看，欧洲大陆是五分之一的亚欧大陆伸入大西洋中的一个半岛。其海岸线长达37900千米，多岛屿、港湾和深入大陆的内海。原本面积就不大的希腊半岛被西北部的品都斯山和东北部的奥林匹斯山、中部的巴那撒斯山、南部的太吉特斯山分割成三大块及许多小块地区，其间没有大河所冲积而成的广大沃野，只有一些不大的平原，可耕面积非常有限，加上夏季少雨，其农业远不及古代中国发达。由于散落在诸海域中而无完整集中的领土，希腊文明因而缺乏政治上的统一，甚至也没有一个共同的政府体系。由于内部无回旋余地，古希腊人不

得不走向海洋，而爱琴海夏季的风平浪静又为他们开展对外贸易创造了有利条件，这促进了希腊文化与非本土文化乃至异类文化的交流。这也使得古希腊文化在不断摄取域外文化和异类文化的同时，向外辐射并影响其周边地区。

欧洲南部地中海沿岸地区冬季温和多雨，夏季炎热干燥，属亚热带地中海气候。在这种温暖的气候环境下，希腊人形成了以肩部为支点，把一块布固定在人体上，自由随意、不完全闭合衣身的披挂式服装，以及将布缠绕在人体上的穿衣方式。这两种方式对身体都属于松散式闭合，通风透气，体感凉快。通过披挂和缠绕所形成的垂褶创造出各不相同的光影效果，自然地向人们传达着服装面料所具有的美，与海洋民族天性自由、随意洒脱的性格正相符合。

开放的海洋性地理环境，养成了西方人探索自然、征服自然的传统。开放的地理环境又使他们与外界多有往来，促进了工商业的发达。在人与自然关系上，西方文化一开始就表现出控制与征服自然的强烈欲望，强调人与自然各自独立的关系，以此形成了一种追求自然法则以获得真理的传统。从人与社会的关系来看，由于海洋的开放环境和工商经济的流动性促使古代雅典的社会组织结构打破了血缘家族关系，以居住的地区和个人财产的多少划分阶级。因此，早期的西方服装并不看重服装的礼仪规范和等级标识意义。这是一种朴素且无身份差别的服饰文化。

以武力征服希腊的罗马帝国，不仅全面继承了希腊文明的经济模式，而且将工商经济扩大到欧洲大陆中西部的广大地区和不列颠群岛，从而为近代西方工商业文明的崛起奠定了扎实的基础。同时，其继承了古希腊文明的罗马帝国的服装式样，延续了披挂、裹缠式风格。在飘逸潇洒的基础上，又增加了罗马人特有的高傲气派，巨大繁复的裹缠衣托加（toga）成为罗马人的象征。由于奴隶起义和外族的反抗，公元4世纪末，罗马东西分治。东罗马

以君士坦丁堡为首都，又称拜占庭帝国。随着基督教文化的展开和普及，拜占庭服装逐渐失去了古罗马服装的自然之美，造型变得平整而华丽，华丽的纹饰遮蔽了人体。

西罗马在476年为日耳曼人所灭。公元5至15世纪，被称为中世纪。基督教成了西方文化中的核心部分，几乎影响到政治、法律、哲学、艺术、教育等所有领域。这段时期又可分为"文化黑暗期"（5—10世纪）、"罗马式时期"（11—12世纪）和"哥特式时期"（13—15世纪）三个阶段。中世纪服装在很大程度上受到基督教文化影响。精神与肉体、理性与现实的矛盾，使中世纪服装呈现否定肉体和肯定肉体的矛盾形态。

自13世纪以来，西方服饰以强化人体特征为目的，尝试使用各种造型手段，追求服饰的扩张感和人体的空间占有。古罗马南方型宽衣文化经过拜占庭文化的润色，"罗马式时期"和"哥特式时期"的过渡，西方服装自近世纪开始定型于以日耳曼人为代表的北方型窄衣文化。自此，西方服装脱离了古代服装的平面性结构，开始进入追求三维空间和立体造型的时代。西方人与物的对立和对于海域的探索精神，延伸至服饰即演变为以追求服饰外观的立体感和空间感的服饰理想。

西方古代服饰以人性的表现为基本追求，强调服饰外形扩张与空间占有，用以彰显人体的性别特征。从15世纪中叶到18世纪末，西方服饰文化发展经历了文艺复兴、巴洛克和洛可可三个时期。以新生资产阶级经济成长为背景，以欧洲诸国王权为中心发展起来的服饰文化，其特点是把衣服分成若干个部件，各部件独立构成，然后再组装在一起形成明确的外形。从外观上看，近世纪西方服装有一个共同特征，即强调服装外形的性别差异，甚至是极端的性别外观对立。男子通过雄大的上半身和紧贴肉体的下半身，形成上重下轻的倒三角形，呈现具有动感的性别特征；女子则通过上半身胸口的袒露和紧身胸衣的使用与下半身膨大的裙子形成对

比，形成上轻下重的正三角形，呈现出安定和静态的性别美感。服装的外形强调扩张感与凹凸变化，根本目的是为了彰显人体的体态与性别特征。

18世纪下半叶，法国大革命使民权、民主、法律平等、司法公正等社会政治理想逐步付诸实践。西方女装开始成为服饰演变的主角，新古典主义时代（1789—1825年）、浪漫主义时代（1825—1850年）、克里诺林时代（1850—1870年）、巴斯尔时代（1870—1890年）、S型时代（1890—1914年）等相继展开。西方女服在裙撑、紧身胸衣、裙摆和各种装饰之间徘徊与变化。此时，随着法国君主制度的崩溃，贵族男性们从宫廷舞会炫耀财富、沙龙里向女性献殷勤的事务中抽身，转向从事近代工业及商业等领域的务实性社会活动。男子服装抛弃了那些过剩的装饰，转向服装的品味性、合理性、活动性和机能性，从而迈入了现代服装的变革之路。

从14世纪意大利商业革命的兴起到15世纪葡萄牙和西班牙人的海外探险，把西方人的商业贸易扩展为世界性的事业。随之而来的是新型工商业和资本主义的萌芽。至18世纪后期到19世纪前期，西方社会发生了从手工生产转向大机器生产的技术、经济变革，后来逐渐扩散到世界各国的工业革命。18世纪60年代，西方的工业革命开始于英国，首先从棉纺织业开始，继英国之后，法、美等国也在19世纪中期完成工业革命。工业革命是西方社会生产方式的一个重要转折，它实现了从传统农业社会转向现代工业社会的重要变革。工业革命是生产技术的变革，同时也是一场深刻的社会关系的变革。它极大地促进了社会生产力的发展，巩固了新兴的资本主义制度，引起了社会结构和东西方关系的变化，对世界历史进程产生了重大影响。资产阶级革命废除了封建制度，为工业革命创造了重要的政治前提；消除农业中的封建制度和小农经济，为资本主义大工业的发展提供了充分的劳动力和国内市场。

西方文明对世界科学与技术的发展起到了关键作用。它在数学、生物学、物理学、化学等自然科学领域取得了令人注目的成就。其科学成果，如蒸汽机、内燃机、发电机、变压器、马达、电灯、电报、电话、传真等，涉及人类社会生活的各个方面，对推进人类社会的现代化进程起到不可替代的重要作用。在纺织方面，1884年法国人查尔东耐（Chardonnet）发明的人造纤维，不仅使大量生产的廉价衣料丰富了人们的衣生活，还将人类的服饰文化带入了一个划时代的新阶段。1851年，阿扎克·麦里特·胜家（Isaac Merit Singer）总结前人的发明，完成了具有现代雏形的"胜家"缝纫机。20年后，德国人凯泽（Kaiser）又创造出"Z"字形线迹缝纫机。可以说，缝纫机的出现对人类的衣生活具有划时代的意义，被誉为"继犁之后造福人类的工具"。

现代化工业和交通、通信手段的发达，使近代以来处于科技和军事优势的西方文明向全世界蔓延和发展。作为其重要组成部分的西方服饰文化也随之在全世界普及，从20世纪中期开始出现了国际同化的趋势。引领世界时装流行的巴黎高级时装业在20世纪50年代达到鼎盛。10年之后，顺应时代的成衣业迅速崛起并占据了时装市场的大部分份额。这使得时尚流行的速度进一步加快，周期进一步缩短，范围进一步扩大。

进入21世纪后，工业化大生产使当代服装形态发生了极大变化。在全球工业、经济与信息一体化大潮中，国家与区域间的广泛交流与合作，逐渐消融了各国文化间的差异性。中国传统服饰也已成为一种可消费且具有巨大市场价值的商业符号，加之越来越显著的国际政治和经济影响力，使中国式样成为国际时尚潮流，并被广泛地应用在国际品牌的产品设计中。越来越多的时装设计大师用自己独到的设计诠释着他们对中国文化的理解。

第二章 1 万年前—5 千年前服装

第一节 石头美感

在人类尚未开化的远古时期，由于生产工具简单粗糙、生活环境险恶，人类的服装意识还不明确。旧石器时代初期，人们开始用兽皮、树叶等原始材料包裹身体，以达到遮蔽和御寒的目的。旧石器时代晚期，人类开始了相对稳定的采集、渔猎和洞穴生活，石器的加工比前一阶段精确、规整和美观，形状也趋于定型化、小型化、多样化。此外，骨器和角器也开始广泛使用。直立行走，以及火和盐的使用，促使中国古人的智力进一步发展，并使得人体体毛逐步退化，因此，为了抵御隆冬季节严寒的袭来，服装日益成为人类生存的必需品。

在距今约 300 万至 1 万年前的旧石器时代，人类以使用打制、砍砸石器为标志（图 2-1-1）。中国时装品牌"上海滩"2010 春夏"山水"扇形手抓包就是以旧石器时代的砍砸器为设计灵感（图 2-1-2）。掌握工具制造技术是人类进化史上的一个重要标志。随着生产工具的革新，人们以"磨光"替代了"砍砸"工艺。这种经过磨光带有刃口的工具，比旧石器时代晚期的工具更为进步，人们称之为"新石器"。

人们通过生产活动感知思考和探索，从而推进石器文化向前发展。

磨光后的新石器（图 2-1-3），形制小巧，造型悦目，手感熨帖。人类祖先在打磨石器时，一定是在实用之外，另有执着的审美追求。例如，爱尔兰德力里县新石器时期的一枚石斧，通体黝黑石质坚硬细腻，造型完美，精琢细磨，线条流畅，着力点科学，握感极佳（图 2-1-4）。又如，私人收藏的一枚黑色石斧（图 2-1-5），长 14 厘米、厚 4.5 厘米，打磨精致，棱线方中带圆，刃口规整，令人爱不释手。即使在今天看来，这些石器的平衡感和完成度，也令人惊叹！磨制石器这一行为，应该不只是单纯的制作，它唤醒了人类"做到更好，做得更好看"的意识。石头的"坚实度"与"重量感"，以及"恰到好处的加工适用性"，也使人们产生砍削断物的热情，而它的良好手感又唤醒了人们通过使用道具获得的满足感，引导因直立行走而变得自由的人类开始手工创作。

图 2-1-1　双面砍砸器

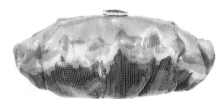

图 2-1-2　"上海滩"品牌扇形手抓包

图 2-1-3　新石器时代石铸
（北京故宫博物院藏）

图 2-1-5　新石器时代石斧

图 2-1-4　新石器时代晚期石斧

图 2-1-6 以新石器时代石斧为灵感设计的摩托罗拉 U9 手机

图 2-1-7 韩国设计师 Jinsik Kim 用大理石雕刻的"石器时代"笔筒和压纸器

图 2-1-8 意大利家具品牌 Henge 以金属框架支撑的桌体和石质桌面

美国摩托罗拉公司曾在 2002 年推出模仿新石器石斧造型的 U9 手机（图 2-1-6）。此外，韩国设计师金真植（Jinsik Kim）还用多彩大理石雕刻了"石器时代"笔筒和压纸器（图 2-1-7），意大利家具品牌 Henge 以金属框架支撑的桌体和石质桌面（图 2-1-8），保留了岩石般的真实自然的触感。英国女设计师斯特拉·麦卡特尼（Stella McCartney）亦曾推出新石器风格戒指和时装（图 2-1-9）。

新石器时代晚期，黄河、长江下游的大汶口、良渚文化遗址出土的石质、玉质等首饰的数量逐渐增加。在这些首饰中，玉珠和玉管项链的数量庞大，组合复杂，制作精美。例如，上海青浦出土的良渚文化玉项链（图 2-1-10）由大小不等的腰鼓形和圆珠形穿孔玉珠穿成。最下一粒玉坠呈铃形，柄部有一穿孔，玉色乳白，素面。坠的两侧为玉管，浮雕双目和嘴组成兽面纹。又如，浙江余杭瑶山墓出土的新石器时代玉串饰（图 2-1-11），内圈管长 2.4 ～ 3.9 厘米，外圈管长 2.2 ～ 2.5 厘米。玉管白色，有茶褐色斑，粗细均匀。玉坠白色，正面微凸，背面平整，其上两角钻孔，与玉管串挂，组成项饰。至周代，挂在颈部的串饰开始流行。战国以后，项饰只有零星的发现，甚至在传世的绘画、雕塑里也鲜有戴项饰的艺术形象。英国设计师候赛因·卡拉扬（Hussein Chalayan）在 2008 秋冬高级成衣设计，为了突显原始主题，配合服装的不规则几何图案，别出心裁地选用了未经雕琢的石头作为项链饰品，对石器时代的体现恰到好处（图 2-1-12）。此外，日本设计师山本耀司（Yohji Yamamoto）2013 春夏高级成衣亦采用了多串黑色、白色、蓝色的磨制石

图 2-1-9 Stella McCartney 推出的新石器风格时装和配饰

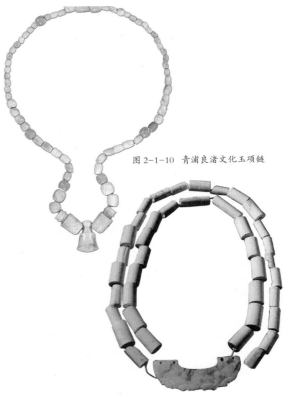

图 2-1-10 青浦良渚文化玉项链

图 2-1-11 良渚文化玉串饰（浙江余杭瑶山墓出土）

图 2-1-12　Hussein Chalayan 2008 秋冬高级成衣设计中的石头项链

图 2-1-13　Yohji Yamamoto 2013 春夏高级成衣

器风格的大串项链装饰（图 2-1-13），与自然松弛、简单有趣、质朴且富有变化的服装风格形成呼应。

第二节 以齿为饰

在旧石器时代晚期，石制工具已趋于定型化、小型化。直立行走，以及火和盐的使用，促使中国古人的智力进一步发展，华夏祖先使用磨制和穿孔技术，将骨、角、牙等天然材料加工成为具有美化功能的饰品。在山顶洞人、仰韶文化、辽宁海城小孤山等旧石器时代遗址中都有用兽牙、贝壳、石珠和鸟骨做成的穿孔饰品出土（图 2-2-1）。1933 年北京房山周口店龙骨山山顶洞出土了 125 枚穿孔兽牙（图 2-2-2），以獾和狐狸犬齿为最多，甚至还有一枚虎牙。出土时，有 5 枚兽牙是排列成半圆形的，显然是原本穿在一起装饰在人颈部的串饰。西方影视剧中就有佩戴兽齿项链的古罗马人（图 2-2-3）。此外，西方也有用白鲨牙齿或银质鲨鱼牙齿（图 2-2-4）做项饰的风俗。

山顶洞遗址还出土了骨管、带孔蚌壳、砾石、石珠 10 余枚，其小孔是从两面对钻的。出于美观，原始人还会用染过色的绳子穿戴贝壳、兽牙，如辽宁海城小孤山出土的兽牙和贝壳孔眼（图 2-2-5）的边缘不仅光滑，且留有赤铁矿染色的痕迹。钻孔、

图 2-2-1 穿孔饰品（北京山顶洞人遗址出土）

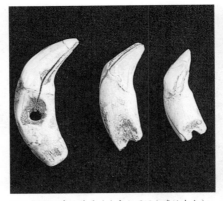

图 2-2-2 穿孔兽牙（北京山顶洞人遗址出土）

图 2-2-3 西方影视剧中的兽齿项链

图 2-2-4 银质鲨鱼牙齿项链吊坠

图 2-2-5 穿孔项饰（辽宁海城小孤山出土）

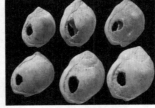

图 2-2-6 南非出土中石器时代穿孔贝壳

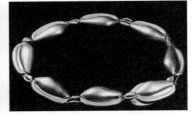

图 2-2-7 古埃及黄金贝壳手链

磨制和染色技术，显示了旧石器时代晚期人类祖先生产技能的提高和审美意识的出现。这些饰品不仅是美化人类自身的一种器物，还是权力、意志、力量、勇敢和财富的标志。使用贝壳作为装饰物的情况不只存在于中国，南非中石器时代遗址考古中也有穿孔贝壳实物出土（图 2-2-6）。古埃及也曾将贝壳用作人体装饰。据说，古埃及人相信贝壳形似女性的性器官，因此用黄金制成贝壳形护身符作为手链（图2-2-7）和腰带，佩戴在女性手腕和腹部，这样就能保护女性不受侵犯。英国时装设计师亚历山大·麦昆（Alexander McQueen）在 2001 年使用珍珠贝壳作为时装材料（图 2-2-8）和剃刀蛤壳（图 2-2-9）。

20 世纪 20 年代，西方面料设计师劳尔·杜飞（Raoul Dufy）就曾将贝壳造型运用到他的设计当中。同样，在高级珠宝设计领域，奢华璀璨、五颜六色的宝石或贵金属贝壳也是经久不衰的设计题材（图2-2-10）。国际歌星嘎嘎小姐（Lady Gaga）曾佩戴一款贝壳珠宝项链出席娱乐活动（图 2-2-11）。此外，法国著名时尚品牌香奈儿（Chanel）2012 秋冬高级成衣设计中也曾推出珍珠白色的海螺手包（图 2-2-12）。

图 2-2-8 Alexander McQueen 2001 春夏珍珠贝克材料时装

图 2-2-9 Alexander McQueen 2001 春夏剃刀蛤壳材料时装

图 2-2-10 一组贝壳形状的珠宝首饰

图 2-2-11 佩戴贝壳形项链的国际歌星 Lady Gaga　　图 2-2-12 Chanel 2012 秋冬海螺手包

第三节 以骨制器

　　在石器和青铜时代，骨器在人们的社会活动中占有重要地位。畜牧产品是人们赖以生存的重要生活来源，动物骨骼为骨刀、骨匕（图 2-3-1）、骨铲、骨锥、骨镞、骨针、骨梳及骨纺轮等骨器的制造提供了充足的原料。除了这些生产工具，还有骨珠、骨管等饰品。

　　在这些出土实物中，最引人注目的是用动物骨骼磨制的扁珠串饰。1972 年，在陕西临潼姜寨一少女墓出土了一串用 8721 颗细骨珠制成的串饰（图 2-3-2）。这些骨珠系用兽骨磨制、穿孔分切而成，大的外径为 7 厘米，小的外径为 3 厘米，按一定规则大小相间串连。其全长为 16 米左右，可反复来回围绕颈、臂及腰部。原始人一般用细石器切锯骨片，这是非常费时费工而又细致的工作。姜寨氏族为了一个少女，竟然不惜耗费大量的劳动为其割锯如此多的骨片，确实耐人寻味。

　　当时，用骨制作发笄、发梳也是比较常见的骨器。例如，江苏常州圩墩遗址中死者头部一次就出土 5 件骨笄（图 2-3-3）。又如，奥缶斋收藏的玄鸟形骨笄 5 件（图 2-3-4）和透雕凤鸟纹象牙梳（图 2-3-5），后者高 10.5 厘米，宽 2.6 厘米，柄部饰凤鸟纹及同心圆纹。阴线内涂朱，有梳齿 12 枚。

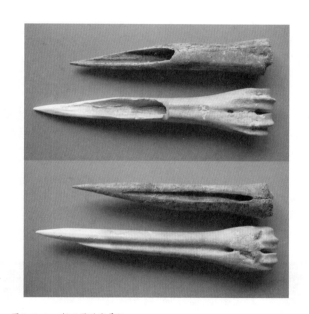

图 2-3-1 新石器时代骨匕

图 2-3-2 细骨珠串饰（陕西临潼姜寨少女墓出土）

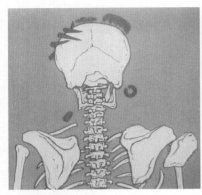

图 2-3-3　江苏常州圩墩遗址死者头部骨笄示意图

图 2-3-4　玄鸟形骨笄5件（奥岳斋收藏）

图 2-3-5　透雕凤鸟纹象牙梳（奥岳斋收藏）

图 2-3-6　兽面纹骨角质串珠一组（奥岳斋收藏）

有更讲究者，骨上精雕细刻繁杂的纹样，如殷商时期兽面纹骨角质串珠（图 2-3-6）和饕餮纹骨雕件（图 2-3-7），后者高 11.7 厘米，纹饰以带状连续云雷纹作界分上下两组，上饰商代"臣字眼"、云雷纹、饕餮纹、夔龙纹。整件器物纹饰瑰丽繁杂，构图精妙，章法严谨，器型雄浑凝重，有狞厉之美，摄人心魄！有的时候还有石器和骨器结合的形式，如骨石组合插装器（图 2-3-8），箭柄是用动物骨骼琢磨而成，前端两侧开细槽，用于拼嵌玉石刀片。刀片由几片大小、形状不同的玉髓组成。英国设计师约翰·加利亚诺（John Galliano）设计的迪奥（Dior）1998 秋冬高级定制服系列中，模特颈部和胸前佩戴了用白色骨链做成的配饰（图 2-3-9）。

图 2-3-7　饕餮纹骨雕件（奥岳斋收藏）

图 2-3-8　骨石组合插装器（奥岳斋收藏）

图 2-3-9　Dior 1998秋冬高级定制中佩戴白色骨链配饰的模特

第四节 衣毛冒皮

在纺织品尚未发明前，物质资料的极度匮乏使兽皮成为中国先民最易获取的制衣材料。正如《礼记·礼运》记载："未有丝麻，衣其羽皮。"《后汉书·舆服志》载："衣毛而冒皮。"《墨子·辞过》载："古之民未知为衣服时，衣皮带茭。"

北京周口店山顶洞遗址出土了一枚长约8.2厘米的骨针。其外形一端尖锐，另一端有直径0.1厘米的针孔。其后，又有一些骨针被陆续发现，如西安半坡新石器时代遗址出土了328枚骨针、浙江余姚河姆渡遗址出土了90多枚骨针（图2-4-1），最小的仅长9厘米，直径0.2厘米，针孔直径0.1厘米，与现今的大号钢针差不多。这些骨针都是先将骨料劈成一条条的形状，然后在砺石上磨光针身，并加工出针锋。从当时的生产水平来看，这应是一件极为精致的产品。中国先民使用骨针缝制衣物的历史，一直延续到秦汉时期，后随着铁针的普遍使用才逐渐被取代。

从这些考古实物分析，华夏祖先很可能在距今两万年前就已掌握了用兽皮制衣的技术（图2-4-2）。兽皮衣的材料主要以鹿、鸵鸟、野牛、野猪、羚羊、狐狸等动物的皮毛为主。就当时的实际情况分析，旧石器时代晚期骨针所牵引的缝线不外乎有两种可能，即动物的韧带纤维和经过仔细劈分的植物韧皮纤维搓捻而成，且细到足够穿过骨针针孔的单纱或股线。此外，在皮衣制好后，人类祖先们还要再使用咬嚼或揉搓的办法进行皮革的初步鞣制，使其成为穿用更为舒适的柔软材质。其实物如新疆哈密古墓出土的原始社会晚期皮衣（图2-4-3）。

在青海大通县孙家寨出土的马家窑文化彩陶上（图2-4-4），就有3组（每组5人）剪影式舞蹈人物纹样。从人物剪影的垂饰推断，这些人似乎穿

图 2-4-1 骨针（浙江余姚河姆渡遗址出土）

图 2-4-2 原始人缝制兽皮衣群塑图

图 2-4-3 原始社会晚期皮衣（新疆哈密古墓出土）

图 2-4-4 剪影式舞蹈人物纹样平面图

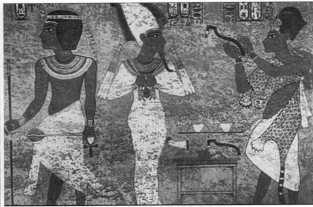

图 2-4-5　古埃及壁画中身穿豹皮衣的祭司

图 2-4-6　古希腊人物雕像中的兽皮衣

着下摆齐膝、臀后垂尾的兽皮衣。这与古埃及壁画中的祭司在祭祀场合所穿的豹皮衣相似（图 2-4-5）。图坦卡蒙的墓室中就曾发现过这样一套衣服。此外，古埃及法老所穿的褶裙后部也有狮尾装饰。这与中国原始先民穿的兽皮衣相类似。据记载，华夏先民在缝制兽皮衣时，并不砍掉所获猎物足蹄。《盐铁论》载："古者，鹿裘皮冒，蹄足不去。及其后，大夫士狐貉缝腋，羔麂豹袪。"所谓"蹄足不去"，在美国大都会博物馆藏希腊人物雕像上得到了印证（图 2-4-6）。这样似乎既可以保证兽皮的完整性，又便于穿着。此外，无论是古埃及墓室壁画，还是希腊雕像，对于兽皮衣的尾巴都做了保留。这与马家窑文化彩陶上的剪影式舞蹈人物纹相互印证。

　　选择动物的皮毛作为服饰材料，除了可能是为了接近猎物而进行必要伪装的狩猎活动的实际需要之外，还有文化信仰方面的原因。在对自然界认识极为有限的年代，中国古人有崇拜动物的信仰。中国古人认为，人与自然界是一体的，天与地之间，山川与人之间，神鬼与人之间，兽禽与人之间都有某种联系，因此中国古人有动物崇拜的现象。在中国古人艺术母题中常见的龙、虎、鹿、鸟常被认为具有通天地的能力，常常在巫师做法时充做助手。因此，巫教中的泛神崇拜也很自然地在中国古人的生活中表现出来。那些极富浪漫情趣的合体形象，反映出人与动物可互换的巫教思维形式。

　　人类以兽皮制衣的习惯延续至今演变为皮草时尚。法国时装品牌香奈儿（Chanel）曾推出原始人兽皮衣式样的皮草包（图 2-4-7），约翰·加利亚诺

图 2-4-7 Chanel 皮草包

图 2-4-8 John galliano 1999 秋冬高级定制服装

图 2-4-9 Yves Saint Laurent 2012 春夏款豹纹印花系带外套

图 2-4-10 Jeremy Scott & Adidas 豹纹产品

图 2-4-11 Topshop 豹子头云雷纹印花图案卫衣

（John Galliano）1999 秋冬高级定制也推出了模仿原始兽皮衣风格的时装作品（图 2-4-8），法国时装品牌伊夫·圣·洛朗（Yves Saint Laurent）2012 春夏高级成衣也推出了豹纹印花外套系列产品（图 2-4-9）。此外，Adidas Originals 与美国设计师杰瑞米·斯科特（Jeremy Scott）联名推出了豹纹系列产品（图 2-4-10），如豹纹印花、豹尾装饰的高帮休闲板鞋。尤其是，连帽卫衣甚至将豹头和足蹄细节也一一保留，充满了童趣的可爱，而 Topshop 的豹子头云雷纹印花图案卫衣则显得时尚个性（图 2-4-11）。意大利时装品牌华伦天奴（Valentino）2013 秋冬高级成衣中亦有豹子图案的数码印花时装产品（图 2-4-12）。

第五节 通天羽冠

在人类刚懂得装饰的早期，头部装饰往往比身体更受重视，因为头部被看作是生命中最宝贵、最神圣的部位。

在中西方古代服饰中，不乏有使用与鸟羽或鸟形的装饰，如浙江余杭瑶山良渚文化遗址所出土的冠形玉饰上有头戴羽冠的线雕人物纹样（图2-5-1）。商代玉器浮雕和青铜器的神面纹样上也有很多头戴鸟羽高冠的人物形象，如河南安阳小屯、安阳侯家庄商墓出土的商代人形玉佩（图2-5-2）。这与美国新几内亚西省 Soma（图2-5-3）和 Iroquois 部落男性成员戴的羽冠极其相似（图2-5-4）。《礼记·王制》记载，有虞氏祭礼时头戴鸟羽冠。此外，商族祖先崇拜鸟图腾，因此，殷墟盛行以鸟羽作头饰的巫舞。甲骨文中的"美"字，最初便是画着一个舞人的形象，头上插着四根飘曳的雉尾。中国先民相信主宰万物的神存在于天上，"鸟"在"祭天"时，是有助于人与天上神灵沟通的特殊媒介。爱琴海地区克里特岛壁画中也有一头戴羽冠的王子形象（图2-5-5）。有的地方甚至以头上所戴羽毛的多少来判断戴者战绩的优劣。在当代时尚流行中，羽毛更多的是以装饰的身份出现。例如，某国际服装品牌在1963年设计的鸡尾酒会帽的后面垂饰着成串的鸟羽（图2-5-6）。又如，英国设计师加勒斯·普（Gareth Pugh）设计了双翅张开的巨大羽冠（图2-5-7），而亚历山大·麦克奎恩（Alexander McQueen）更是做出了由羽翼和鸟巢组合的头饰（图2-5-8）。

除了羽毛，中国古代也有以鸟形饰首的例子，如天津市艺术博物馆所藏山东龙山文化玉鸷，其形象为一只昂首展翅的鹰立于人像头部（图2-5-9）。又如，陕西西安东郊金乡县主墓出土一尊头戴孔雀冠的彩绘骑马敲腰鼓女俑（图2-5-10）。该孔雀翘首远眺，颈下白色，身羽由蓝、绿、红、黑诸色绘成，光彩熠熠，尾羽垂覆于女俑肩背部。曾经在中学时参加过鸟类观察俱乐部的英国设计师亚历山大·麦

图 2-4-12 Valentino 2013 秋冬高级成衣

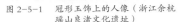

图 2-5-1 冠形玉饰上的人像（浙江余杭瑶山良渚文化遗址）

图 2-5-2 商代人形玉佩（安阳小屯、安阳侯家庄商墓出土）

克奎恩（Alexander McQueen）尤其喜欢用鸟羽做头饰。在他设计的纪梵希（Givenchy）1997 春夏高级女装作品中就有鸟形头饰（图2-5-11），2001春夏高级女装中更有几只鹰撕扯衣裙的款式（图2-5-12），2008 春夏高级女装更是将鸟羽实物和数码印花结合到绚烂至极的水平（图2-5-13）。此外，拉脱维亚品牌 Mareunrol's 2010 高级成衣作品的灵感来自灰姑娘的故事，时装再现了小鸟们为灰姑娘辛德瑞拉（Cinderella）穿衣打扮时候的场景（图2-5-14）。除了鸟羽实物，有时羽毛也是服饰上的图案，如海尔姆特·朗（Helmut Lang）2012 早春高级成衣（图2-5-15）。

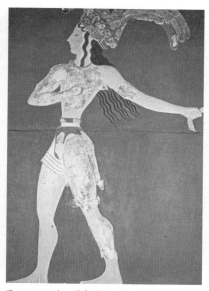

图 2-5-3　美国新几内亚西省 Soma 部落头戴
　　　　　羽冠的男性成员

图 2-5-4　美国印第安 Iroquois 部落男性服饰

图 2-5-5　克里特岛壁画中头戴羽冠的王子

图 2-5-6　某国际服装品牌设计的鸡尾酒会帽

图 2-5-7　Gareth Pugh 羽毛头饰

图 2-5-8　Alexander McQueen 羽毛头饰

图 2-5-9　山东龙山文化玉鹫

图 2-5-10　唐代骑马敲腰鼓女俑

图 2-5-11　Givenchy 1997 春夏高级女装

图 2-5-12　Givenchy 2001 春夏高级女装

图 2-5-13　Alexander McQueen 2008 春夏高级女装

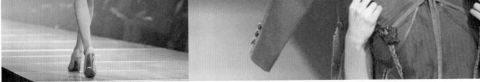

图 2-5-14　Mareunrol's 2010 高级成衣作品

图 2-5-15　Helmut Lang 2012 早春高级成衣

第三章 5 千年前—公元前 2 世纪服装

第一节 中国：夏商周

进入阶级社会后，中西方的造物技术和表现形式有了长足发展，各类艺术品，如青铜器、陶器、玉器、丝织、漆器等工艺门类等较之前代也丰富了很多。如果说新石器时期中西方的原始服装文化所体现的基本特征更多的是相似性的话，那么从这一阶段开始，中西方的服装文化之间开始了差异化发展，而隐含于这种差异背后的是基于不同地理环境所形成的不同的民族文化特质。

在提及中国古代服饰起源的历史文献中，以战国时期《吕览》所称的黄帝时"胡曹作衣"和《世本》所称的"伯余、黄帝制衣裳"为最早。在中国传统文化中，有将远古事物的发明或起源归功于三皇五帝等某一位具体圣人的文化传统。其实，服饰的起源与文化和物质文明的发展一样，是在人类不断面对、克服和改造自然的动态发展过程中逐步创造和积累出来的。这是一个由简单到复杂、由生理到精神、由物质到文化不断升华、演进和丰富的过程。

一、夏商

夏朝约为公元前 2070 至前 1600 年，是中国史书中记载的第一个世袭制朝代。夏时期的文物中有一定数量的青铜和玉制的礼器，年代约在新石器时代晚期、青铜时代初期。

商朝约为公元前 1600 至前 1046 年。商朝又称殷、殷商，是中国历史上的第二个朝代，也是中国第一个有直接的同时期的文字记载的王朝。夏朝诸侯国商部落首领商汤率诸侯国于鸣条之战灭夏后在亳（今商丘）建立商朝。之后，商朝国都频繁迁移，

至其后裔盘庚迁殷（今安阳）后，国都才稳定下来，在殷建都达 273 年，所以商朝又称为"殷"或"殷商"。商朝延续了 600 多年。末代君王商纣王于牧野之战被周武王击败后自焚而亡。

殷人相信万物有灵，《礼记·表记》称："殷人尊神，率民以事神，先鬼而后礼"，宗教信仰以超自然神"天帝"为中心，"天帝"控制了风、雨和人间事务。殷人重贾而周人重农。商代甲骨文中有大致三万的数字，明确的十进制、奇数、偶数和倍数的概念，有了初步的计算能力。光学知识在很早就得到应用，商代出土的微凸面镜，能在较小的镜面上照出整个人面。此外，商人已经有了一定的天文学知识，清楚地知道一年的长度，并且发明了计余月和计时的方法，商代日历已经有大小月之分，规定 366 天为一个周期，并用年终置闰来调整朔望月和回归年的长度。商代甲骨文中有多次日食、月食和新星的记录。

（一）养蚕纺丝

养蚕和纺丝是中国古人的伟大发明（图 3-1-1）。在新石器时代的遗址中，人们发现了许多陶质或玉质的蛹形、蚕形的雕刻品，浙江余姚河姆渡遗址出土的刻有蚕纹的象牙盅（图 3-1-2）和甘肃临洮齐家文化遗址出土的二连罐都雕刻有蚕纹，在山西芮城西王村仰韶文化晚期遗址还出土了蛹形的陶饰。据考古发现，我国早在 4700 多年前就有了丝织品。在河南安阳小屯村出土的殷墟甲骨文中（图 3-1-3）有桑、蚕、丝、帛等字，与蚕丝有关的文字达 100 多个。蚕在中国古代被认为是具有神性的大富之虫，

图 3-1-1　清代《织耕图》中的纺织图像

图 3-1-2　刻有蚕纹的象牙盅（浙江余姚河姆渡遗址出土）

图 3-1-4　商代玉戈（故宫博物院收藏）

图 3-1-3　殷墟甲骨文

用蚕丝织造的丝绸也是养生送死、事鬼神上帝的神物。由于丝绸织物极易腐蚀，因此考古出土的实物极为少见。后人只能从考古发掘出的黏附于商周青铜器上的丝绸印痕中窥测当时丝绸的生产水平（图3-1-4）。在北京故宫博物院收藏的一件商代玉戈不仅有朱砂染色而成的平纹织物印痕，还以平纹为地、呈雷纹的丝织物印痕，这是迄今我们能见到最早商代织物例证。

（二）大富之虫

在中国传统文化中，中国古人将能够吐丝的蚕看作是具有神性的大富之虫。蚕从卵变为幼虫，长大之后吐丝、结茧，再由蚕蛹蜕变成蛾，这引发了中国古人对生死问题的联想。人们称"得道升仙"为"羽化"，也正是源于对蚕蛹化蛾观察后的联想。荀子专门著有《蚕赋》，盛赞其"屡化如神，功被天下，为万世文。礼乐以成，贵贱以分，养老长幼，待之而后存。"中国古人将蚕视为"龙精""天驷星"等神物。在商周遗址屡屡发现精工细琢的玉蚕，证明了商周时期对蚕神祭祀的礼仪已经相当隆重，

如陕西扶风县出土的西周青玉蚕形佩（图3-1-5）。陕西石泉县还出土了西汉鎏金铜蚕（图3-1-6），通长5.6厘米，胸围1.9厘米，首尾9个腹节，昂首吐丝，体态逼真。既然蚕被视为神物，用蚕丝织造的丝绸当然也不是平凡物品。穿用丝绸有利于人与上天沟通，所以古代贵族们在死后要用丝织物包裹起来，等于用丝做成一个茧，期望有助于死者灵魂升天。

（三）桑林神树

既然蚕被视作神物，那么桑树林也必然成为神圣之地。中国古人认为，人在桑林中特别容易与上天沟通，得到神赐。因此，桑林成为求子、求雨等重大活动，甚至国家级祭祀活动的场所。直到春秋战国时期，桑林仍是盛大祭祀活动的重要场所。中国先民甚至还将桑树幻想成太阳栖息的地方。例如，四川广汉三星堆遗址出土了一棵青铜扶桑神树（图3-1-7），通高396厘米，树干上有三层树枝，每层为三枝丫，树枝的花果或上翘，或下垂。三根上翘树枝的花果上都站立着一只鸟，鸟共九只（即太阳神鸟）。又如，湖北擂鼓墩曾侯乙墓出土的漆盒上

图 3-1-5　西周青玉蚕饰（陕西扶风县出土）

图 3-1-6　西汉鎏金铜蚕（陕西石泉县出土）

图 3-1-7　四川广汉三星堆出土青铜
　　　　　扶桑树

图 3-1-8　曾侯乙墓漆盒后羿射日图

有上古神话后羿射日图（图 3-1-8）。此扶桑为一巨木，对生四枝，末梢各有一日，主干上有一日，另一日被后羿射中化作鸟，共十日。

（四）天赐丝帛

中国古代丝绸品种较多，主要有帛、绢、缦、绨、素、缟、纨、纱、縠、绉、纂、组、绮、缣、绡、绫、罗、绸、锦、缎等数十种。

帛是古代丝织物的通称，也指平纹的生丝织物，似缣而疏，挺括滑爽。缦、绨、缟、素都是没有花纹的丝织品，其区别在于绨的质地较厚，缟和素为白色。

素，指白色生绢。

纱，组织结构简单，为平纹交织，表面分布均匀的方孔，所谓"方孔为纱"。古人又将纱中最轻薄透明的称为"轻容"，即"轻纱薄如空""举之若无"。

罗，因经丝的互相缠绕绞结，表面呈椒孔。纱适宜裁造夏服和内衣。明清时期将纱眼每隔一段距离成行分布的叫作罗。

绮，是斜纹起花平纹织地的丝织品。

绫，是以斜纹组织变化起花的丝织品。

縠，是表面起皱的丝织品，因为表面的皱纹呈粟粒状，所以叫作縠，其实就是绉。

绉，是利用两种捻度不同的强捻丝交织而成的，因它们发生不同的抽缩而起皱纹。

绡，是以生丝织成的平纹轻薄透明的绸子，即《说文》所载："绡，生丝也。"

纨，指细致洁白的薄绸。

缣，指双丝的细绢。

组，是丝带一类的织物。

缎，是靠经（或纬）在织物表面越过若干根纬纱（或经）交织一次，组织紧密，表面平滑有光泽的丝织品。

锦，是多彩提花似织物的泛称。其常在织造前将纬丝染好颜色，颜色一般在三种以上。

（五）衣裳初制

随着生产水平的提高，社会贫富分化初显，手工业逐步从农业中分离出来，服饰也具有了材料、质地和数量上的差别。《尚书·尧典》中"舜修五礼，五玉三帛"，《说苑》"士阶三等，衣裳细布"都反映了这种情况。随着阶级意识的形成，夏朝服饰注入了等级差别和身份尊卑的内涵。《左传·僖公二十七年》中引《夏书》，称夏代"明试以功，车服以庸"，意思是指以车马及服饰品类显示有功者的尊贵宠荣。

商代物质生活资料的逐渐丰富助长了贵族服饰的奢靡之风，服饰的礼仪制度也得到确立。据《帝诰》称商汤居亳，"施章乃服明上下""未命为士者，不得朱轩、骈马、衣文绣"。从出土玉雕、石雕和陶俑等文物分析，当时社会上层贵族服饰的上身一般为交领右衽或对襟、窄袖及腕，织绣华丽纹饰（如兽面纹、矩形纹、双钩云纹等）的上衣，腰束宽带，下身穿有纹样装饰的裳或裤。其形象可通过以下

4件雕像得到大致的了解：

河南安阳殷墟妇好墓出土的戴箍冠圆雕玉人像（图3-1-9），头编一长辫，辫根在右耳后侧，上盘头顶，下绕经左耳后，辫梢回接辫根。戴一头箍前有横式筒状卷饰。穿交领窄长袖衣，衣长及足踝，束宽腰带，左腰插一卷云形宽柄器，着鞋。

传河南安阳殷墟遗址出土的大理石圆雕人像的右半身残像（图3-1-10），上衣盖臀，交领右衽，腰束宽带，胫扎裹腿，足穿翘尖之鞋。上衣的领口、下摆、袖口处有缘饰。上衣缘饰和腰带为回纹、方胜纹图案。

传安阳殷墓出土圆雕石人立像（图3-1-11），石人双手拱置腰前，身着上衣下裳。上衣为交领右衽、窄袖；下裳前摆过膝，后裙齐足。裤稍露，足着平底无跟圆口屦。腹下悬一斧形"蔽膝"，其质地若为皮革可称"袚""韠"或"鞞"，若为锦则称"黻"。

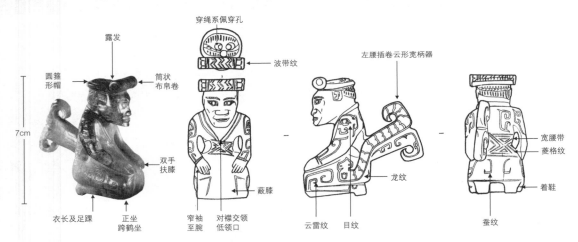

图3-1-9　戴箍冠圆雕玉像（河南安阳殷墟妇好墓出土）

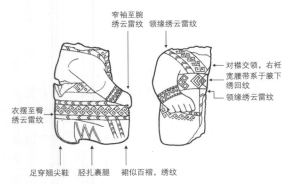

图3-1-10　殷墟遗址大理石圆雕人像的右半身残像

图3-1-11　传安阳殷墓出土圆雕石人立像（现藏于哈佛大学福格美术馆）

1986 年四川广汉三星堆出土大型青铜立人像（图 3-1-12）。该铜人头戴莲花状的兽面和回字纹冠，3 件服装同时套穿。外衣饰有阴刻龙纹、尖角纹、饕餮纹，上衣佩有编织的长组带。据推测，该铜像内穿上衣下裳的式样（有学者认为该铜像为单袖齐膝长衣）。其下裳分前后两片，后片长至足踝，两侧摆角呈燕尾状；前片略短，露出小腿部。

（六）鸟形发笄

新石器时代遗址出土了大量用于固定发髻的发笄。通过对现存出土发笄的分析不难看出，最初的笄形状比较单调，大多为圆锥形或长扁条形，一般顶端粗宽而末端尖细，质地单一，且仅限于木质、骨质等当时比较容易获得的材质。甘肃永昌县鸳鸯池出土骨笄，长 10.7 厘米，笄首径最宽处 3 厘米，用一块完整的动物骨骼制成，圆锥状，笄首粗大呈喇叭形。由于兽骨横截面粗疏不齐，影响美观，故在其上粘贴一白色的圆骨片，周围堆加一层黑色的树胶类物质，镶嵌 36 颗白色骨环。

殷商时期，束发已在华夏先民中普遍流行。束发用的骨笄便成为人们头上的必备用品。长者达 20 厘米左右，短者约在 10 厘米。此时，对笄的加工越来越精细，笄首的装饰性越来越强。笄早已不仅仅是绾发的用具，更成为头部最主要的装饰品和身份地位的象征了。殷商妇好墓就出土了 499 件骨笄，数量之多令人惊叹。其中主要有夔形头骨笄 35 件（图 3-1-13）、圆盖形头骨笄 49 件、方牌形头骨笄 74 件、鸟形头骨笄 334 件（图 3-1-14）。鸟形骨笄笄杆细长，通长一般为 12.5 ~ 14 厘米。其笄头为张口长喙、圆眼、头上有锯齿形冠（有的还刻有羽毛纹）、短翅短尾的鸟形。由此可见这一时期笄式流行的情况。此外，河南安阳后冈 59AHGH10 人祭坑均有骨笄实物出土，且束发施笄形式各不相同，既有自上而下或自下而上的，也有自右向左或自前向后的形式。据推测，这些各不相同的插笄形式可能是与死者生前的发式造型有关。

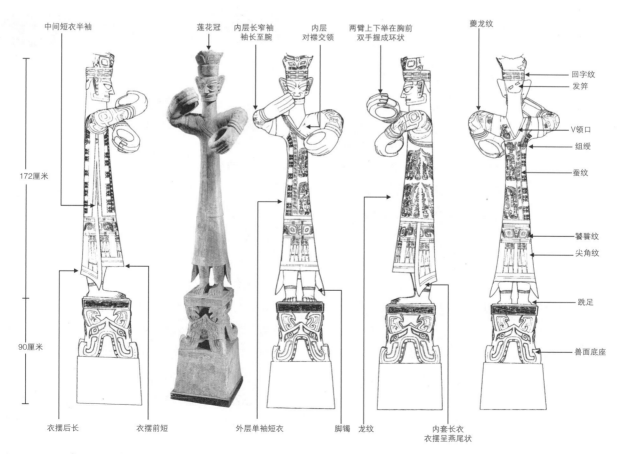

图 3-1-12　大型青铜立人像（四川广汉三星堆出土）

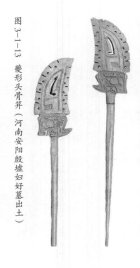

图 3-1-13 菱形头骨笄（河南安阳殷墟妇好墓出土）

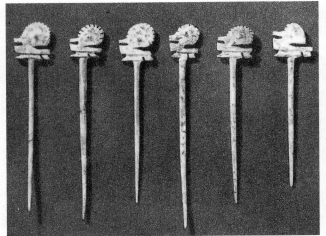

图 3-1-14 鸟形头骨笄（河南安阳殷墟妇好墓出土）　　图 3-1-15 玉笄（山东临朐朱封墓出土）

出于对玉的喜爱，中国古人也用玉制笄，如妇好墓中出土的一件深灰色圆棍式玉笄，其由顶端向笄末逐渐过渡，碾琢精细，抛光蕴亮。在中国早期玉笄中，最精致的应属山东临朐朱封墓 M202 出土的一件墨绿色玉笄（图 3-1-15）。该玉笄为半透明白玉，局部有褐斑，整体形似玉佩，呈扁平扇面形，下部居中部位碾薄长方形凹面，嵌入墨绿色竹节纹杆状笄顶部的榫口中，通高 23 厘米。冠体以镂雕结合阴刻短线琢刻神祖面纹。笄冠周边镂雕出花牙，最上缘有 3 层卷翘突出的花牙，集中了镂孔透雕、阴线刻纹、松石镶嵌等多种工艺。

（七）制裘广郡

由于天然兽皮干燥后皮质发硬、易断、有味并易遭虫蛀，不仅难以合体，甚至会磨损人的皮肤，所以，中国原始先民在很长时期内一直采用揉搓、捏咬的方法使其变得柔软。这种情况直至商朝末期才得到了改变。据传，商朝丞相比干是中国历史上最早发明熟皮制裘工艺的人。他曾"制裘于广郡"（广郡即今河北衡水枣强大营一带），鼓励民众打猎食肉，并将剩下的兽皮制成柔软的制衣材料。在古典神话小说《封神演义》中，比干将狐狸皮熟制后做成袍袄献给纣王御寒的故事，就是比干制裘的佐证。因此，比干也被后人奉为"中国裘皮的鼻祖"。毛皮从业者至今仍祭祀比干祖师。因其忠义，后世民间将比干奉为文财神（图 3-1-16、图 3-1-17）。他生前正直，死后无心，故不会心存偏袒成见，适

图 3-1-16 财神比干奉瓷像　　图 3-1-17 财神比干奉年画

合作为管理分配财富的神祇，也表现出了一般大众对于财富公平分配的渴望。

二、周代

| 西周：公元前 1046—前 771 年 |
| 东周：春秋 公元前 770—前 476 年 |
| 　　　　战国 公元前 475—前 221 年 |

周朝存在约 800 年，从公元前 1046 年到公元前 256 年，共传 30 代 37 王，可分为西周和东周两个时期，为中国历代最长的王朝。西周建都镐京（今陕西西安附近），到公元前 771 年结束。第二年，周平王迁都洛邑（今河南洛阳），开始了东周的历史。东周又分为春秋与战国两个时期，周朝各诸侯国的统治范围包括今黄河、长江流域和东北、华北的大部。

图3-1-18 秦陵出土的彩绘铜车马

周代政治制度是以血缘关系为基础的封建宗法制度，商人尚鬼神、奢靡、酗酒的风气已被改变。礼乐制度的礼起源于原始社会时期的祭祀活动。周政权吸取商王漠视民心而丧失政权的教训，强调治民之道、敬天保民的统治思想，形成了一整套维护等级秩序、调整人际关系的礼仪制度。西周的礼制表现在贵族生活中的各个方面，从衣冠服饰，到食用器具，再到出行车马（图3-1-18），都依身份的高低而有严格的规定。陕西岐山出土的一件"此鼎"上就记载：这个大臣被周王赐予"玄衣、黹屯、赤芾、朱黄、銮旗"。另一件"师兑簋"上记载了周王赏给师兑"赤舄"（图3-1-19）。可见，自周代服饰礼制制定开始，服饰的穿用等级就已与人们的身份发生了密切联系。

纺织生产在周代取得了新的发展。周人不仅总结出一套种植麻葛、脱胶和纺织的技术，国家还对纺织手工业从纺织原料（丝、麻、葛）和染料的征集，到缲丝、纺绩、织造、练漂、染色以至服装制造，都设有专门的管理机构。据《周礼》记载，在"天官"下设有典妇功、有典丝（掌管蚕丝和绢绸的生产与纳支）、典枲（掌管麻织物和麻纤维的征收）、内司服、缝人、染人六个部门。在"地官"下设有掌葛、掌染草等原料供应部门。春秋战国丝织物品种已发现有绡、纱、纺、縠、缟、纨、罗、绮、锦等，有的还加上刺绣。染色方法有涂染、揉染、浸染、媒染等。人们已掌握了使用不同媒染剂，用同一染

图3-1-19 西周"师兑簋"上的铭文

料染出不同色彩的技术，甚至还用五色雉的羽毛作为染色的色泽标样。

（一）君之六冕

从属于祭祀文化的周代服饰礼仪制度既被视作天下大治的标志，又被视作大治天下的手段。尤其是王之六冕所具有的等级区分和表德劝善的功能达到了极致。冕服制度的确立，使中国古人能够按照一定标准去祀天地、祭鬼神、拜祖先。现今能看到最早期的冕服形象是汉代武梁祠画像石上的黄帝（图3-1-20）、颛顼、帝喾、尧帝、帝舜等身穿冕服衣裳的帝王像。传唐代阎立本绘《历代帝王图》中有身穿冕服的东汉光武帝（图3-1-21）、吴主孙权、蜀主刘备、晋武帝司马炎、后周武帝、隋文帝等帝王像。从中我们可比较清楚地看到早期冕服的具体穿着式样。此外，宋代聂崇义《三礼图》中也

图3-1-20 汉代武梁祠画像石上的黄帝

图3-1-21 《历代帝王图》中身穿冕服的东汉光武帝刘秀像

图3-1-22 宋代聂崇义《三礼图》六冕形象

有比较具体的六冕形象（图3-1-22）。

冕服是中国古代男性等级最高、使用最久、影响最广泛、最具代表性的礼服。它主要由冕冠、上衣、下裳、舄等主体部分及蔽膝、绶、佩等其他配件构成。冕服之制，传说殷商时期已有，至周定制规范，趋于完善，自汉代以来历代沿袭。至清朝建立，废除汉族衣冠，冕服制度在中国亦随之终结，但冕服上特有的"十二章纹"自清乾隆时期起仍饰于皇帝礼服、吉服等服饰上。历史上除中国外，冕服在东亚地区的日本、朝鲜、越南等汉字文化圈国家中亦

曾做为国君、储君等人的最高等级礼服。

周代礼仪服饰在很大程度上从属于当时的祭祀文化。《周礼·春官·司服》有载，"王之吉服：祀昊天上帝，则服大裘而冕，祀五帝亦如之；享先王则衮冕；享先公飨射则鷩冕；祀四望山川则毳冕；祭社稷五祀则絺冕；祭群小祀则玄冕。"六冕等级区分主要是以冕冠上的旒和冕服衣裳上的十二章纹的数目所决定，见表1。

大裘冕，谓穿大裘而戴冕冠的礼服，大裘用黑羔皮做。其穿用场合是祭天，因此谓"大"。

衮冕，谓穿以卷龙为首章而戴冕冠的礼服。其穿用场合是祭先王。

鷩冕，谓穿以华虫为首章而戴冕冠的礼服，因所施首章得其名。其穿用场合是祭祀先王、飨射典礼。

毳冕，谓穿以有毳毛的虎蜼为首章而戴冕冠的礼服。因首章得名，其穿用场合是遥祭山川。

絺冕，谓穿以刺绣粉米为首章而戴冕冠的礼服。其穿用场合是一般的小祀。

玄冕，谓穿上衣无纹而戴冕冠的礼服。因上衣无章纹，随其颜色（玄色）而得名。其所施章纹仅为下裳黻纹一章。其穿用场合是祭社稷。

表 1　冕服之章目及章次（郑玄注）

种类	总章数	衣		裳		
衮冕	九章	五章	龙、山、华虫、火、宗彝	四章	藻、粉米、黼、黻	
鷩冕	七章	三章	华虫、火、宗彝	四章	藻、粉米、黼、黻	绣
毳冕	五章	三章	宗彝、藻、粉米	二章	黼、黻	
絺冕	三章	一章	粉米	二章	黼、黻	
玄冕	一章	×	×	一章	黻	

被许可穿冕服的身份有天子、公、侯、伯、子、男、孤、卿、大夫等。其中，唯有天子得以穿全六冕；公之服，衮冕以下；侯、伯之服，鷩冕以下；子、男之服，毳冕以下；孤之服，絺冕以下；卿、大夫之服，只有玄冕，见表2。

表 2　冕服穿着对应身份及种类

身份	冕服种类
王	大裘冕、衮冕、鷩冕、毳冕、絺冕、玄冕
公	衮冕、鷩冕、毳冕、絺冕、玄冕
侯伯	鷩冕、毳冕、絺冕、玄冕
子男	毳冕、絺冕、玄冕
孤	絺冕、玄冕
卿、大夫	玄冕

冕服因冕得名，冕冠的顶端有一长方形的冕板，被称为"延"或"綖"。其形状为前圆后方，象征天圆地方；其色为"上玄下纁"，以应天地之色。冕板前低后高，为"俛"形，寓意谦逊，故名冕冠；前后垂挂赤、青、黄、白、黑五色玉珠，称"旒"，寓意非礼勿视；穿旒的丝绳以五彩丝线编织，谓之"缫"或"藻"；两旁垂两根彩色丝带，称"紞"；紞下悬系丸状玉石"瑱"，又名"充耳"，或悬黄色丝绵球，称"黈纩"，寓意非礼勿听。冕板下部有帽卷"武"，两侧各有一个对穿的小孔，用以贯穿玉笄，名"纽"。冠缨用一条，其一头系于笄首，另一头绕过颔下，再上系于笄的另一端。颔下则不系结，也无缨蕤垂下，称之为"纮"。

冕旒数量是身份的标志，十二旒为帝王专用（共288颗），以下分等级递减，诸侯九旒，上大夫七旒，下大夫五旒，士三旒。山东邹县明鲁荒王朱檀墓出土的冕冠（图3-1-23）上悬挂九缫九旒，共162颗旒。汉代冕冠具体部位如笔者绘制的示意图（图3-1-24）。

图 3-1-23　冕冠（山东邹县明鲁荒王朱檀墓出土）

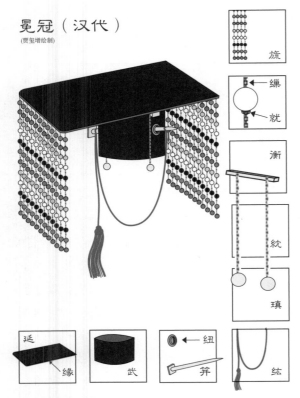

图 3-1-24　汉代冕冠示意图

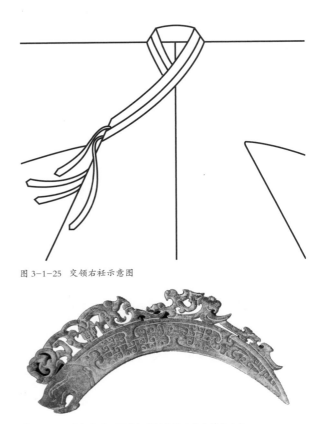

图 3-1-25　交领右衽示意图

图 3-1-26　西汉龙形玉觽（江苏铜山区小龟山墓出土）

交领右衽

冕服上衣式样为交领右衽、博衣大袖。交领右衽是汉族服饰的基本特征和明显标志。其外观为左襟在上压住右襟，使左右两衣领形成交叉状。其外观如英文字母"y"（图 3-1-25）。历史学家们普遍认为，至少在东汉前，特别是春秋到秦汉时期，中原文化是以右为上的，就是尊右卑左。比如，把皇亲贵族称为"右戚"，世家大族称为"右族"或"右姓"。《史记·廉颇蔺相如列传》记载，蔺相如完璧归赵，在渑池会上立了功，"拜为上卿，位在廉颇之右"，廉颇大动肝火，"不忍为之下"，于是频频找茬和蔺相如打架。但蔺相如很大度，最后感动了廉颇，才有了负荆请罪的故事。与之相反，左衽则为我国古代某些少数民族或汉文化中死者所穿的服饰样式。衣襟用带子系结固定，即左领下角与右腰侧各有一根可系在一起打结的衣带。古文称之为"衿"，亦写作"紟"。为了解结方便，中国古人还专门用"觽"解结（图 3-1-26）。其实物如江苏铜山区小龟山墓出土的西汉龙形玉觽。

前三后四

冕服下裳是由远古人类的遮羞布演变而来。故"裳"有"障"的含义。根据古文献记载，裳也称"帷裳"。帷，围也，是指用一幅布帛横向围在腰际，布帛的幅宽决定了裳的长度，所谓"正幅如帷"。受纺织技术的限制，早期布帛的幅宽较窄，再由于中国古人裸露禁忌意识的加深，裳的形制发生了变化。中国古人将布帛竖向连缀后使用。于是，冕服下裳成为前后两片的形式（图 3-1-27）。这是中国古代两片系扎式男裳与一片合围式女裙的主要区别所在，即汉郑玄注《礼仪·丧服》云："凡裳前三幅，后四幅也。"三幅的一组遮蔽腹部，四幅的一组遮蔽臀部，上用带子系结于腰部。这与关岛查莫洛民俗村土著男女所穿下衣的形式正好吻合（图 3-1-28）。这正可间接证明中国古代文献中关于裳裙内容的真实性。虽然据儒家文化解释，男子下裳前三（奇数）、后四（偶数）是象征前阳后阴。但就实际情况看，这与人体臀部维度的横断面维度前短后长有关（图 3-1-29）。此外，因冕服下裳由

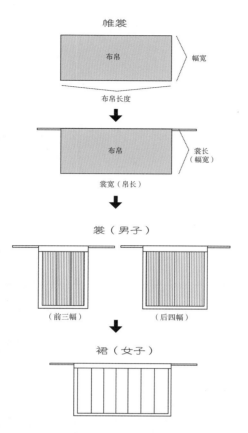

图 3-1-27 中国古代男裳女裙示意图

图 3-1-28 关岛查莫洛民俗村查莫洛人

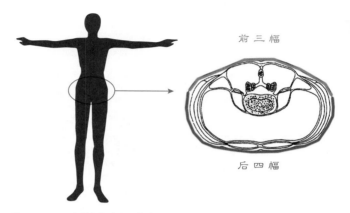

图 3-1-29 人体臀部维度与下裳前三后四之间联系示意图

七幅布帛联缀拼合，故腰部极为肥大，需折叠若干褶裥，又称"辟积"。这也可以在当时人物雕像，如故宫博物院藏战国白玉人像（图 3-1-30）、曾乙侯编钟下层铜人立柱像（图 3-1-31）等资料上找到证据。

冕服所用的腰带为大带和革带。大带用丝织物制作，不仅在于束系的功能，还用来区分人的身份、地位及官职大小。大夫以上所服的大带，通常宽度为四寸；士所服的大带，宽度为二寸。天子服用的大带为素带，并以朱色衬里，缘饰上以朱，下以绿，施于上下整条大带。大带的系束方式是由后绕向前，于腰部前面缚结，然后，再将多余的部分垂下（图 3-1-32）。大带前面下垂的部分叫"绅"。"绅"有"敬谨自约"之意，故大带又称"绅带"。革带，是以皮革制成的腰带，古称"鞶带"或"鞶革"。革带的作用主要用作佩挂蔽膝、佩玉、绶和剑等。

蔽膝是在膝前遮挡股部的用熟皮子或绢制成的服饰。它是古代遮羞物的遗制，用于礼服以示穿者不忘古制。蔽膝在朝服中称为"韠"，在冕服中称韨、

图 3-1-30 战国白玉人像（故宫博物院藏）

韍和芾。在殷商时期出土的圆雕石人立像中，小腹之下的下裳前，多附一下广上狭形如斧形的佩饰，应为蔽膝的原型。

"十二章纹"，即以十二种纹饰（取天数十二）画、织、绣在冕服上。不同身份的人所施章纹数各有不同，即天子全备十二章；公用山以下之八章；侯伯用华虫以下之六章；子男用藻以下五章；卿、大夫用粉米以下三章（图 3-1-33、图 3-1-34）。

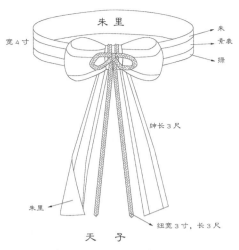

图 3-1-31 曾乙侯编钟下层铜人立柱像

图 3-1-32 周代天子大带示意图

日、月、星辰：取其照临，代表三光照耀，象征着帝王皇恩浩荡，普照四方。日、月、星辰被分别施于帝王冕服的两肩和领被。因日月代表的是天相，故为"天子"，即皇帝独用。

山：取其稳重，代表稳重性格，象征帝王能治理四方水土。

华虫：取其文理，象征王者要"文采昭著"。华虫即雄鸡，是有五彩的鸟。

火：取其光明，象征帝王处理政务光明磊落。火文是古代以火为题材的装饰纹样。因其为圆形而呈旋涡状，故也称圆涡纹，有人称之为"太阳纹"。

粉米：取其滋养，象征着皇帝给养着人民，安邦治国，重视农桑。粉米作为装饰图案，显示了人们祈愿食禄丰厚的愿望。

藻：即水藻，是隐花植物类，没有根、茎、叶等部分的区别，取其洁净，象征皇帝的品行冰清玉洁。

龙：取其应变，是一种神兽，变化多端，象征帝王善于审时度势地处理国家大事。

宗彝：是一种祭祀礼器，在其中绘一虎一猴。冕服上采用宗彝，取虎之威猛和蜼之有智，遂有避不祥之意；取其忠孝之意，亦表示不忘祖先。

黼：黑白相次的斧行图案，取其决断，象征皇帝做事干练果敢、明断是非。

黻：由两个半黑半青之色的相背"己"字组成，取其明辨之意，代表帝王能明辨是非、知错就改、背恶向善的美德，隐含着君臣离合之意。黻纹在十二章纹中排位最低，因此用于衣领，这是人们最易见到的地方。

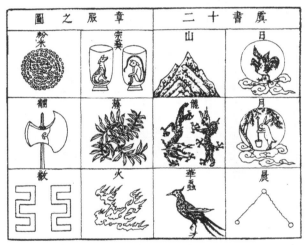

图 3-1-33 宋代聂崇义《三礼图》中的十二章纹

图 3-1-34 清代龙袍上的十二章纹

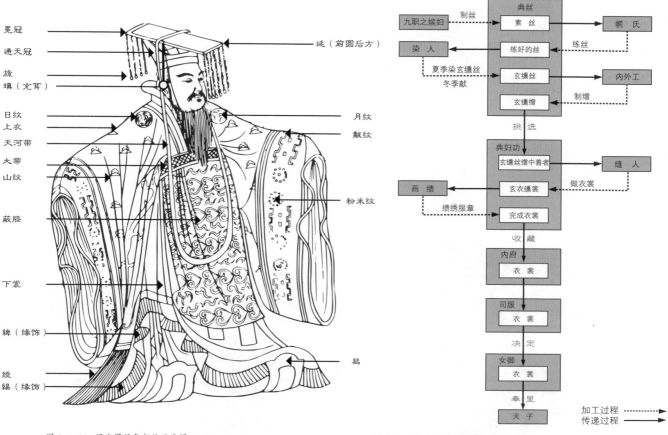

图 3-1-35 周代冕服各部位示意图

图 3-1-36 周代冕服制作过程示意图

冕服上十二章纹的使用反映了中国古人"万物服体"的思想观念（图 3-1-35）。远古的原始社会在未产生掌管一切的至上神时，总是把这些自然物和自然力看成有生命、意志和伟大力量的对象加以崇拜。按郑玄的解释，冕服上衣的章纹皆为画绘，下裳的章纹皆为刺绣。

据《周礼》记载，周代冕服衣裳的制作过程如图 3-1-36 所示：先由嫔妇加工素丝，入于"典丝"。"典丝"再将素丝直接交给"氏"练丝，再入于"典丝"，然后"典丝"把其练好的丝，交给"染人"染色；随后，由"典丝"将彩丝交给内工（女御）与外工（外嫔妇）织造彩缯；由"典妇功"取得缯后，挑选"精善者"交给"缝人"缝制冕服后，再由画工与绣工绣绘章纹后藏于内府；穿用时由司服根据仪礼场合决定选用合适的冕服，交给女御，再由女御奉呈天子。

（二）君士四弁

在周代礼仪服饰制度中，除了各种祭祀场合穿用的冕服外，还有四种其他礼仪场合时穿用的弁服。所谓弁服，是因为与其配套的首服均以"弁"为名，故名"弁服"。弁服的穿用随场合而异，有爵弁服、韦弁服、皮弁服、冠弁服（图 3-1-37）。

爵弁服是身份比冕服等级略低的祭祀服装，是古代士助君祭时的服装，也是士的最高等的服装。爵弁冠形制如冕冠，但其冕板没有前低后高之势，而且前后无旒，是仅次于冕冠的一种冠帽。其所服者为玄色纯衣（丝衣），纁色下裳，与冕服的衣裳相同，但不加章采纹饰。前用韎韐（用茅蒐草染成绛色的皮蔽膝）以代冕服的韨（蔽膝）。

皮弁服是周代天子视朝、郊天、巡牲、朝宾射礼等场合穿用的服装。除天子外，其又为诸侯朝见帝王时的服装、视朔及田猎时穿用的服装。皮弁冠

爵弁服　　　　　韦弁服　　　　　皮弁服　　　　　冠弁服

图 3-1-37　宋代聂崇义《三礼图》中爵弁服、韦弁服、皮弁服、冠弁服

图 3-1-38　《历代帝王图》中南朝末陈后主画像

图 3-1-39　《历代帝王图》中隋炀帝画像

的形制是两手相合状，用带毛的白鹿皮为之。其制法是将鹿皮分片缝合，尖狭端在上，广阔端在下。天子用 12 个五彩玉珠装饰其缝；诸侯以下各按其命数而用玉饰之。在传唐代阎立本所绘《历代帝王图》的南朝末陈后主画像（图 3-1-38）中，所穿衣装似为皮弁服，其皮弁冠像一朵未开的莲花，瓣瓣相扣，接近两手相合形状。皮弁服为十五升细的白布衣，下着素裳，裳有襞积在腰中，其前面也系着素韠（蔽膝）。素者，指白色无饰而言。其他一般执事则上用缁麻衣而下着素裳。晋制亦是黑衣而素裳。

韦弁服是周代天子军事时穿用的戎服，即"凡兵事韦弁服"。韦弁冠是用靺韦（用靺草染成赤色的去毛的熟皮子）做弁冠，又以此做成衣裳（或说

裳用素帛），形成赤弁、赤衣、赤裳的组合形式。韦弁服应属于周代革甲之类的服装。在传唐代阎立本绘《历代帝王图》中，隋炀帝头戴改制后施簪导的弁冠，其梁上饰有璂珠（图 3-1-39）。

冠弁服是周代天子田猎之服，古以田猎习兵事。首弁，又名委貌，制以缯。冠弁上的璂饰同于皮弁冠。后世即以此种冠弁通称皮冠。冠弁服上身着十五升缯布衣，下身为素裳。

（三）命妇六服

周代王后及命妇的礼服（朝服和祭服）与帝王和群臣的六种冕服、四种弁服相对应的是六服制度，《周礼·天官·内司服》载，"掌王后之六服：袆衣、揄狄（翟）、阙狄（翟）、鞠衣、展衣、褖衣。"

图 3-1-40　宋代聂崇义《三礼图》中的王后六服

其中，袆衣、揄狄、阙狄统称"三翟"，为祭服；鞠衣、展衣、褖衣统称"三衣"，为公服和常服，均剪帛为翟（野鸡）形，上施彩绘，缝缀于衣以为纹饰。此外，六服衣式均为上下连属的一部式服装，喻女德专一。夹里衬以白色纱縠，以便显示出衣纹色彩。王后六服皆为丝质，仅在衣的用色和纹饰上有所区别（图3-1-40）。

袆衣：位居六服之首。王后从王祭先王的俸祭服。其衣为玄色，剪翚（羽毛多色的雉）形，又加绘以五彩。饰翚之数，同于王服之十二章纹。入清以后，后妃随帝参加祭祀俱著朝服，袆衣之制遂被废弃。

揄狄（翟）：王后从王祭先公和侯伯夫人助君祭服。其衣为青色，剪鹞（以青色羽毛为主的雉）形，加绘五彩，翟之数同于袆衣。

阙狄（翟）：王后助天子祭群小神和子男夫人从君祭宗庙的祭服。其衣为赤色，剪鷩（以赤色羽毛为主的雉）形而不施绘颜色。

鞠衣：王后率领命妇祭蚕神告桑的礼服，亦为诸侯之妻从夫助君祭宗庙的祭服。所谓告桑，是指在春季时节养蚕将开始。其衣为黄色，以象征桑叶始生之色。

展衣：因展通"襢"，故展衣亦称"襢衣"。王后、大夫之妻专用于朝见帝王及接见宾客的礼服，亦是卿大夫之妻从夫助君祭宗庙的祭服。其衣表里皆用白色，无文彩饰。

褖衣：亦写作"缘衣"，为王后燕居时的常服、士之妻从夫助祭的祭服。其衣为黑色，无文彩饰。

在中国传统文化中，玄色为天色，其色至尊，故以袆衣为玄色。余下五服色以青、赤、黄、白、黑为序，是以五行相生之色为之。

除了服饰，周代后妃及命妇发式和装饰品亦相当丰富。《周礼·天官》记载，"追师：掌王后之首服。为副、编、次、追、衡、笄。"其中以"副"为最盛饰，"编"和"次"次之。所谓"副"是在头上加戴假发和全副华丽的首饰，"编"是在加戴假发的基础上加一些首饰，"次"是把原有的头发梳编打扮使之美化。"追"是动词，"衡"和"笄"是约发用的饰品，追衡笄是指在头发上插上约发用的衡和笄。也有人把"追"解释为玉石饰物，"衡"是悬于耳朵两旁的饰物，"笄"贯于发髻之中。

此外，王后及内外命妇的足服：凡祭服皆为舄，余服以履，色皆随裳色。

（四）玄端深衣

玄端，亦称元端，为周代的法制服装。上自天子下至士人，皆可服之。天子以此为斋服及燕居之服；诸侯则以此服祭宗庙；大夫、士朝飨、入庙、朝见父母时亦服玄端（夕祭则服深衣）。玄端的剪裁方正平直，即《礼记》云"士之衣袂（袖子）皆二尺二寸，其衣长亦二尺二寸。"玄端之名取其端正之意，又黑色无纹饰（同皮弁服），故名。其实物如《历代帝王图》中隋炀帝穿的黑色上衣（见图3-1-39）。与玄端相配的首服是"委貌冠"，其形制和冠饰同皮弁类似，只是不用白鹿皮，而用玄色缯、绢制成。

春秋战国时期，人们穿用最多，流行最广泛的服装是深衣。较之上衣下裳的二部式服装（如冕服），一部式的深衣更为方便实用。这体现了朝之礼齐备隆重，夕之礼简便朴素的观念。深衣的用途非常广泛。正如《礼记·深衣》中的记述："故可以为文，可以为武，可以摈相，可以治军旅。完且弗费，善衣之次也。"深衣为士以上阶层的常服，士人的吉服（较朝、祭服次等服饰），庶人的祭服。深衣长度至足踝间，正所谓"长毋被土"。此外，深衣的袖口、衣襟和下摆的部位有不同色彩的缘饰，如果父母、祖父母都健在，就用镶带花纹的缘饰，父母健在就镶青边，如果是孤子，就镶白边。湖北江陵马山楚墓出土的这些袍服均在其领、袖和下摆部位有缘饰（图3-1-41）。尤其引人注目的是凤鸟花卉纹绣浅黄绢面绵袍N10（图3-1-42）衣领外侧的纬花车马人物驰猎猛兽纹绦和衣领内缘的龙凤纹绦。

纬花车马人物驰猎猛兽纹（图3-1-43），由四个菱形组成，排列成上下两行。上行两个菱形内的图案内容是相互联系的。右上方的图案是二人乘一辆田车正在向前追逐猎物的侧视图。车上二人，外侧后部为御者，踞坐，着钻蓝色衣，系红棕色腰带，头部似戴兜鍪，手前伸，作驾马状。内侧一人位于前部，似为射猎的贵族，立乘，着土黄色衣，似戴兜鍪，右手持弓，左手作放箭状。车后有旌旗。左上方有象征山丘的菱形纹。山前有一只奔鹿仓惶逃命，箭矢从身旁掠过；奔鹿后面的一兽被射中卧倒。下行两个菱形图案都是武士搏兽图。右下方的图案是武士搏虎图。武士头戴长尾兜鍪，一手执盾，一手执长剑。各个大菱形之间多填以S型等几何纹。上下两行图案相互呼应，组成一幅气氛热烈紧张、场面广阔的古代田射猎图。

图3-1-41 一凤一龙相蟠纹绣紫红绢单袍N13

图3-1-42 凤鸟花卉纹绣浅黄绢面绵袍N10

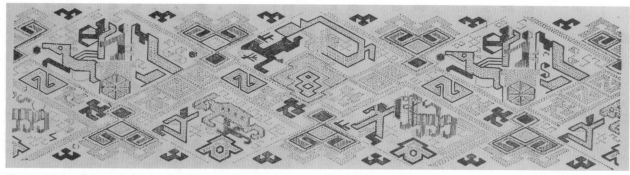

图 3-1-43（a）　绵袍 N10 领外缘上的纬花车马人物驰猎猛兽纹

龙凤纹（图 3-1-44）由三个菱形连接组成。各菱形的空隙间分别填以三角形、小菱形纹。第一个菱形内的图案是对龙，各自作回首状，足下践一动物；第二个菱形内的图案是长尾对龙和一些小几何纹；第三个菱形内的图案是弯体对凤。

随着奴隶制的崩溃和社会思潮的活跃，春秋战国时期装饰艺术风格也由传统的封闭式转向开放式，造型由变形走向写实，轮廓结构由直线主调走向自由曲线主调，艺术格调由静止凝重走向活泼生动。此时的丝绸纹样突破了商周几何纹的单一局面，象征奴隶主阶级政权的神秘、狞厉、简约和古朴的风格已不复存在。这时的纹样已不再注重其原始图腾、巫术宗教的含义。湖北江陵马山楚墓出土的刺绣纹样以写实与变形相结合的花草、藤蔓和活泼而富于浪漫色彩的鸟兽纹穿插结合。有的彼此缠叠，有的写实形与变形体共存，有的数种或数个动物合成一体，有的动物体与植物体共生，反映了春秋战国时期服饰纹样设计思想的高度活跃和成熟。

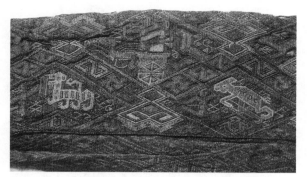

图 3-1-43（b）　绵袍 N10 领外缘上的纬花车马人物驰猎猛兽纹

图 3-1-44（a）　绵袍 N10 领内缘上的龙凤纹

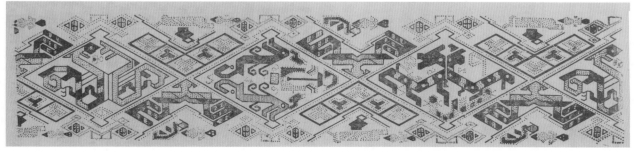

图 3-1-44（b）　绵袍 N10 领内缘上的龙凤纹

图3-1-45 蟠龙飞凤纹绣面衾复原

蟠龙飞凤纹绣面衾（图3-1-45），约长190厘米、宽190厘米，近正方形，上端中部有凹口。衾面由25片不同花纹的绣绢拼成，正中是由23片绣绢缀成的蟠龙飞凤纹。该件绣品上部以S型的对龙作为主题，口衔一条龙尾，下部是高冠展翅的斜立对凤，凤下处有一条小龙。对龙之间是表现太阳的扶桑树。华丽的凤冠和凤翅构成了整幅图案，犹如菱形骨架，使图案的布局满而不乱，非常有章法。锁绣针法发挥到了极致，凤冠凤翅以单行锁绣铺列，其他地方则用深浅色满铺针法。色彩有棕红、深红、土黄、浅黄。

图 3-1-46　龙凤虎纹

图 3-1-47　龙凤虎纹绣罗襌衣

　　龙凤虎纹绣罗襌衣（图 3-1-46 ~ 图 3-1-48），绣地为灰白色素罗，针法为锁绣，绣线色彩有红棕、棕、黄绿、土黄、橘红、黑、灰。花纹一侧是一只头顶花冠、双翅张开、足踏小龙的凤鸟；另一侧是一只斑斓猛虎，扑逐大龙，大龙作抵御状。猛虎造型简练，矫健生动，是花纹中最突出的部分。绣地

经密每厘米 40 根，纬密每厘米 42 根。花纹长 29.5 厘米，宽 21 厘米。笔者曾整理、绘制了江陵马山楚墓的蟠龙飞凤纹、龙凤虎纹、双头凤鸟等纹样，再将其进行图案化设计（图 3-1-49），并用于羊绒时装设计中（图 3-1-50）。其纹样独特的视觉张力给观者留下了深刻的印象。

图 3-1-48 龙凤虎纹绣罗禅衣局部

图 3-1-49 龙凤虎纹（贾玺增作品）

图 3-1-50 将蟠龙飞凤纹、龙凤虎纹等纹样用于羊绒时装设计中

如果服装可以反映文化，那当以"深衣"为典型。据儒家典籍记载，中国古人出于尊古和文化象征的需要，创制了上下分裁的一体式深衣，还从文化、伦理的角度赋予了它公平（下摆齐平如秤锤和秤杆，象征公平）、正直（衣背中缝线垂直，象征正直）、礼让（衣袖作圆形以与圆规相应，象征举手行揖）、无私（衣领如同矩形与正方相应，象征公正无私），甚至将天地乾坤、日月轮回（下裳用6幅，共裁12片，以应一年十二月）的诸多象征也纳入其中（图3-1-51）。但有时，古人在实际操作时并未完全循规蹈矩，固守礼节，如湖北江陵马山楚墓出土的小菱形纹锦面绵袍N15（图3-1-52），下裳只有5片。就实际情况看，深衣分片裁剪只是与当时的布料幅宽有关。西周《九府圜法》记载，"布帛广二尺二寸为幅"。按周代1尺约等于今天23厘米换算，当时布幅宽度为50.6厘米。那时，如小菱形纹锦面绵袍N15，袍服袖展长者达345厘米，短者也有158厘米。故此，将几幅衣片拼合就成为解决面料幅宽不足的唯一办法。这恰好证明了我们祖先将技术局限转变成文化理由的智慧。

除了被赋予丰富的文化意义，深衣还体现了中国古人高超的衣料造型能力和成熟的裁剪制衣技巧。湖北江陵楚墓出土的素纱绵袍N1的上衣由8片正裁的素绢衣片缝制而成，上身腰缝和后背中缝皆有15°斜线。当上衣腰线与下裳腰线缝合后，上衣前后腰部的斜度转至袖子中线。从服装裁制技巧和功能方面分析，素纱绵衣上身腰缝和后背腰缝处采用斜裁的目的是从后中缝和横腰处分别去掉一个15°夹角的量，相当于现在表现体形特征的"省"的作用。这两处省的设计，使上衣的腰部更为合体（图3-1-53）。通过上衣在这两处"收省"，一方面使上衣形成15°"落肩"，既方便人体运动，又更接近人体自然姿态（与平展双臂的姿态相比）；另一方面，在收缩腰部的同时，等于相对扩大了胸围部分的量（图3-1-54、图3-1-55）。这是非常智慧、合理的设计，表现出古代楚人的高超智慧和精妙的制衣技巧。它比起西方中世纪末期（13—14世纪）才开始使用省道技术领先了1500余年左右。

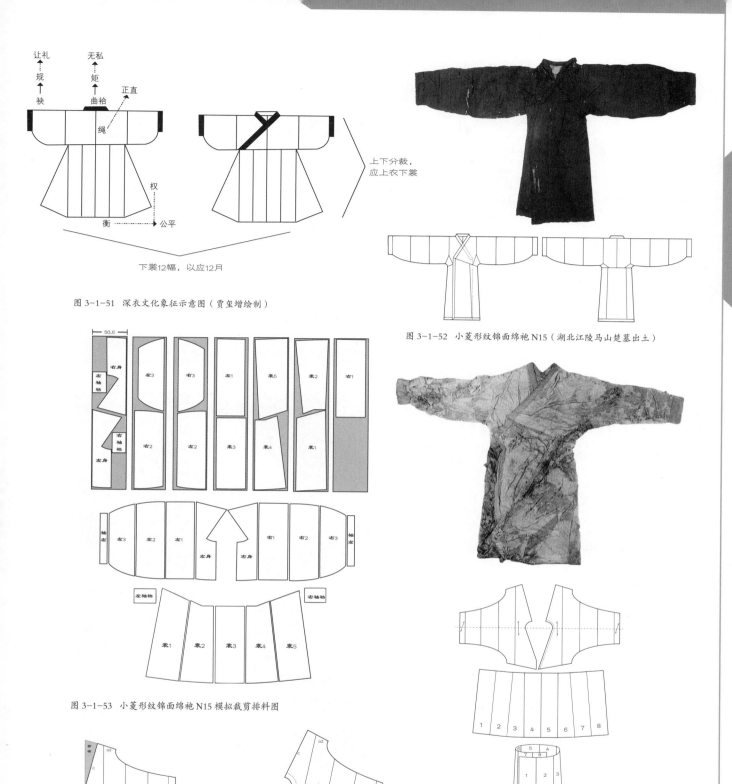

图 3-1-51 深衣文化象征示意图（贾玺增绘制）

下裳12幅，以应12月

图 3-1-52 小菱形纹锦面绵袍N15（湖北江陵马山楚墓出土）

图 3-1-53 小菱形纹锦面绵袍N15模拟裁剪排料图

图 3-1-54 素纱绵袍上身腰缝和背中缝省量示意图

图33-1-55 素纱绵袍N1和裁剪示意图

（五）冠礼笄礼

随着周代礼仪制度的不断完善，首服的社会功能被不断强化。据《仪礼·士冠礼》和《礼记·冠义》记载，贵族男子到了 20 岁时，需举行象征成年的冠礼。冠礼仪程由筮卜吉日开始，定了日期后，冠者的父兄须邀请来宾作为青年成人的见证者。冠礼由行冠礼者的父亲主持，并由指定的贵宾为其加冠三次，初加缁布冠（图 3-1-56），象征将涉入治理人事的事务，即拥有人治权；再加皮弁（图 3-1-57），象征将介入兵事，拥有兵权，所以加皮弁的同时往往配剑；三加爵弁（图 3-1-58），拥有祭祀权，即为社会地位的最高层次。

图 3-1-56　缁布冠　　图 3-1-57　皮弁　　图 3-1-58　爵弁

据《仪礼》记载，周代女子年满 15 岁就被看作成人。在此之前，她们的发式大多为丫髻，还没有插笄的必要。到 15 岁时，如果已经许嫁，便可如成年女子一样梳发挽髻了。这时就需要使用发笄，故此，古时称女孩成年为"及笄"。如果没有许嫁，其到 20 岁时也要举行笄礼，由一个妇人给及龄女子梳一个发髻，插上一支笄，礼后再取下。

周代女子绾髻插笄的样子如河南光山春秋墓女墓主发髻上所插的两支木笄（图 3-1-59）。相对木笄的朴实与大众化，有身份的贵族女性更喜欢插戴玉笄，如河南淅川下寺楚国墓地出土的白玉笄（图 3-1-60）。周代妇女的发髻往往向后倾，如湖南长沙楚墓出土的《龙凤仕女图》中妇女的发髻式样（图 3-1-61）。此时，还出现了以假发（时称"髢"）梳高髻的风气。《左传·哀公十七年》记载，卫庄公见吕氏之妻的长发很美，就令其剪下长发，给他的夫人吕姜制成假发，称为"吕姜髢"。其实物如湖南长沙马王堆西汉墓出土的假髻（图 3-1-62）。

图 3-1-59　河南光山春秋墓女墓主发髻上斜插两根木笄

图 3-1-60　玉笄（河南淅川下寺楚国墓地出土）

图 3-1-61　《龙凤仕女图》（湖南长沙楚墓出土）

图 3-1-62　假髻（湖南长沙马王堆西汉墓出土）

（六）佩玉锵锵

中国制玉8000年，从原始社会到清代经久不衰，形成了独特的玉文化。夏、商、西周时期，统治者为了巩固政权和规范礼治，继承了良渚文化和龙山文化制玉传统，建立了一整套用玉的制度，产生了系列化的玉礼器。

礼贯穿于周代社会的各个方面，而玉成为实现礼的一个重要手段。这些玉饰挂在胸前，佩带在身上，成为地位、权力、财富的象征。当时贵族服装上都有玉饰，所谓"君子佩玉"，玉饰是贵族身份不可缺少的标识。与此同时，佩玉的质地和系佩玉的带子（称"组"或"组绶"）需根据佩戴者的身份而有所区别，见表3。考察实物资料就会发现，如湖北江陵马山一号楚墓出土的木俑（图3-1-63），春秋战国时期男性下裳普遍系束在胸部，这与今人所理解的腰线位置截然不同。其实并不难理解，因为那个时期的贵族男性要在腰带上配挂很长的组玉佩。如果腰线过低，就无法悬挂组玉佩了。

图3-1-63　木俑（湖北江陵马山一号楚墓出土）

表3　周代各身份所用佩玉之材料及组绶

身份	佩玉	组绶
天子	白玉	玄组绶
诸侯	山玄玉	朱组绶
大夫	水苍玉	纯（缁）组绶
世子	瑜玉	綦（杂文）组绶
士	瓀玟	缊（赤黄）组绶

根据先秦文献记载，西周的组玉佩主要由珩、璜、冲牙、瑀、琚、璜珠组成（图3-1-64）。其上为磬状"珩"，两侧系组绶，各垂半璧形而内向的"璜"。中组贯一球状的"瑀"，下垂新月形俯状的"冲牙"。西周和东周两个时期的组佩的主要构件也不同，西周是璜，东周为珩。西周的组佩中，璜的弧面是朝下的，两端有孔，两条平行的轴线将各件玉璜串了起来。而到了战国时期，挂在腰间的组佩变成了单轴线，在珩的中间穿孔，弧面朝上。所以，战国时期的龙形珮很发达。宋代以来，许多学者对周人玉佩做了复原图式，但因为没有传世周代玉佩的实例可以依凭，所作复原难免有想象的成分，图示的差异也很明显（图3-1-65）。

图3-1-64　西周组玉佩（山西曲沃北赵村92号墓出土）

《礼记·聘义》把玉概括为仁、智、义、礼、乐、忠、信、天、地、德、道，共十一德。其通过对玉自然属性的分析，把玉的表象和本质特征与儒家道德观念紧密结合在一起，从而阐明了玉器人格化的概念。组玉的佩戴还有为君子"节步"之用。君子行走，步子不能太快，不能太慢，要快慢适度，迟速有节，从而使得组玉佩发出愉悦的鸣响；如果君子行步匆忙，步履慌乱，组玉佩则会相互碰撞而发出杂音。

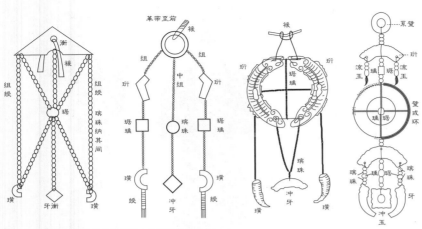
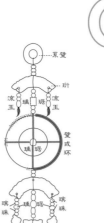

图 3-1-65　宋代以来学者们对周人玉佩的复原图式

图 3-1-66　玉璧

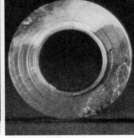
图 3-1-67　玉环

图 3-1-68　玉瑗

图 3-1-69　玉玦

图 3-1-70　玉圭

（七）问士以璧

春秋战国时期，玉器具有文化象征意义，被广泛用在日常生活和社会礼仪中，《荀子·大略》记载："聘人以圭，问士以璧，召人以瑗，绝人以玦，反绝以环。"《尔雅·释器》载："肉倍好谓之璧，好倍肉谓之瑗，肉好若一谓之环。""好"就是中孔的直径，"肉"是指由内廓到外廓的尺寸。孔径大约等于整件玉器直径的三分之二的小孔者为玉璧（图 3-1-66），是天子向才志之士虚心请教的凭证；中孔者属"环"，即孔径为整件器物直径的一半，因"环"与"还"同音，故用作召回被贬臣属之象征（图 3-1-67）；大孔为瑗，是天子召见下臣的凭证，也是侍从搀扶君王时手执之物（图 3-1-68）；有缺口的半环形玉璧为玦（图 3-1-69），有时用来表示君臣断绝关系，因"玦"与"决"同音，也象征佩戴者凡事果敢决断，不会拖泥带水。此外，天子派遣使者到别的诸侯国访问时，用"圭"作为凭证。圭是上尖下方的长条形玉制礼器（图 3-1-70）。其形制大小，因爵位及用途不同而异。周代有大圭、镇圭、桓圭、信圭、躬圭、谷璧、蒲璧、四圭、裸圭之别。

（八）掌皮治皮

到了周代，裘衣的制作成为一项专业性很强的产业。从周朝政府所设的"金、玉、皮、工、石"五个官职类别来看，毛皮已成为人们日常生活不可缺少的一部分。此外，政府部门还专门设有兽人、廛人、冥氏、穴氏等职位，负责用不同方法敚皮；设"掌皮"负责加工皮毛，即"治皮"；设"司裘"负责制做裘衣（图 3-1-71）。此时，中国古人使用皮料种类已非常丰富，如羊、狐、虎、狼、狸、犬、黑貂（紫貂）皮等。其中，狐裘有狐白、狐青、狐黄、狐苍、火狐、沙狐、草狐、青白狐和玄狐等品种；鼠裘有银鼠、黄鼠、灰鼠、深灰鼠和青鼠等品种。

在裘中，以羊皮和狐皮的使用最多。宋代马麟《道统五赞像·伏羲像》中的伏羲氏散发披肩，身穿羊皮衣和鹿皮裤，目光深沉睿智，一派远古风范（图 3-1-72）。汉代班固《白虎通义》中称"狐死首丘，羊羔跪乳。"其含义是指狐狸死的时候，头必向着出生的山丘，而羊羔喝母乳的时候，要跪下来喝（图 3-1-73）。可见用这两种动物的皮毛做服装很符合当时的儒家思想所提倡的"孝义"。当然，

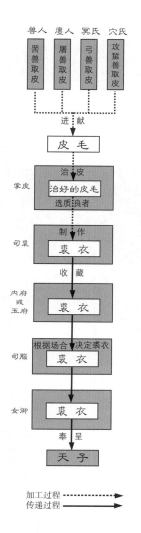

图 3-1-71 周代裘皮制作过程

图 3-1-72 宋马麟《道统五赞像·伏羲像》

图 3-1-73 羊羔跪乳

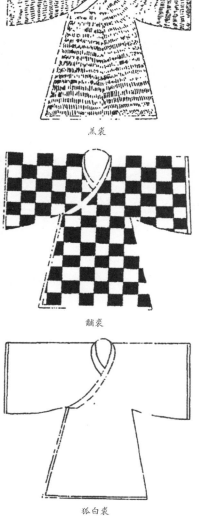

羔裘

黼裘

狐白裘

图 3-1-74 南宋陈祥道《礼书·裘衣图》

这是一种道德上的附会，实际情况是因为古代羊皮和狐皮比较容易获取和加工。羊一般有膻气，所以多用乳羊的皮。

除了掌握一套熟皮、制衣的方法外，中国古人还在裘衣的穿法上制定了很多规定。天子、诸侯的裘衣用全裘不加袖饰，下卿、大夫则以豹皮饰作袖端。此外，不同的皮毛质地也与场合区分联系了起来，《诗经》载有："羊裘逍遥，狐裘以朝。"在一些重要场合，人们穿裘衣时还须在外披被称为"褐衣"的罩衣。其质地多为丝绸，色彩与裘色相配。《玉藻》中就有狐白裘褐锦衣，狐青裘褐玄绡衣，羔裘褐缁衣，麝裘褐绞衣（苍黄色）的记载。穿裘而不褐是简便的穿法，称"表裘"。其礼仪等级相对较低，《玉藻》称"表裘不入公门"，《论语》称"犬羊之裘不褐"。南宋陈祥道《礼书·裘衣图》收录了宋代羔裘、黼裘、狐白裘、狐青裘、豹褒等裘衣款式（图 3-1-74）。

（九）制礼作乐

与商朝一样，周朝统治者非常重视乐舞礼仪，不但注意发挥乐舞"通神"的作用，而且更加重视乐舞"治人"的作用，充分发挥音乐舞蹈的社会功能。

从周公"制礼作乐"开始，乐舞就被当作了"载道"的手段，发挥着政治作用。乐舞被纳入了"礼治"体系，成为"乐治"工具，用以纪功德、祀神祇、成教化、助人伦。故宫博物院藏战国宴乐渔猎攻占纹青铜壶上的纹样详细描绘了战国时期的乐舞场面（图 3-1-75）。

花纹从口至圈足分段分区布置，以双铺首环耳为中心，前后中线为界，分为两部分，形成完全对称的相同画面。自口下至圈足，被五条斜角云纹带划分为四区。宴乐渔猎壶颈部为第一区，上下两层，左右分为两组，主要表现采桑、射礼活动；第二区位于壶的上腹部，分为两组画面，右面一组为宴飨乐舞的场面，左面一组为射猎的场景，鸟兽鱼鳖或飞、或立、或游，四人仰身拉弓射向天空群鸟，一人立于船上亦持弓作射状；第三区为水陆攻战的场面，一组为陆上攻守城之战，另一组为水战；第四区采用了垂叶纹装饰，给人以敦厚而稳重的感觉。

（十）以粗为序

丧服，为哀悼死者而穿的服装。其冠、衣、裳、履皆均取白色，以粗为序（生麻布、熟麻布、粗白布、细白布），不以色辨。自周代始已有五服制度，即按服丧重轻、做工粗细、周期长短，分为五等：斩衰、齐衰、大功、小功、缌麻。其中斩衰最上，用于重丧，取最粗的生麻布制作，不缉边缝，出殡时披在胸前；女子还须加用丧髻（髻系丧带），俗称披麻戴孝。出席葬礼者，穿着丧服要根据与死者血缘关系的亲疏和距死者去世时间的远近，选择服用等级（图3-1-76）。

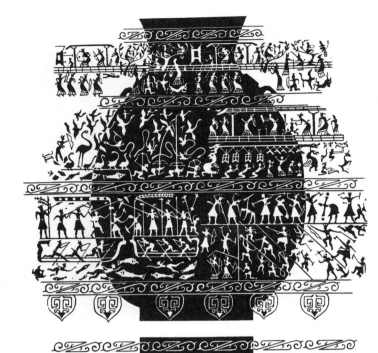

图3-1-75 宴乐渔猎攻占纹青铜壶纹样

图3-1-76 中国古代丧服图

第二节 西方：古埃及、美索不达米亚、爱琴文明

3500年前开始的尼罗河古埃及文明，和同时期的两河流域苏美尔文明一起，形成人类历史上最古老的两大文明摇篮。此后1000多年出现了爱琴海文明——希腊文明和印度河文明。

一、古埃及

距今6000年前，古埃及已处于金石并用期。公元前3000年，上埃及国王美尼斯征服了下埃及，建立了统一的古埃及王朝。此后历经31个王朝，在公元前4世纪末，为希腊马其顿王亚历山大征服。早在5000年前的埃及法老第一王朝时期，尼罗河流域就已经有了包括农业、历法、象形文字、灌溉系统、独特而优美的艺术、特定的文学传统、复杂的宗教等辉煌灿烂的文明，以及金字塔、狮身人面像、卢克索神庙、国王谷、木乃伊等大批古代文化遗产，令人不能不惊叹古埃及人的智慧。

在延续四千年之久的古埃及建筑、石墙、石碑上面，铭刻着许多古埃及文字，但是后人难以看懂。

图 3-2-1　罗塞塔石碑及时装设计

1799 年，罗塞塔石碑（Rosetta Stone）在一个埃及
港湾城市罗塞塔出土（图 3-2-1），碑文上段与中
段是两种古埃及文字（圣书字和民间俗字），下段
是希腊文字，三种文字相互对照，再参照古埃及语
的最后形态——科普特语（Coptic language），使
古埃及文字得以解读。

　　由于气候原因，古埃及人很早就开始使用植物
纤维。除了初期以棕榈纤维为主，亚麻一直是古埃
及人的主要衣用布料。炎热的夏季与温和的冬天，
使埃及人将亚麻布织得非常轻薄。又因为亚麻染色
较难，故以白色为主，配着古埃及人红黑色皮肤，
别具魅力（图 3-2-2）。在罗马时代，古埃及人偶
尔会从印度进口些棉布，从地中海东岸买回少量的
丝，这在古埃及人的坟墓中已有发现。大量外国织
工来到埃及定居，以至于"叙利亚人"成了织工的
同义词。

　　衣服是古埃及社会等级制的体现。服装款式、
面料和饰品都是体现身份的标志，如纳尔迈石板正
面一位戴高帽子的上等埃及人，正在敲打戴矮帽子
的下等埃及人（图 3-2-3）。女性服装的特征是高
高的腰线，而男性的服装则强调臀部（图 3-2-4）。
法老的衣服用细软轻薄的亚麻布来做，甚至还会加
饰金丝美化，平民所穿的服装面料则较为粗糙。

图 3-2-2　拉何泰普和内弗莱特坐像

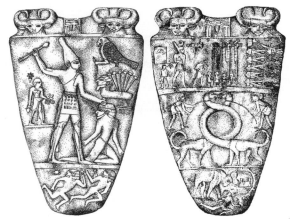

图 3-2-3　纳尔迈石板

图 3-2-4　孟卡拉和其王后

图 3-2-5　古埃及壁画中女性身穿的绳衣

图 3-2-6　陶器上的
绳纹装饰

图 3-2-7　古埃及男子腰衣形式

（一）绳衣腰衣

绳衣是古埃及最具特色和象征意义的服装之一。古埃及壁画上有许多只在腰臀部系一根细绳的年轻女子。从其环境和人物姿态推断，这些人应该是古埃及时期的奴隶或舞女（图 3-2-5）。全身光素无饰，只在腰部系一绳的形式与中国石器时代大汶口文化的白陶鬶绳纹类似（图 3-2-6）。与其说绳衣是服装，倒不如说是一种由社会文化所赋予的象征性装饰符号。现在，绳衣仍存在于热带非洲和南美亚马逊流域的未开化民族中。

在古埃及早期，男子们一般上身赤膊，下身一般穿一块由白色亚麻布缠裹腰部或裹腰兜裆的腰衣罗印·克罗斯（lion cloth，图 3-2-7），与女子宽大长袍卡拉西里斯（Kalasiris）形成对比（图 3-2-8）。其在古埃及壁画《赶牛犁地图》（图 3-2-9）、《猎雁图》（图 3-2-10），以及第 20 王朝拉美西斯四世石雕跪像（图 3-2-11）都可见到。早期的腰衣区别不大，但随着身份制度的显现，法老、贵族等上层阶级则以更多的布料，经过了浆洗成有褶裥装饰，外形挺括、棱角分明的三角形褶裙，甚至有的还装饰有蓝色、黄色、绿色的纵向条纹装饰，成为古埃及服装最富特色的性别元素。法国时装品牌迪奥（Dior）2004 春夏高级时装发布会中就有以此为灵感而设计的礼服作品（图 3-2-12）。

（二）褶裥之美

古埃及上层女性一般穿从胸到脚踝的筒形紧身衣丘尼卡（Tunic，图 3-2-13）。这是古埃及妇女的正式服装。在古埃及社会，妇女的地位较高，丈夫和妻子各自都有可以自由处理的财产。古埃及女子的丘尼卡（Tunic）有筒裙或吊带连衣裙的形式，起自胸下直到踝骨，用背带吊在肩上或用腰带系住，乳房裸露在外，也有半袖连衣裙。

古埃及男性也穿丘尼卡（Tunic），但要比女性的丘尼卡（Tunic）短一些，腰身也更宽大。其式样如公元前 3100 至前 2890 年第一王朝时期的丘尼卡

图 3-2-8　古埃及壁画中身穿 lion cloth 的男子和身穿 Kalasiris 的女子

图 3-2-9　《赶牛犁地图》中男子身穿的 lion cloth

图 3-2-10　《猎雁图》中男子身穿的 lion cloth

图 3-2-11　第 20 王朝拉美西斯四世跪像

图 3-2-12　Dior 2004 春夏高级成衣

图 3-2-13　浮雕上身穿筒形紧身衣的古埃及女子

（Tunic）实物（图 3-2-14）。从图像资料上看，古埃及女性的身体轮廓能够毫无保留地表现出来，甚至，一些图像上的丘尼卡（Tunic）还有清晰的腿部轮廓。因此，丘尼卡（Tunic）所使用的布料的伸缩性应该很好。这可能是通过百褶的形式得以实现。古埃及人用褶皱的方法，使紧瘦的裙子有伸缩余地，并具装饰感。其式样如古埃及彩塑男女人像（图 3-2-15）和第 19 王朝法老宝座靠背上的浮雕图案（图 3-2-16）。尤其是公元前 1349 年单肩褶衣女性躯干石雕像将古埃及褶衣表现得极为清楚（图 3-2-17）。美国时装品牌 BCBG·玛克斯·阿兹里亚（BCBG Max Azria）2009 春夏女成衣中有这种女士单肩丝绸短裙（图 3-2-18）。

　　古埃及中期以后，女服中出现了由上衣和裙子组合的两件套式。上衣是长方形的披肩，披在肩上在前面系起来。其形式非常多样，被称为多莱帕里（Drapery）。一种是用长方形的布缠在腰里，在前面把两个头系起来，与男子的腰衣相同。

　　到了第 18 王朝，好战的国王从美索不达米亚带回了许多战利品，其中就包括用一块布制成的宽大长袍卡拉西里斯（Kalasiris）。其裁剪方法是将

图 3-2-14 公元前 3100 至前 2890 年第一王朝时期的 Tunic 实物　　图 3-2-15 古埃及彩塑男女人像　　图 3-2-16 第 19 王朝法老宝座靠背上的浮雕图案

图 3-2-17 公元前 1349 年褶衣女性躯干石雕像

图 3-2-18 BCBG Max Azria 2009 春夏女成衣

一块相当于衣长两倍的麻布对折，在正中挖一个钻头的洞，两侧留出袖子部分后缝合（图 3-2-19）。细密褶裥所形成的丰富层次和明暗效果，是构成埃及服饰魅力和便于活动的主要手段，这个特点在卡拉西里斯（Kalasiris）上尤显突出（图 3-2-20）。其固定褶裥的方法是把衣料浸水、上浆、折叠、压紧后晾干。英国设计师亚历山大·麦昆（Alexander McQueen）以此为灵感，在 2007 年秋冬高级女装成衣设计中创作了与古埃及石塑褶衣人像（图 3-2-21）肌理极其相似的时装作品（图 3-2-22）。

与丘尼卡（Tunic）一样，卡拉西里斯（Kalasiris）是一种男女皆穿的服装。初期的卡拉西里斯（Kalasiris）非常宽松，长过脚踝，穿的时候在外面用带子系着，形成 X 型。到了第 18 王朝末期，卡拉西里斯（Kalasiris）全身压成百褶，腰部的系带也有百褶，系扎后垂挂在腹前。在古埃及风时装设计中，卡拉西里斯（Kalasiris）是时装设计师们使用频率最高的款式，如朗雯（Lanvin，图 3-2-23）、BCBG·玛克斯·阿兹里亚（BCBG Max Azria，图 3-2-24）、亚历山大·福提（Alexandre Vauthier，图 3-2-25）和山本耀司（Yohji Yamamoto，图 3-2-26）等都曾以卡拉西里斯（Kalasiris）为灵感进行时装创作。

进入中王国时期，丘尼卡（Tunic）面料出现了多色手绘或纺织网状纹样的，如第 11 王朝头顶花瓶的彩塑侍女像（图 3-2-27）。亚历山大·麦昆（Alexander McQueen）2007 年秋冬高级女装成衣中就有表现此肌理效果的时装设计（图 3-2-28）。

图 3-2-22 Alexander McQueen 2007 年秋冬时装

图 3-2-21 古埃及石塑褶衣人像

图 3-2-19 Kalasiris 着装
示意图　　图 3-2-20 古埃及壁画人物所表现的 Kalasiris

图 3-2-23 Lanvin 2008 春夏时装

图 3-2-24 BCBG Max Azria 2009 春夏时装

图 3-2-25 Alexandre Vauthier 2012 春夏、2012
秋冬

此外，意大利时装品牌普拉达（Prada）及其二线品牌缪缪（Miu Miu）2012 秋冬高级成衣中则以繁复多彩的棋子格纹样再现了古埃及服饰图案（图 3-2-29、图 3-2-30）。

（三）装饰之美

古埃及服装朴素简单，因此，各种首饰成为装饰的重点，甚至被视为服装的一部分。埃及人所设计的宝石首饰的题材一般多为古埃及象征符号，其构图模式遵循对称分层式法则。其结构严谨，有庄重感和神圣感，并有着极美的装饰效果。

在古埃及人的心目中，神是宇宙的主宰，法老是人间的王者，因此人们用珍贵的黄金装饰圣物表达虔诚和敬仰。古埃及盛产黄金，所以其黄金工艺非常发达，现代熔铸、捶打、雕刻、着色、镶接、锻造金箔等技术，古埃及人都已掌握。在法老时期，人们还没有意识到名贵宝石的价值，所以在首饰制

图 3-2-26 以 Kalasiris 为灵感而设计的 Yohji Yamamoto 2013 秋冬时装

图 3-2-27　第 11 王朝头顶花瓶的彩塑侍女像

图 3-2-28　Alexander McQueen 2007 年秋冬时装

图 3-2-29　Miu Miu 2012 秋冬时装作品

作中使用最多的是各种颜色鲜艳的次宝石，如绿长石、玉青石、绿松石、孔雀石、石榴石、玉髓、青金石等。在红海之滨，人们还采集珍珠母和贝壳，用来制造装饰品（图 3-2-31）。

　　古埃及制作首饰的材料多具有仿天然色彩，取其蕴含的象征意义。金是太阳的颜色，而太阳是生命的源泉；银代表月亮，也是制造神像骨骼的材料；天青石仿似保护世人的深蓝色夜空，这种材料均从阿富汗运来；来自西奈半岛的绿松石和孔雀石象征尼罗河带来的生命之水，也可用利比亚沙漠的长石甚至绿色釉料代替；尼罗河东边沙漠出产的墨绿色碧玉像新鲜蔬菜的颜色，代表再生；红玉髓及红色碧玉的颜色像血，象征着生命。古埃及文明以蓝色为代表，所以青金石是当时最昂贵的宝石。

图 3-2-30　Prada 2012 秋冬时装作品

图 3-2-31　古埃及壁画中制作首饰的场景

图 3-2-32　以古埃及壁画人物中的项圈首饰

图 3-2-33　古埃及项圈首饰

在古埃及首饰中，最具特点的当属项圈（图3-2-32）。其样式有些类似中国古代服饰中的云肩，是古埃及贵族身份和地位的象征。项圈用次宝石或用彩釉、陶片、瓷片质地的圆柱形珠子，按照大小、颜色的顺序垂直成串排列（图3-2-33）。这些珠子的终端有时还会用黄金打造的半圆形或猎鹰头形做扣环。新王国时期法老王曾佩戴由四排黄金圆盘珠穿成的项圈。古埃及项圈装饰纹样成为古埃及风时装的重要特征，许多时装也在项圈装饰区域内做图案装饰，如迪奥（Dior）2004春夏高级女装（图3-2-34）、纪梵希（Givenchy）2012秋冬高级男装（图3-2-35）。前者是以复原古埃及项圈为设计诉求，后者则是借鉴了古埃及项圈的形式美。当然，项圈之外的其他饰品亦是古埃及风格时装设计的重要灵感来源，如英国设计师约翰·加利亚诺（John Galliano）为迪奥（Dior）1997春夏高级女装设计的古埃及风时装作品（图3-2-36）。

图 3-2-34　Dior 2004 春夏高级女装　　图 3-2-35　Givenchy 2012 秋冬高级男装

（四）护身符号

在埃及人看来，护身符及制成护身符形状的首饰是基本的装饰，尤其是死者必须的陪葬品。当然，它也同样用于装饰活人的衣服。古埃及的护身符多达275种，葬礼护身符包括心形护身符、蜣螂护身符、杰德柱护身符及伊希斯的圣结等。

在古埃及语中，荷鲁斯之眼称为"华狄特"（Wedjat或Udjat），意为"完整的、未损伤的眼睛（图3-2-37）。这个读法和古埃及历史最悠久神祇之一眼镜蛇女神华狄特相同，所以这个符号最早是代表

图 3-2-36　Dior 1997 春夏高级女装

图 3-2-37 古埃及壁画中的荷鲁斯之眼

图 3-2-38 荷鲁斯之眼护身符

图 3-2-39 黑曜石和玻璃眼球

华狄特的眼睛。最终这颗神圣之眼成为了法老的守护神——鹰头神荷鲁斯的右眼。古埃及人喜欢用次宝石制成荷鲁斯之眼护身符（图 3-2-38），也有用黑曜石和玻璃眼球做成写实很强的荷鲁斯之眼护身符（图 3-2-39）。在古埃及风流行时，眼睛图案成为流行元素，时装品牌三宅一生（Issey Miyake）2011 年春季高级成衣（图 3-2-40）、Topshop Unique 2012 年春夏高级成衣（图 3-2-41）和高田贤三（Kenzo）2013 年秋冬高级成衣（图 3-2-42）中都使用了眼睛图案。

在古埃及人看来，蜣螂是太阳神的化身、也是灵魂的代表，象征着复活和永生。蜣螂在古埃及曾被作为法老王位传递的象征。古埃及人认为蜣螂共有 30 节的 3 对足，代表每月的 30 天，更认为这种甲虫推动粪球的动作是受到天空星球运转的启发，觉得它是一种懂得许多天文知识的神圣昆虫，所以也称它为"圣甲虫"。在古代埃及，人们将这种甲虫作为图腾之物，蜣螂被做成手镯（图 3-2-43）、项圈（图 3-2-44）等首饰。当法老死去时，他的心脏就会被切出来，换上一块缀满圣甲虫的石头。现代首饰中也有以蜣螂为题材的胸针（图 3-2-45）。迪奥（Dior）2004 春夏高级女装设计中也有许多蜣螂首饰（图 3-2-46）。

图 3-2-40 Issey Miyake 2011 春夏高级成衣

图 3-2-41 Topshop Unique 2012 春夏高级成衣

图 3-2-42 Kenzo 2013 秋冬高级成衣

图 3-2-43 古埃及蜣螂手镯

图 3-2-44 古埃及蜣螂项圈

图 3-2-45 带双翼蜣螂胸针

图 3-2-46 Dior 2004 春夏时装中的蜣螂饰品

图 3-2-47 Givenchy 2016 秋冬古埃及主题高级成衣设计

法国品牌纪梵希（Givenchy）2016 年秋冬，推出了古埃及主题高级成衣设计（图 3-2-47），虽然设计师里卡多·堤西（Riccardo Tisci）依旧主打暗黑风格，但服装的色彩却变成充斥着古埃及风景色彩的沙土黄色、棕褐色，万花筒的几何图案组和眼睛的图腾、羽翼纹、圣甲虫、豹纹、蛇纹等诸多古埃及符号的贯穿始终（图 3-2-48），豹纹皮草大衣、皮裙、蟒蛇纹和皮靴搭配充满神秘感，甚至发布会现场也模拟成了金字塔地下墓室的样子，暗暗的光线和迷宫一样的长长走廊，将人们拉入几千年前的古埃及。

2017 年早秋，纪梵希（Givenchy）以荷鲁斯之眼几何印花、翅膀图腾、猎鹰图案、色彩斑斓的密镶珠宝色块（图 3-2-49），以及将平淡短夹克打造出有意味轮廓的浑圆肩线，都延续了上一季的古埃及主题，表明了设计师里卡多·堤西（Riccardo Tisci）对古埃及历史文化的浓厚兴趣。

图 3-2-48　Givenchy 2016 秋冬高级成衣设计

图 3-2-49　Givenchy 2017 早秋高级成衣设计

图 3-2-50　Iris Van Herpen 2009 秋冬"木乃伊化"时装主题

图 3-2-51 古埃及蛇形黄金戒指和手镯

图 3-2-52 Dior 蛇形手镯

荷兰设计师艾里斯·范·荷本（Iris Van Herpen）推出的 2009 秋冬时装主题是"木乃伊化"（Mummification）（图 3-2-50），"我尝试从古埃及人的艺术创造之中汲取灵感"，艾里斯·范·荷本在后台说道。其服装将坚硬冰冷的材质加以切割、扭转、编织构造，再加上金属网、花边金箔和超精密的立体褶裥，以及大量繁复的手工——数千个精微金属球连缀而成的紧身鸡尾酒礼服，超韧皮革上打上数以万计的小孔黄铜穿环，并用同质地皮革条穿插勾连而成的立体线性褶裥礼服裙，精细的串珠流苏下摆礼服，以及由科技面料打造的、百万数量级的精密科技面料褶裥裹身小礼服，这些都反应了艾里斯·范·荷本时装设计令人赞叹的无与伦比的精致细节处理与前卫之创作灵感精神，显示了 Iris Van Herpen 品牌独有的黑暗美学，成为其时装设计所具有的行为艺术性质特质与噱头。

眼镜蛇是埃及君主们专有的象征，它被装饰在王冠和鹰状头巾上。古埃及首饰中也有许多蛇形金戒指和手镯（图 3-2-51）。现代首饰设计中也有众多的蛇形题材（图 3-2-52）。在埃及神话中，宇宙起源时诸神以蛇的形体生活在原始海洋里，蛇成了原始海洋中一切存在的化身。此外，在阴间诸神的

灵魂都住在蛇里面，而死去的人在阴间都化身成蛇的形象。古埃及蛇的形象与普通人、王室和神都密切相关，而且蛇的形象具有混合性和多重性。有的带有蛇的神器，有的神头上或身上盘着蛇。在位于吉萨金字塔前面的狮身人面像的额部雕刻着"库伯拉"圣蛇的浮雕。此外，卢克索神庙的墙壁上、帝王谷和王后谷陵墓的壁画上都可以见到圣蛇的浮雕或画像。在现代时装设计中，蛇形往往被用作数码印花图案装饰，如浪凡（Lanvin）2012 年春夏时装作品（图 3-2-53）、Topshop Unique 2012 年春夏时装作品（图 3-2-54）。

法老的饰物深具象征意义，他们所持的弯拐和连枷代表着其对领土、牧人及农夫的权力；"伊西斯圣结"是生命的神圣象征，通常只有国王、王后和众神才有权拥有。古埃及人喜欢莲花，传说一朵大莲花从远古的水域生长出来，在开天辟地后的第一个清晨里，这朵莲花是太阳的摇篮。

（五）正身侧面

古埃及的人物图案的造型简洁，样式遵守的是程式化和稳定静止的对称造型。其造型方法被称为正身侧面律。古埃及的艺术家的任务不是把所见到的情景如实描绘下来，而是基于永恒的信念，他们要尽可能把人物的一切特点持久保留下来。在绘画人物时，把头画成最具骨骼起伏特点的侧面；为保留人物的精神面貌，眼睛被画成正面的样子；由于正面最能表现身体形象，所以躯干以正面角度描绘；他们认为万物是永恒的，而四肢在运动时从正面看会"缩短"，因此四肢按侧面的形象描绘。这种程式一方面规定变换几个不同的视点；另一方面

图 3-2-53 Lanvin 2012 春夏时装作品

图 3-2-54 Topshop Unique 2012 春夏时装作品

又将不同视点的视觉形态，依相同的格式组合起来。在古埃及绘画中，"侧面正身律"作为秩序被严格遵守着。此外，古埃及壁画人物图案中主人着衣，奴仆赤裸。其根据人物的尊卑安排比例大小和构图位置；人物的程式姿势必须保持直立，双臂紧靠躯干，正面直对观众，比例根据人物尊卑决定大小（图3-2-55）。

（六）异物同构

埃及神话同时也是古埃及宗教。埃及神话最大特点是古埃及的众神，大多数都是动物的头部，人的身体（图 3-2-56）。古埃及人擅长将人和动物形象进行异物同构，但构成的方式是千篇一律的。动物的头饰和角均为正面，头部为正侧面，肩部以下是人的图案样式。古埃及人的信仰属多神教类，且多半都可以动物来作为其象征。古埃及人相信他们死后会到死后世界去。他们认为身体是灵魂的容器，灵魂每天晚上会离开自己的身体，早上再回来。他们同样相信灵魂死后会复活，必须保留身体使灵魂有自己的居所，所以发明了防腐术且制造了木乃伊。

古埃及太阳神拉（Ra），从第五王朝（公元前2494—前 2345 年）开始，成为古埃及神话中最重要的神，被看作是白天的太阳。一千多年以来，其一直是埃及的最高神（图 3-2-57）。

鹰头人身的荷鲁斯（Horus）是法老的守护神，也是王权的象征。他的妻子哈特尔（Hathor）是爱神，司音乐、舞蹈和丰饶（图 3-2-58）。哈特尔是古埃

图 3-2-55 古埃及壁画中正身侧面的人物形象

序号	名称	神职	形象
1	Apis	冥世神 丰饶之神	圣牛，牛角间有一日盘和圣蛇Uraeus
2	Aapep	巨蛇	巨蛇
3	Asbet	女神	蛇形
	Amon	众神之王	原型蛇形
4	Buto	女神	盘曲于纸草卷的眼镜蛇
5	Denwen	蛇神	蛇形
	Isis	母性与生育之神	有时化为蛇形、手持蛇形神器等
	La	太阳神	与蛇战斗
6	Renenutet	丰收女神	蛇，或为头上有蛇的妇女，或为头戴牛角托负日盘之冠的巨蛇
7	Mehen	冥世神	盘曲之蛇
8	Meritseger	守护女神	人首蛇身妇女
9	Montu	战神	冠上有一蛇
10	Mentu	食物的赐予者	蛇首人身
11	Nehebkhan	季节，丰饶神	蛇形
12	Nesret	古老女神	蛇形
13	Serket	亡者保护神	昂首而立之蛇
14	Sekhmet	女战神，烈日女神	狮首妇女，头上饰有日轮和蛇
15	Tefnut	雨露之神	狮首人躯，头上饰有蛇和日盘；权杖上饰有蛇
16	Wadjet	女守护神	蛇形
17	Urheke	古老神	蛇形
18	Urt-hekau	古老女神	蛇首人身
19	Uraeus	守护女神	眼镜蛇，或蛇首鸢身
20	Ukhukh	古老地狱神	以两羽翎和两蛇为饰
21	Upes	火焰女神	蛇首人身
22	Usret	诺姆女神	蛇形
23	Uto	守护女神	眼镜蛇或头上饰有日盘的狮首妇女

图 3-2-56 古埃及神话人物图

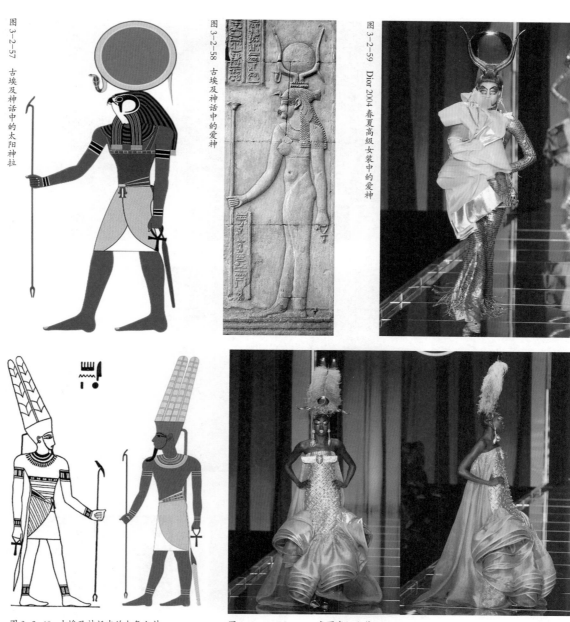

图3-2-57 古埃及神话中的太阳神拉

图3-2-58 古埃及神话中的爱神

图3-2-59 Dior 2004春夏高级女装中的爱神

图3-2-60 古埃及神话中的大气之神

图3-2-61 Dior 2004春夏高级女装

及女神中的第一美女，外形是牡牛，戴双角头饰，两角间嵌有日盘。2004年春夏，英国设计师约翰·加利亚诺（John Galliano）借助古埃及艺术灵感，参考金字塔中的壁画、象形文字等元素，用黄金面具、金属首饰、圣甲虫、珊瑚珠、重彩妆容配以金光四射的礼服。其中就有爱神的服饰形象（图3-2-59）。

大气（空气）之神苏（Shu）（图3-2-60），通常会和奴特、给布一起出现。他立于中，支撑着奴特，而给布则横卧于下。他是太阳光拟人化出来的神，与泰夫姆特分享一个灵魂。迪奥（Dior）2004年春夏高级女装中亦有头戴高高羽帽身穿金色礼服的大气之神形象（图3-2-61）。

死神阿努比斯（Anubis）自从谋杀兄弟后就成了永世不得翻身的万恶之首（图3-2-62），豺头人身。他的妹妹兼太太奈芙蒂斯（Nephthys）是死者守护神，头上经常顶着篮子或者小房子，背生双翅。迪奥（Dior）2004年春夏高级女装中亦有用面具装饰、印花工艺表现阿努比斯的服饰形象（图3-2-63）。

（七）埃及艳后

提到古埃及，就不能不提到著名的埃及艳后——克里奥佩特拉，这位被传奇英雄恺撒迷恋的托勒密

图 3-2-62　古埃及神话中的阿努比斯

图 3-2-63　Dior 2004 春夏高级女装中的阿努比斯

图 3-2-64　埃及艳后纳芙蒂蒂像

图 3-2-65　以埃及艳后纳芙蒂蒂像为造型灵感的 Dior 2004 春夏时装

图 3-2-66　印有埃及艳后纳芙蒂蒂像的 2013 Givenchy 印花 T 恤衫

图 3-2-67　伊丽莎白及其饰演的埃及艳后

图 3-2-68　Topshop Unique 2012 春夏成衣

王朝的末代女皇是谜一样的传奇人物。她成就了亚历山大港的辉煌，使埃及达到了前所未有的全盛时期。纳芙蒂蒂在古埃及无疑是一位焦点人物（图 3-2-64）。迪奥（Dior）2004 年春夏高级女装中有埃及艳后纳芙蒂蒂的形象（图 3-2-65）。法国时装品牌纪梵希（Givenchy）在 2013 年也推出了埃及艳后印花 T 恤衫时装产品（图 3-2-66）。

1963 年，好莱坞推出了当时在电影史上投资最大，也赔得最惨的一部古装巨制电影《埃及艳后》。此片由好莱坞传奇影星伊丽莎白·泰勒（Ellizabeth

Taylor）和理查德·伯顿（Richard Burton）主演（图3-2-67），成为一部好莱坞历史题材最为经典的影片之一。影片再现了古埃及皇后为了政治目的，先与罗马帝国的裘利斯·凯撒联姻，又与马克·安东尼发生了暴风雨般的爱情，从而建立起横跨欧亚非三洲的强大帝国。Topshop Unique 2012年春夏伦敦时装周秀场，伊丽莎白饰演的埃及艳后头像被印在宽松的灯笼袖上衣上（图3-2-68）。整个系列犹如伊丽莎白女王（Elizabeth Taylor）的转世，古埃及给人的印象一向是神秘的，特别是埃及金字塔里的法老更是赋予了神秘的色彩，金色代表了埃及至高无上的荣耀。同年，麦当娜身穿来自里卡多·堤西（Riccardo Tisci）设计的纪梵希（Givenchy）高级定制服装，表演开场时穿着全手工刺绣的古埃及风格服装金色披肩扮演法老（图3-2-69）。该设计主题亦被用于纪梵希（Givenchy）成衣产品设计中（图3-2-70）。

（八）假发假须

自古以来，埃及人就留短发，进入王朝时代，无论男女都时兴戴假发，这一方面是为了防晒，另一方面也与古埃及人的清洁癖有关。其形象如头戴假发身穿卡拉西里斯（Kalasiris）古埃及女子木雕（图3-2-71）。由于宗教仪式的规定，另外也为了清洁和防暑，古埃及男女皆剃发，男子剃秃，女子剪短，然后再戴假发，只有在服丧期间留头发和胡子。古埃及的假发是用网衬加以固定人发、羊毛或棕榈叶

图3-2-69　2012年麦当娜身穿Givenchy服装

图3-2-70　Givenchy古埃及神话人物印花卫衣

纤维制作成的（图 3-2-72）。由于剃光的头上形成透气的空间，所以戴上这种假发很凉爽。根据习俗，古埃及假发的长短和社会地位成正比，国王和贵族们的假发最长。

女性很重视面部化妆（图 3-2-73），使用绿和黑墨画眉毛眼圈和睫毛，嘴唇涂洋红色，脸颊涂白和红色，用橙色的散沫花汁涂染指甲。一般普通男性不留胡子，但帝王和高官例外，他们不但会留胡子，还在下巴处做成筒状。英国设计师亚历山大·麦昆（Alexander McQueen）在 2007 秋冬高级女装发布会中就大量应用了古埃及风格的化妆造型（图 3-2-74）。

在埃及，最古老的鞋子是用植物制成的凉鞋（图 3-2-75），鞋底是用草、藤或椰叶编成的。平民不穿，即使有一双凉鞋，也提在手中，以免损坏。军人作战时，打胜仗就没收战败一方的鞋作为战利品。古埃及鞋尖有平底，也有上翘的造型，但最具特点的当属一种鞋尖细长，向上伸出反折，与第一和第二脚趾间及侧帮的系带固定（图 3-2-76）。古埃及鞋匠还会用硬牛皮做凉鞋或短靴，用厚牛皮做鞋底。古埃及一个肉商的坟墓还出土了一双带鞋跟的靴子。另外，古埃及鞋匠已经掌握了皮子染色技术。因为一些出土的木乃伊脚上的鞋还保有鲜艳的颜色。在古埃及遗址考古中，甚至有錾刻漂亮图案的黄金鞋出土，这应该是法老、贵族们等社会上层人物的用品。

图 3-2-71 头戴假发、身穿 Kalasiris 的古埃及女子木雕

图 3-2-72 古埃及女子假发实物

图 3-2-73 古埃及女子眼部化妆

图 3-2-74 Alexander McQueen 2007 秋冬高级女装

图 3-2-75 黄金鞋（古埃及遗址出土）

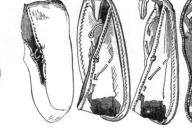

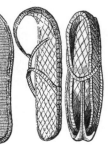

图 3-2-76 古埃及鞋子实物和线描图

图 3-2-77　古埃及金字塔和斯芬克斯

图 3-2-78　以古埃及金字塔为造型的 Dior 2004 春夏高级女装

（九）木乃伊褶

　　古埃及最著名的建筑是斯芬克斯和金字塔（图 3-2-77）。斯芬克斯狮身人面像位于今埃及开罗市西侧的吉萨区，一直被沙掩埋至肩部，直到 20 世纪 30 年代末，埃及考古学家萨利姆·哈桑最终将巨像从黄沙中解放出来。金字塔相传是古埃及法老（国王）的陵墓。陵墓基座为正方形，四面则是四个相等的三角形（即方锥体），侧影类似汉字"金"字，故汉语称为金字塔。埃及金字塔始建于公元前 2600 年以前，共有 100 多座，大部分位于开罗西南吉萨高原的沙漠中，是世界公认的"古代世界八大奇迹"之一。迪奥（Dior）2004 春夏高级女装就有以古埃及金字塔为造型的礼服设计（图 3-2-78）。艾利·塔哈瑞（Elie Tahari）2012 年春夏的设计以古埃及为灵感，如沙漠米色和石头，日落橙色，蓝色绿洲和埃及艳后染黄金网、金腰带，以及华丽的系带角斗士凉鞋（图 3-2-79）。而另一位设计师郭子峰以古埃及墓穴中的光线为灵感，从一个全新的角度诠释了古埃及风（图 3-2-80）。

图 3-2-79　Elie Tahari 2012 春夏成衣

图 3-2-80　郭子峰以古埃及墓穴光线为灵感的时装设计

　　古埃及人笃信人死后，其灵魂不会消亡，仍会依附在尸体或雕像上，所以法老死后，用防腐的香料殓藏尸体，制成木乃伊，作为对死者永生的企盼和深切的缅怀。木乃伊之上扣着黄金面具。其上嵌有宝石和彩色玻璃。前额部分饰有鹰神和眼镜蛇神，象征上、下埃及（上埃及以神鹰为保护神，下埃及以蛇神为保护神）；下面垂着胡须，象征冥神奥西里斯。其实物如图特卡蒙国王木乃伊金面具（图3-2-81）和开罗博物馆藏古埃及木乃伊金面具（图3-2-82）。木乃伊金面具亦成为迪奥（Dior）2004年春夏高级女装的设计灵感（图3-2-83）。

　　除了木乃伊本身，木乃伊棺木也是颇具特征的古埃及文化之一。它分为内棺（图3-2-84）和盖板（图3-2-85），上面绘有漂亮的彩色图案，如让死者看到赐予生命力的太阳每天从东方升起的双眼、死者名字、生前职业，还有死神阿努比斯和欧塞里斯祈祷的经文，保护死者亡灵在前往朝拜死后主宰神的旅途中，一路平安。此外，古埃及人认为心脏决定死者的重生，死者佩戴护身符就能永远拥有自

图 3-2-81　图特卡蒙国王　　　　图 3-2-82　古埃及木乃伊金面具
　　　　　　木乃伊金面具　　　　　　　　　　　　（开罗博物馆藏）

图 3-2-83　以木乃伊金面具为设计灵感的 Dior 2004 春夏高级女装

图 3-2-84 古埃及人形内棺

图 3-2-85 古埃及木乃伊盖板

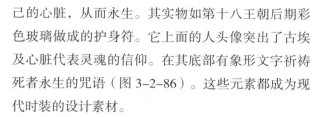

己的心脏，从而永生。其实物如第十八王朝后期彩色玻璃做成的护身符。它上面的人头像突出了古埃及心脏代表灵魂的信仰。在其底部有象形文字祈祷死者永生的咒语（图3-2-86）。这些元素都成为现代时装的设计素材。

在古埃及木乃伊制作过程中，经过取内脏、脱水、化妆整形后，会用亚麻绷带对尸体进行包裹，并把护身条符放在里面。在古埃及风时装流行时，这种亚麻绷带包裹尸体的形式被称作"木乃伊褶"（图3-2-87），成为一个重要的设计形式。"木乃伊褶"也称"绷带时装"或"捆绑时装"。20世纪40年代初，随着考古文物的大量出土，古埃及成为了一个时髦的词汇。法国女时装设计师格雷夫人（Madame Grès）在1942年创作了大量木乃伊褶时装作品（图3-2-88）。擅长运用历史题材进行时装创意的英国设计师约翰·加利亚诺（John Galliano）在迪奥（Dior）2004春夏高级女装设计中推出了一款在白色礼服裙上缠裹纱布带的时装（图3-2-89），极其写实地描画了木乃伊形象。在此之后的几年中，古埃及风犹

图 3-2-86 木乃伊护身符

图 3-2-87 绑扎绑带的古埃及木乃伊实物

图 3-2-88 Grès 1942 木乃伊褶时装作品

如好莱坞电影"木乃伊归来"的名称一样，成为国际流行时尚中的重要元素。2008年，马丁·马吉拉（Maison Martin Margiela）在20周年秀上，将模特从头到脚用皮肤色紧身衣包裹，再缠绕黑色绷带，甚至模特的头部也用面料包裹起来，这场发布会开启了模特蒙头走秀的新造型（图3-2-90）。2009年春夏，某国际服装品牌的古埃及皇家兵团们穿着的是金光灿灿和放射状木乃伊褶的时装（图3-2-91）。2012年到2014年，有许多设计师选择了包裹模特面孔的设计方式，如川久保玲（Comme des Garcons）2012年秋冬高级成衣系列（图3-2-92）。

"木乃伊褶"风格最著名的设计师是美国设计师荷芙妮格（Herve Leger，图3-2-93）。这个品牌对木乃伊式的包缠效果得心应手，从日装到晚装再到泳装，几乎覆盖了全部品类，却不会让人感到厌倦。荷芙妮格（Herve Leger）使用本身具有高弹性的针织面料包裹身体，在腰部切开几道口子，恰到好处地将曲线结构运用得当，达到贴身紧身的效果。

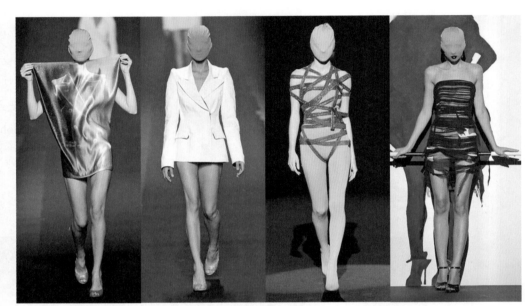

图3-2-89　Dior 2004春夏高级女装　　图3-2-90　包裹模特脸部的 Maison Martin Margiela 2008 木乃伊风格时装

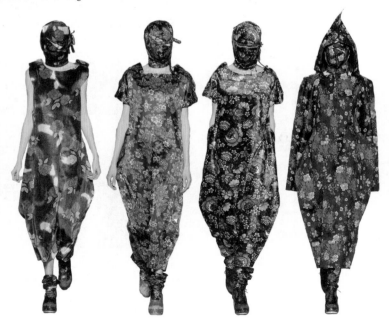

图3-2-91　某国际服装品牌2009春夏木乃伊风格时装　　图3-2-92　包裹模特脸部的 Comme des Garcons 2012 秋冬木乃伊风格

图 3-2-93　2009 春夏 Herve Leger 木乃伊绷带礼服

图 3-2-94　拉伽什的饰板浮雕

图 3-2-95　苏美尔人石碑（牛津阿什莫尔博物馆收藏）

图 3-2-96　穿 kaunakes 的苏美尔人石雕人像

图 3-2-97　苏美尔人石雕人像

二、美索不达米亚

（一）苏美尔人

美索不达米亚文明的苏美尔人，居住在两河汇流的下游苏美尔地区。他们是两河流域地区最早的居民。苏美尔人书写用的楔形文字，是人类使用最早的象形文字（图 3-2-94）。楔形文字刚开始用图形将猪、牛、马、羊、庄稼等各种事物画下来，发展到后来，图形越来越简单，于是就将图形符号固定下来形成文字，用三角形尖头的芦苇杆刻写在泥板上，然后晒干，可以长期保存（图 3-2-95）。苏美尔人一般穿平整裹身下垂到小腿处的圆形裙衣（图

3-2-96、图 3-2-97）。这类服装的另一重要特点是裙衣上的穗状垂片。考察雕像实物可知，这些服装的穗片有不同的款式，有的从膝上下垂至膝下，有的则从腰间下垂，层层重叠成伞状裙卡吾纳凯斯（Kaunakes）。苏美尔人后期，一般上身裹一块大围巾，搭过左肩，头上戴着无边羊皮圆帽，上面装饰着许多小波纹。苏美尔人服装面料以亚麻布与羊毛、羊皮为主。大约在公元前 8500 年，苏美尔人能获取制衣所需纤维的动物是山羊和绵羊，植物则是亚麻。

苏美尔乌尔王陵出土的萨尔贡一世金盔头像反映了苏美尔人贵族的束起的编发发式和有着优美波浪曲线的长须（图3-2-98）。此外，在乌尔城出土的乌尔军旗（The Standard of Ur）距今已有4700年，被公认为是两河流域最具代表性的文物。它是用贝壳、天青石与石灰石在木板上镶嵌出来的马赛克艺术品，有超过100个栩栩如生的人物与动物形象，很好地反映了当时苏美尔人的着装方式（图3-2-99）。

毫无疑问，苏美尔人穿的卡吾纳凯斯（Kaunakes）是最具特点着装，意大利品牌D二次方（Dsquared）2014春季女裙设计犹如苏美尔人小石像的翻版，色彩与结构忠实于考古实物（图3-2-100）。英国品牌加勒斯·普（Gareth Pugh）2012秋冬女装（图3-2-101）和亚历山大·麦昆（Alexander McQueen）2014春夏女装（图3-2-102）在服装材质和形式上与苏美尔人服装保持一致，克丽斯汀·迪奥（Christian Dior）2013高级女装（图3-2-103）则只是借鉴了苏美人服装的造型。

（二）古巴比伦

公元前1750至公元前1595年统治美索不达米亚这一地区的是巴比伦人。巴比伦王国由塞姆族部落的阿卡德人建成，阿卡德人曾长期生活在苏美尔人的统治之下，故深受其影响。因此，巴比伦人的服装与苏美尔人的服装区别不大。

图3-2-98　萨尔贡一世金盔头像

图3-2-100　Dsquared 2014春季女裙

图3-2-101　Gareth Pugh 2012秋冬女装

图3-2-99　乌尔军旗

图3-2-102　Alexander McQueen 2014 春季女裙　　图3-2-103　Christian Dior 2013春夏高级女装

图3-2-104　拉格什之王雕像

图3-2-105　巴比伦女性着装形象

巴比伦男服的主要形式为缠裹式的袍服康迪斯（Kandys），只是用边缘有流苏装饰的三角形织物绕身包缠，形成参差不齐、错落相间、纵横繁复、雍容华贵的外观（图3-2-104）。国王专用康迪斯（Kandys）的还用金钱缝制，上面除了刺绣精致的图案外，还镶嵌珍贵的宝石。在康迪斯（Kandys）里面，套留有毛边流苏的直筒紧身长袍。紧身长袍有时单独穿着，其边缘有刺绣花饰，下摆亦有流苏饰物，造型虽简单，有时在外面套一块搭过单肩的披肩。在紧身衣上束有各种装饰讲究的腰带，有的腰带很宽，紧束腰身，更突出了男子的宽阔肩胸。

巴比伦女服与男服大体相同，只略宽肥一些。巴比伦后期妇女的服装，是一种扣紧的披搭式服装，类似印度妇女所穿的莎丽。服装的面料是饰有流苏滚边的毛织物或亚麻，有红、绿、紫、蓝等鲜艳的颜色，有精美的刺绣装饰（图3-2-105）。

巴比伦男子十分重视头发和胡须的卷烫整理，胡须仔细地分段卷烫，显出层次和节奏，一层层卷曲的小波纹显得十分华丽而有层次。头发也同样经过卷烫整理，向后披着，并撒金粉。帝王和高官还佩戴头冠，上有一圈小的羽毛饰物，有时镶上宝石。当时的男女都戴着镶有珍珠及各种宝石的耳环、项链和手镯。巴比伦人还穿用皮革做成的凉鞋，款式和现在的凉鞋区别不大。鞋带在脚拇指上绕一圈，脚腕上绕着鞋带并用扣子扣住。为了在林木中骑马奔跑和在激烈的战斗中保护双腿不受伤害，士兵们则从脚尖到膝部都用皮革制成护腿。

（三）亚述

公元前14世纪，亚述国兴起于底格里斯河中游，公元前8到7世纪势力扩大，征服了整个美索不达米亚地区，最盛期从现在的伊朗中部以西到土耳其东部，从叙利亚到西奈半岛，甚至包括埃及，形成强大的帝国版图。

亚述人的服装受埃及新王国时代影响，十分华美。其最大特征是大量使用流苏装饰，刺绣和宝石装饰技巧也很发达，刺绣纹样的题材有埃及的莲花、棕榈加上圣树、蔷薇和山梨等。其所使用的面料主要是羊毛织物，同时，从埃及引进的亚麻，从印度引进的棉也逐渐得以普及，出产高质量的棉麻织物，在织物中织进了金线。通过丝绸之路传来的中国丝绸也进入亚述人的生活。亚述人一般内衣用麻织物，外衣用毛织物。

从服装造型上看，当时外出服有两种基本样式：第一种，丘尼卡（Tunic）+外套披肩式卷衣（披肩式）。这是亚述男女装的共同特征（图3-2-106）；第二种，丘尼卡（Tunic）+外套贯头衣（斗篷式）。这种服装肩部较宽，可达上臂中部（图3-2-107）。这种服装由相同的两片布构成，前后两片在肩部缝合，留出领口，底摆为方形或圆形，衣服两侧不缝合（图3-2-108）。

（四）古代波斯

波斯人原居中亚一带，约公元前2000年末迁到伊朗高原西南部。在古代，位于西亚的伊朗被称为波斯（图3-2-109）。米地亚是波斯最古老的王国。米地亚曾和巴比伦人联盟，击败亚述。公元前550年，波斯部落中强大的一支——阿契美尼德族

图3-2-107 浮雕上的亚述人形象

图3-2-106 阿普利二世石雕及其披肩的卷绸方法

图3-2-108 亚述皇家长袍形象及结构图

图 3-2-109　古代波斯城复原　　　　　　　　　图 3-2-111　彩色古代波斯人浮雕形象　　　图 3-2-112　萨珊王（朝）银制圆盘古代
　　　波斯的裤子

图 3-2-110　大流士与泽克西斯向群众致意浮雕

人，在居鲁士王的领导下，灭了米地亚，并继承了米地亚的文化。经过居鲁士——冈比西——大流士（图 3-2-110）三个好征战的国王的统治时代，波斯成为一个占有整个中亚（包括阿富汗、印度等国）、西亚（包括两河流域和土耳其等国）以及非洲之埃及的大帝国。古代波斯集中了这一广大地域中高度发展的文化，并使之互相融合，造就了古代波斯文化艺术的辉煌成就。当野心勃勃的大流士妄图征服希腊、称雄地中海时，在著名的马拉松之役中遭到希腊人民英勇的抵抗而失败。公元前 330 年，希腊的亚历山大大帝举兵摧毁了波斯，古代波斯帝国就此灭亡。

波斯服饰的面料主要是羊毛织物和亚麻布，也用从东方引入的绢来制作。平民的衣服一般都染成红色，这种红色染料是从一种叫桑提库斯的树上的花中提取的。高官则穿蓝紫色衣服，并装饰着白和银色。蓝紫色、深蓝色和白色都是平民所禁用的。波斯人喜欢在衣服上刺绣美丽多彩的图案（图 3-2-111）。富有者还用珍珠、宝石和珐琅等装饰服装。

波斯帝王的腰带是金线编织，普通男女到了 15 岁，才能得到被视为神圣的腰带。

男性服饰基本上继承了巴比仑和亚述的传统，但又具有许多不同的特征和创新。特别有代表性的是康迪斯（Kandys）长衫，其与众不同之处是袖子呈喇叭形，在后肘处做出许多褶裥，造型很美。这是西方服装史首次出现对袖子造型加以重视的实例。康迪斯（Kandys）里面穿紧身套衫、宽松裤子和长袜子。古代波斯的裤子非常宽松，长及脚踝，制作简单（图 3-2-112）。

波斯的男子须发样式与巴比仑、亚述相近，比较长并经过仔细卷烫，并撒上金粉，身上还撒香水。男女都戴有宝石镶嵌的耳环、手镯、项链和戒指。戒指上的印鉴则是权威的象征。男子头戴盆形无沿毡帽和白亚麻布做的圆锥形软帽。它起源于头巾，成为帽子后，仍然用一块围巾把下巴和两颊围住。

古代波斯人已经按照人的脚型来做鞋。女式手套和鞋面上装饰珍珠和宝石。一般人使用短柄的伞和扇子，长柄的只有王族才能使用。

三、爱琴文明

欧洲文明的源头在希腊，希腊文明的源头在西亚两河流域的美索不达米亚文明、希伯来文明和北非尼罗河流域的古埃及文明，以及地中海东部的爱琴文明（图3-2-113）。

爱琴文明是指公元前20世纪至公元前12世纪间的爱琴海域的上古文明，是希腊文明的源泉，主要包括米诺斯文明（克里特岛）和迈锡尼文明（希腊半岛）两大阶段，历史约800年。

古希腊文明是西方历史的开源，持续了约656年（公元前800—前146年）。古希腊位于欧洲南部，地中海的东北部，包括今巴尔干半岛南部、小亚细亚半岛西岸和爱琴海中的许多小岛。古希腊人在哲学思想、历史、建筑、科学、文学、戏剧、雕塑等诸多方面有很深的造诣。这一文明遗产在古希腊灭亡后，被古罗马人破坏性地延续下去，从而成为整个西方文明的精神源泉。

时至今日，我们仍可在西西里岛上一睹著名的神庙峡谷、雅典西北的帕底隆神殿（图3-2-114）、有6个仙女柱子的依瑞克提瓮（Erechtheum）神殿（图3-2-115）、曾经商贾云集的古希腊广场（图3-2-116）、雄伟壮阔的古圆形剧场、叙拉古城的阿波罗神庙，以及罗马圣彼得教堂梵蒂冈教皇宫的《雅典学院》壁画（图3-2-117）。某国际服装品牌2014春夏男女装就是以希腊风景、神殿、金币等元素进行数码印花时装设计（图3-2-118）。古希腊建筑强调单纯与清晰的结构，在绘画中着重视觉表象，在雕刻中专注于表现理想化的男性、女性裸体，因而希腊人所创造的美的典范是非常独特的。

希腊文明几乎在每一方面都不同于古代埃及与古代中国文明。古希腊文明源自爱琴海文明。爱琴海位于地中海的北部，其区域包括希腊半岛、克里特岛和小亚细亚西部沿海地区，以及散落在爱琴海中的将近500个大小岛屿。由于其繁盛期先后以克里特岛和迈锡尼为中心，所以又称为"克里特·迈锡尼文明"。

（一）克里特

克里特文明是爱琴海地区的古代文明，出现于古希腊、迈锡尼文明之前的青铜时代，主要集中在克里特岛。早自公元前3000年，克里特文明已进入铜器时代，出现象形文字，并有相当规模的建筑物；公元前2000年，克里特达到青铜时代全盛期，有相当宏伟的宫殿式建筑、各种精制的工艺品；公元前1450年左右，克诺索斯和法伊斯托斯等地的宫殿同时遭到破坏，有人认为是由于锡拉岛附近的火山爆发。从这时起希腊人成了克里特岛的主宰，并逐渐与当地原有居民融合，克里特文明亦随之结束。

19世纪末20世纪初，英国考古学家伊文发掘了克里特岛的诺萨斯宫殿遗址（图3-2-119）。从克里特岛发掘出土的壁画看，克里特男子的服饰较简单，上身一般赤膊，下身主要为包缠型短裙。从

图3-2-113 希腊半岛航拍图

图3-2-114 雅典西北面帕底隆神殿

图 3-2-115　依瑞克提翁神殿的仙女柱子

图 3-2-116　曾经商贾云集的古希腊广场

图 3-2-117　拉斐尔《雅典学院》

图 3-2-118　以古希腊建筑遗址为装饰图案的高级成衣设计

图 3-2-119　克诺索斯王宫遗址及复原图

克里特岛《戴百合花的王子》壁画看（图 3-2-120），画中的王子如真人般大小，头戴百合花和孔雀羽毛编成的帽子，长而略弯曲的长发顺肩而下，单剩一绺头发被王子在胸前随意轻拂着。他脖挂金色百合串成的项链，身着腰束皮带短裙，腰身束得很细。这种装束使男性精干俊美，与当时华丽的女性服装十分相配。西宫北侧一幅名为《斗牛》的壁画中也有穿相似服装的年轻女子形象（图 3-2-121）。

考察持蛇女神像（图 3-2-122）和托乳女人像（图 3-2-123），可以清楚地看到当时女装的式样：上身是一件近似现代服装立体裁剪的短袖紧身衣，前胸在乳房处开敞无扣，乳下则用绳扣紧紧束住，把乳房高高托起。收细腰，下身则是在臀部膨起的逐层扩展的喇叭裙，有六七层之多。整个衣裙的造型，从上到下把女性所具有的美丽曲线都衬托出来。裙前还有一小围裙状饰布。衣裙上的图案精美，色

图3-2-120 克里特岛诺萨斯宫殿壁画
《戴百合花的王子》

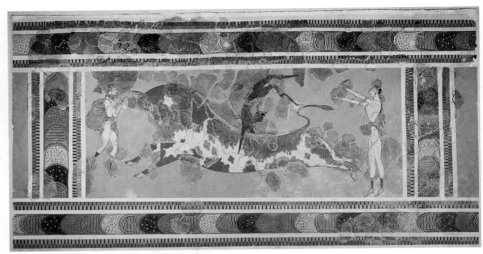

图3-2-121 克里特岛诺萨斯宫殿壁画《斗牛》

图3-2-122 克里特岛"持蛇女神像"

图3-2-123 "托乳女人像"

图3-2-124 Yves Saint Laurent 以"持蛇女神像"
为灵感的时装设计

彩华丽，无怪乎人们把克里特所发现的雕刻和画上的女性称之为"巴黎女郎"。法国时装设计师伊夫·圣·洛朗（Yves Saint Laurent）以"持蛇女神像"为灵感创作了袒露乳房的女时装（图3-2-124）。此外，另一幅壁画残片中表现了三位留黑色卷发，戴豪华头饰，穿露胸短衣，神态恬静的妇女形象（图3-2-125）。

（二）迈锡尼

迈锡尼文明是希腊青铜时代晚期文明，由伯罗奔尼撒半岛的迈锡尼城而得名。它继承和发展了克里特文明，是爱琴文明的重要组成部分。约公元前2000年左右，迈锡尼人开始在巴尔干半岛南端定居，到公元前1600年才成立王国。迈锡尼文明从公元前1200年开始呈现衰败之势，后多利亚人南侵，宣告了迈锡尼文明的灭亡。

迈锡尼文明以城堡、圆顶墓建筑及精美的金银工艺品著称于世。城堡中最突出的建筑物是泰林斯城宫殿（图3-2-126）。它的特色是以一个大厅

图 3-2-125　克里特岛壁画中妇女的形象

图 3-2-126　迈锡尼卫城入口的狮子门

图 3-2-127　迈锡尼出土的黄金葬仪面具

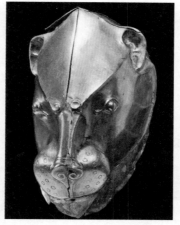

图 3-2-128　迈锡尼出土的黄金熊首

图 3-2-129　迈锡尼出土的石雕人像

为建筑物的中心，中间又有一个圆形地炉，两旁各有一根圆柱，还有玄关和接待室。庭院周围其他房间的地面和墙壁都涂上灰泥，墙上有壁画装饰。迈锡尼古城出土的重要文物有相传为阿加门农（Agamemnon）王所用的黄金葬仪面具（图 3-2-127）、黄金熊首（图 3-2-128）和石雕彩绘人头像（图 3-2-129）。

在迈锡尼的泰林斯城宫殿壁画遗迹中，可以看到当时女性服装有两种式样：第一种为短袖或长袖贯头式长袍，上面紧身贴体，裙摆较宽，呈吊钟形。在肩部和腋下侧缝处有条纹装饰（图 3-2-130）；第二种为上衣两前襟完全分开并塞在腰带中，胸部从腰以上皆裸露，下面的长裙似为裙裤（图 3-2-131）。此外，迈锡尼无论男女都留长发，并经过卷烫，形成一缕缕的发卷，在身前身后飘逸。

图 3-2-130　身穿短袖或长袖贯头式长袍的迈锡尼女性

图 3-2-131　身穿迈锡尼壁画中的女性形象

从考古实物分析，迈锡尼已经有了比较完善的武士盔甲。战车士兵穿的护胸甲是由皮衣上缝青铜片所制成（图3-2-132）。防御性头盔是以绳系甲片连接而成，其下颌带起到稳固作用（图3-2-133）。他们使用木制或皮制的圆形和方形盾。进攻性武器大多是弓箭、青铜长枪、标枪和长剑（图3-2-134）。

章鱼图案水罐是青铜时代末期爱琴海地区出产的一种最具特色的陶瓷器皿（图3-2-135）。水罐上的水生动物图案是迈锡尼艺术家从克里特文明倡导独特的自然主义海洋风格中借鉴而来的。这只水罐上饰有两只黑色颜料绘制的大章鱼。章鱼八只腕足的螺旋形末端曲线随着花瓶的形态而变化，仿佛悬浮于水中。

（三）古希腊

古希腊本土约于公元前1000年左右进入奴隶制社会，公元前8至前6世纪形成了与埃及不同的奴隶主民主共和制政体，使希腊的政治及文化生活空

图 3-2-132　迈锡尼军队武士　　　　图 3-2-133　迈锡尼头盔

前活跃。希腊人生活在浓厚的哲学思辩的气氛中，造就了洒脱、浪漫而富有诗意的气质，推崇自然与和谐之美，追求强健体格和健美身姿，加之海洋性温湿气候特点，造就了古希腊服装单纯朴素、自由随意、无阶级性和象征意义的审美特点，以及以裹缠和披挂式为主的穿着形态（图3-2-136）。

图 3-2-134　迈锡尼武士群像　　　　　　　　　　图 3-2-135　迈锡尼章鱼图案水罐

图 3-2-136　古希腊人及其服装

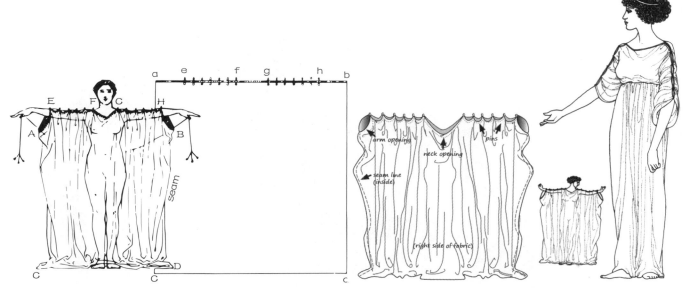

图 3-2-137　Ioric Chiton 穿着图

图 3-2-138　古希腊瓶画中身穿 Ioric Chiton 的女子形象

图 3-2-139　古希腊雕塑作品中的 Ioric Chiton

　　在古希腊，穿用最多的是一种被称为希顿（Chiton）的服装。这是一种男女同服的款式，女子希顿（Chiton）长至踝部，男子希顿（Chiton）长至膝部。因为民族和区域不同，希顿（Chiton）又分为多利安式希顿（Doric Chiton）和爱奥尼亚式希顿（Ioric Chiton）。两者在形式上总体相近，结构和细节有所区别。

　　爱奥尼亚式希顿（Ioric Chiton）是一种长至膝盖、两侧缝合的短袖束腰外衣。穿的时候在肩袖部位用 12 枚别针固定，为了行动方便，用一根长

的系带将宽松的长衣随意系扎一下即可（图 3-2-137）。古希腊瓶画（图 3-2-138）、雕塑作品（图 3-2-139）中都有爱奥尼亚式希顿（Ioric Chiton）的形象。为了行动方便，古希腊人常用细绳把宽敞的"衣袖"捆扎在身上以便于劳作。其形象如德尔菲阿波罗神殿的青铜《驾驭者》（图 3-2-140）和古希腊大理石人物雕像（图 3-2-141）。意大利女装品牌阿尔伯特·菲尔蒂（Alberta Ferretti）2008 春夏女装设计即参考了《驾驭者》的服饰形式（图 3-2-142）。

图 3-2-140　德尔菲阿波罗神殿的青铜《驾驭者》

图 3-2-141　古希腊人物雕像

图 3-2-142　Alberta Ferretti 2008 春夏

多利安式希顿（Doric chiton）由一整块四方面料构成，长度超过穿者身高，宽度为人伸平两臂时右指尖到左指尖的两倍（图 3-2-143）。穿时先在上身处向外向下做一大翻折，翻折的长度随意而定，短可在腰线以上，长可至膝部；然后再做横向平均对折，包住躯干，两肩处用金属别针别住。对折的一边是敞开的，有时靠腰带固定；有时在腰际下或腋下缝死，成为宽肥的筒状裙。胸前和身后的翻折有时较长，可以系在腰带内，有时则自然悬垂或飘拂，形成细密垂褶，增加了平面衣料的立体感，充满明暗黑白不断转换的生动魅力。其形象如古希

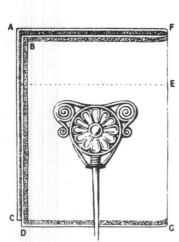

图 3-2-143　Doric chiton 服装式样

图 3-2-144 古希腊人像雕刻作品中的服装

图 3-2-145 雅典卫城巴特农神庙《哀伤的雅典娜》

腊雕塑（图 3-2-144）、壁画和瓶画等。为了行动方便，古希腊人有时还用一根细绳系束爱奥尼亚式希顿（Ioric Chiton）腰部，形成堆积的科尔波斯（Kolpos），如雅典卫城巴特农神庙出土的《哀伤的雅典娜》（图 3-2-145）。绳带使用的根数、系束的位置和方式，以及褶裥在人体上的聚散分布，可随穿着者的审美心愿和不同的穿着需求，进行自由的调节和变化，使其呈现出立体而富于变化的个性。在繁复的褶皱光影中，古希腊人健美的人体若隐若现，服装赋予了新的生命。

希玛申（Himation）也是男女皆穿的包缠型长外衣，通常用长 4～5 米，宽 1.2～1.5 米的面料制成，最初为毛织物，穿时先搭在左臂左肩，从背后绕经右肩（或右腋下）再搭回到左肩背后（图 3-2-146）。衣料四角缀有金属小重物，以使衣角能自然下垂。因面积较大，穿用时伸缩自由，外出时可以拉起盖在头上防风雨（图 3-2-147），睡觉时可以脱下当铺盖。缠绕型的服装则主要依赖面料在人体上的围裹，形成延续不断、自由流动的褶裥线条，围裹的方式不同，所造成的款式各异。因无腰带，穿脱更为自由，且宽松随意、无一定格式，尤为哲学家所

图 3-2-146 古希腊 Himation

图 3-2-147 包裹头部的古希腊 Himation

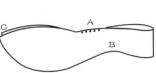

图 3-2-148　古希腊壁画中的人物

图 3-2-149　古希腊大理石人像雕刻《雅典娜》

图 3-2-150　身穿 Dipliois 的古希腊雕塑人像

图 3-2-151　Dipliois 示意图

喜爱。古希腊壁画中就有穿浅蓝色饰黄色缘饰的人物图像（图 3-2-148）。此外，古希腊女性偶尔会穿多层衣服，会在多利安式希顿（Doric chiton）外面套爱奥尼亚式希顿（Ioric Chiton），甚至再在最外面套上一件希玛纯（Himation），如古希腊大理石人像雕刻雅典娜（图 3-2-149）。

在古希腊还流行一种迪普罗依斯（Dipliois）的变形希玛纯（Himation，图 3-2-150）。它也是用安全别针固定的服装（图 3-2-151），示意图中 A 部位用 5 枚安全别针固定后披在右肩，B 部位垂挂在胸前，C 部位垂挂在右臂前后的。此外，古希腊男子还穿用一种小斗篷克拉米斯（Chlamys），这是一种长 1.6 米、宽 1 米的羊毛织物。在外出旅行、骑马打仗时，古希腊男子一般将克拉米斯（Chlamys）披在左肩并盖住左臂，在右肩用别针将面料两端扣住，露出右臂以便于活动。其式样如古希腊马赛克作品《狩猎雄鹿》（图 3-2-152）和石雕人像《望楼上的阿波罗》（图 3-2-153）中的服装形象。

1907 年，受到古希腊布片考古实物的启发，马瑞阿诺·佛坦尼（Mariano Fortuny）在家里建立了一个织物工作室。通过新研发出的丝绸褶裥面料，马瑞阿诺·佛坦尼（Mariano Fortuny）制作了标志性服装作品迪佛斯褶裥晚装（Delphos Pleateo Dress，图 3-2-154）。迪佛斯褶裥晚装（Delphos Pleateo Dress）紧贴身体曲线，不仅穿着舒适，还具有易于收纳，便于存放的特点。后来，迪佛斯褶裥晚装（Delphos Pleateo Dress）成为日本时装设计师三宅一生（Issey Miyake）的"一生之褶"（Pleats Please）的灵感源泉。

图 3-2-152　古希腊马赛克《狩猎雄鹿》

图 3-2-153　古希腊雕塑《望楼上的阿波罗》

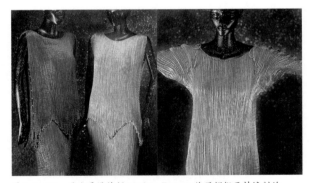

图 3-2-154　西班牙设计师 Mariano Fortuny 使用褶裥面料缝制的 Delphos dress

到了 20 世纪 30 年代，以格蕾夫人（Gres）为代表的西方时装设计师又纷纷从古希腊服饰中寻求设计灵感，将 20 年代流行的"男童化"式样变身为富有女性优美、舒展特征的造型线（图 3-2-155）。20 世纪 80 年代初，受日本设计师的东方风格影响，古希腊服饰再次成为流行时尚。宽松的服装上布满了自由、柔软而流动的衣褶，单纯朴素的服装面料，无形之形的造型，将古希腊服饰的神韵带入到了新

图 3-2-155　Gres 夫人的古希腊风格时装

的时代。进入 21 世纪，人类对生态环保投入了更多的关注，古希腊服饰所表现出来的自然、美好、和谐的精神境界已成为一种超越历史而存在的崇高象征。许多时装设计都推出了以古希腊风格为灵感的作品，如时装品牌三宅一生（Issey Miyake，图 3-2-156）、鄞昌涛（Andrew Gn，图 3-2-157）、詹妮（Genny，图 3-2-158）、玛切萨（Marchesa，图 3-2-159）、莫妮克（Trmonique，图 3-2-160）、萨瓦托·菲拉格慕（Salvatore Ferragamo，图 3-2-161）、朗万（Lanvin，图 3-2-162）等。

希腊神话也是时装设计中的一个重要主题。希腊神话产生于公元前 8 世纪，是有关古希腊人的神、英雄、自然和宇宙历史的神话故事。希腊神话中的神与人同形同性，既有人的体态美，也有人的七情六欲，懂得喜怒哀乐，参与人的活动（图 3-2-163）。希腊神话中的神个性鲜明，没有禁欲主义因素，也很少有神秘主义色彩。1996 年，英国时装设计师亚历山大·麦昆（Alexander Mcqueen）以古希腊神话主题，在纪梵希（Givenchy）品牌发布会走廊台阶上，希腊男模化身背生双翼的神话人物

图 3-2-156　Issey Miyake 2003 春夏作品　　　　　　　　　　　　　　　　　　　Issey Miyake 2011 春夏

2011 秋冬作品　　　　　2011 春夏作品　　　　　2008 春夏作品　　　　　图 3-2-158　Genny 2012 秋冬

图 3-2-157　Andrew Gn 古希腊风格时装

图 3-2-159 Marchesa 2013 春夏

图 3-2-160 Trmonique 2011 春夏作品

图 3-2-161 Salvatore Ferragamo
2011 春夏作品

图 3-2-162 Lanvin2008 春夏

图 3-2-163 波提切利《维纳斯诞生》

图 3-2-164 Givenchy 1997 春夏女装发布会上扮演希腊神话伊卡洛斯的男模造型

图 3-2-165 H. J. Draper《伊卡洛斯之叹》

图 3-2-166 Givenchy1997 春夏高级女装

伊卡洛斯（Icarus，图 3-2-164）。传说伊卡洛斯（Icarus）为了追求自由，用蜡做羽毛翅膀飞向苍穹，太阳温度融化了翅膀而跌入大海（图 3-2-165）。女模特们穿着斜肩长袍、薄如蝉翼般的斜裁纱裙、金属质感的胸衣、弯曲的羊角头饰、橄榄叶和羽毛装饰，恍如从神话故事中走出来的仙子（图 3-2-166）。2012 年，时装设计师艾沃斯·爱泽（Erevos Aether）以希腊"神话宇宙"为灵感，设计了七个时装造型，分别代表希腊神话中擎天神阿特拉斯（Atlas）的七个女儿（Pleiades），将金属元素与

黑色结合，在设计造型中加以神秘光晕点缀，呈现出异域的神秘气息（图 3-2-167）。法国时装品牌朗万（Lanvin）在 2013 秋冬时装设计中则直接使用了古希腊女神维纳斯的断臂雕像，直接印花在深色小礼服中（图 3-2-168）。

瑰丽多彩的古希腊瓶画产生于公元前 5 世纪以前，依附于陶器而得以流传下来，代表了希腊绘画风貌（图 3-2-169）。伦敦高街品牌 KTZ 2015 春夏时装将古希腊瓶画战争场面作为服装图案，给人以强烈的视觉冲击感（图 3-2-170）。

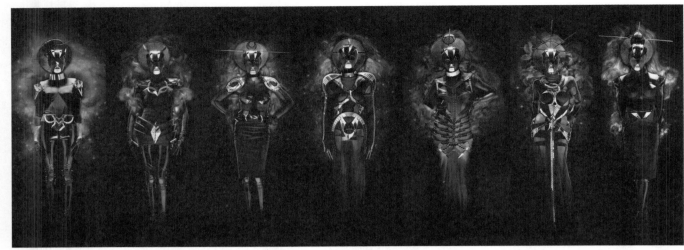

图 3-2-167　Erevos Aether 2012 希腊神话主题时装设计

图 3-2-168　Lanvin 2013 秋冬时装

图 3-2-169　古希腊瓶画

图 3-2-170　伦敦高街品牌 KTZ 2015 春夏男装

第四章 公元前 2—公元 4 世纪服装

第一节 中国：汉代、魏晋南北朝

一、汉代

> 西汉：公元前 206—公元 25 年
> 东汉：公元 25—220 年

公元前 221 年，秦始皇灭六国，结束诸侯割据的局面，也改变了"田畴异亩，车涂异轨，律令异法"的局面，并以"六王毕，四海一"的政治决心，推行"书同文，车同轨，兼收六国车旗服御"等措施，实现了我国第一次民族文化大融合，尽管功绩卓著，但凭恃武力，秦朝的统治仅维持了 15 年。

西汉初年，汉高祖刘邦（图 4-1-1）加强中央集权，先后翦灭了六国异姓王，稳定和巩固了中央政府的统治。随后，又经数十年的休养生息，在武帝时代，凭借文治思想，健全、完善了政府制度，奠定了坚实的经济基础和社会组织。汉代时期，人们的饮食、宿所和服饰等生活都较前朝有长足的发展，如河南打虎亭汉墓出土的壁画《宴饮百戏图》就描绘了身穿袍服的汉人的烹饪、饮食生活的宏大场面（图 4-1-2）。画面上绘彩色帐幔，其下绘百戏图。画的西部绘红地黑色幄幕，其前绘有大案，案面绘朱色杯盘。幄幕中坐墓主人，身着长衣，两侧各绘四个衣着不同的侍者，案前绘有跪、立的人像。画面上下两边各绘一排贵族人物，他们身穿各种不同色彩的袍服，踞坐于席上，宴饮作乐，观看跳丸、盘舞等百戏娱乐。

汉朝是中国封建社会的第一个兴盛期，国家的政治、经济和文化都发展到了一个高峰期。汉代文化是春秋战国时期"百家争鸣"的直接产物，具有"博大兼容"的文化特点。汉朝统治者吸取秦亡教训，曾用黄老之学来取代法家的主导地位，借此以休养生息，恢复百姓与国家的元气。至汉武帝时期，在董仲舒的建议下，"罢黜百家，独尊儒术"，使儒学成为中华民族传统文化的核心（图 4-1-3）。儒家学说极其重视服饰的社会规范作用，将服装外在装饰同"礼"联系在一起，标示穿者尊卑、贵贱、

图 4-1-1　汉高祖刘邦像

图 4-1-2　打虎亭汉墓壁画《宴饮百戏图》

长幼的差异性。此外，东汉初年洛阳白马寺的建立，标志着佛教在中国开始逐步显现影响力。与此同时，结合古代巫术与阴阳五行学说等形成的道教，也于东汉日趋强大。最终，汉文化形成了以儒家思想为核心，以佛教、道教为补充的文化基本构成模式。

汉朝政府在建立之初，采取"农桑并举""耕织并重"的生产政策。西汉时，汉朝政府在陈留郡襄邑（今河南睢县）和齐郡临淄（今山东淄博东北临淄镇北）两地设有规模庞大的专供宫廷使用的官营丝织作坊。襄邑服官刺绣好于机织，主要做皇帝礼服；临淄服官则机织较好，按季节为宫廷进献衣料：冠帻（方目纱）为首服，纨素（绢）为冬服，轻绡（轻纱）为夏服，因此临淄服官又称齐三服官。元帝时，在临淄三服官的工人各有数千人之多，一年要"费数巨万"。此外，汉代长安的东、西织室规模也很大，每年花费银两各在五千万以上。

在汉代，人们已能用工艺复杂的提花织造技术织造高级的丝织品（图4-1-4）。巨鹿陈宝光妻的绫机用一百二十镊，能织成各式各样花纹的绫锦，六十日始能织成一匹，匹值万钱。西汉昭帝、宣帝曾在大司马霍光家传授蒲桃锦和散花绫的织造技术。《西京杂记》载："霍显召入第，使作之。机用一百二十蹑，六月成一匹，匹值万钱。"西汉帛画和汉画像石中有织布、纺纱和调丝操作的图像，展示了一幅纺织生产的生动情景。1972年湖南长沙马王堆西汉墓出土有保存完好的绢、纱、绮、锦、起毛锦、麻布等织品。这些绚丽多彩的高级丝织物，运用织、绣、绘、印等技术制成各种动物、云纹、卷草及菱形等花纹，反映了西汉的纺织技术已经达到很高的水平，甚至富人家中的墙壁也以绣花白縠装饰。

汉代人迷信天命，人死升天、死而复生和神灵仙道思想风行。司马迁《史记·封禅书》载："海上有蓬莱、方丈、瀛洲之神山，上有仙人玉女、白鹿、白雁、奇花异药，使人长生不死。"因此，表现神兽灵禽、仙道神话等虚幻内容的纹饰成为汉代装饰艺术的主要特征。其实物如湖南长沙马王堆西汉墓出土"长寿绣"绛红绢（图4-1-5a）和烟色绢地"信期绣"纹样。前者是在土黄色绢地上，用朱红、绛红、土黄、金黄、紫云、藏青等多彩绣线，以锁绣法绣制茱萸纹、凤眼纹、如意头纹、卷云纹等，块面和线条粗壮流畅，尤其是翻腾飞转的流云中隐约可见的凤头和用菱形做眼眶、正中用单行锁绣密圈以示眼球神光的凤眼，寓意"凤鸟乘云"；后者是在黄色绢地上用浅棕红、橄榄绿、紫灰、深绿等色丝线，以锁绣针法绣穗状变体燕子纹、云纹和花枝纹。该纹样以自然景物燕子、祥云和花枝叶蔓作为原型，用纤巧蜿蜒的线条勾勒出燕子的轮廓，使其呈现出一种飞翔的动态美。被简化和夸张了的燕子有时和流动的祥云相连接缠绕，有时和弯曲的花枝叶蔓相融合，蜿蜒灵动却不越出矩形方框，向世人展示了楚巫文化的神秘特征和仙道文化的浪漫气息（图4-1-5b）。

图4-1-3　明代人绘孔子像

图4-1-4　汉代画像砖中的织作场面

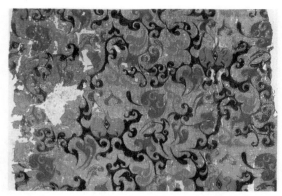

图 4-1-5a　"长寿绣"绛红绢（湖南长沙马王堆西汉墓出土）

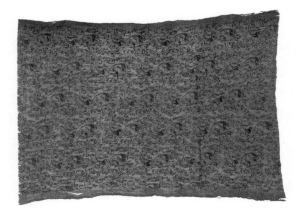

图 4-1-5b　烟色绢地"信期绣"（湖南长沙马王堆西汉墓出土）

　　从艺术风格而言，汉代的纹样已摆脱了商周时期的神性与巫术气质，并破除了周代纹样那种填满紧密几何纹的模式，将适度夸张与写实相结合，使汉代祥瑞纹样（灵鸟、神兽、云气和植物等题材）呈现出一种轻快、活泼、和谐的美感，形成了富有韵律和气势、风格浪漫而古拙的特征。最具代表性的实例当属河北定县三盘山出土的汉代马车饰件上的纹样：第一层为龙和大象；第二层为狩猎；第三层为鹤及骆驼；第四层为孔雀（图 4-1-6）。又如湖南长沙马王堆西汉一号墓出土的帛画纹样（图 4-1-7），长 205 厘米，上宽 92 厘米，下宽 47.7 厘米，为 T 字形，自上而下分段描绘了天上、人间和地下的景象。上段顶端正中有蛇缠立人像，鹤立其左右，左上部有内立金乌的太阳，下方是翼龙、扶桑树，右上部描绘了一女子飞翔仰身擎托一弯新月，月牙拱围着蟾蜍与玉兔，其下有翼龙与云气，体现三界神对墓主人的眷顾；蛇缠立人像下方有骑兽怪物与悬铎，铎下并立对称的门状物，两豹

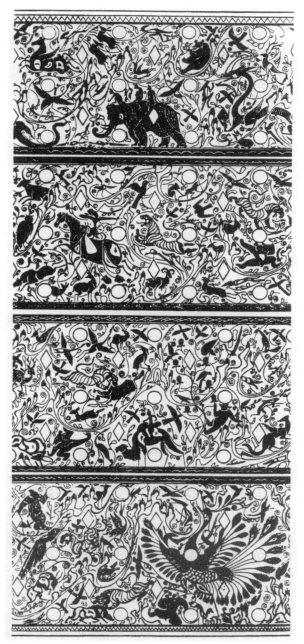

图 4-1-6　马车饰件上的汉代纹样（河北定县三盘山出土）

攀腾其上，两人拱手对坐，描绘的是天门之景。中段的华盖与翼鸟之下，是一位挂杖妇人像，其前有两人跪迎，后有三个侍女随从。下段有两条穿璧相环的长龙，玉璧上下有对称的豹与人首鸟身像，玉璧系着张扬的帷幔和大块玉璜；玉璜之下是摆着鼎、壶和成叠耳杯的场面，两侧共有七人伫立，是为祭祀墓主而设的供筵；这一场面由站在互绕的两条巨鲸上的裸身力士擎托着，长蛇、大龟、鸱、羊状怪兽分布周围。

图 4-1-7　帛画（湖南长沙马王堆西汉一号墓出土）

汉代官服服制日趋规范。汉武帝时，汉朝政府罢黜百家，独尊儒术，与法家相佐，杂糅阴阳五行，发展出外儒内法的治国原则。

（二）五行五色

"五行"二字的出现，一般以《尚书·甘誓》所载"有扈氏威侮五行，怠弃三正"和《尚书·洪范》所云"五行：一曰水，二曰火，三曰木，四曰金，五曰土"为最早。"五行"的概念形成之后，其内涵又在各个时期有不同的发展变化。西周末年，"五行"曾被作为五材而记录，即《国语·郑语》记载："以土与金、木、水、火杂，以成万物。"

至战国时期，"五行"又发展为"阴阳五行"说，其核心思想在于天时地气。《国语·单襄公》中记载："天六地五，数之常也。"意在指出天地运行的规律，都统一在"天六地五"之中。"天六地五"指的就是"天有六气，地有五行"。天有六气，即阴、阳、风、雨、晦、明，其中阴、阳二气最重要；地有五行，则是金、木、水、火、土（表4，图4-1-8）。

表 4　颜色、味道、声音与五行的关系

五色 其他	青	赤	黄	白	黑
五行	木	火	土	金	水
五时	春	夏	季夏	秋	冬
五方	东	南	中	西	北
无味	酸	苦	甘	辛	咸
五音	角	徵	宫	商	羽
五脏	脾	肺	心	肝	肾

（一）服制开端

西汉建立之初，由于方纲纪大基，庶事草创，车马、服饰等全都承袭秦代制度，仅对祭祀穿袀玄做了明确规定，凡斋戒等都着玄衣、绛缘领袖、绛裤袜等。

随着政权的日趋稳定，汉政府开始尝试惩秦弊端，逐步探索建构统治意识形态之路。汉高祖刘邦命董仲舒作仪礼制度。自景帝（公元前157年）以后，

至战国，阴阳学派代表人物邹衍开创了"五行相胜"学说，汉代刘向倡导"五行相生"的理论，进一步明确了五行之间各个元素的关系。宋人李石在《续博物志疏证》中论证："自古帝王五运之次有二说，邹衍以五行相胜为义，刘向则以相生为义。汉魏共尊刘说。"宋代的王应麟在考证《汉艺文志》时也引用南朝的沈约所言"五德更王，有二家之说，邹衍以相胜立体，刘向以相生为义。"

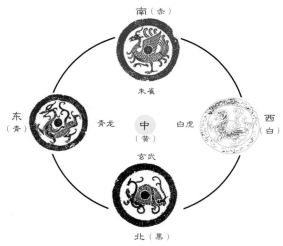

图 4-1-8　五行五色图

"五行"又与儒家的"五常"相联系,《汉艺文志》载"五行者,五常之形气也。""五常",即仁、义、礼、智、信五种道德要求,是在儒家以"仁"为基础的思想上发展而来的。春秋时期,孔子推崇"仁";到战国时期,孟子提出"四德",将仁、义、礼、智并列;汉代又增添"信",形成"五常",与"五行"并列。汉代大儒董仲舒又将"阴阳五行"观与"天人感应""三纲五常"融合,至此,五行与等级、统治权力紧密地捆绑在了一起。

五方五色

明辩四方,对于古人来讲是非常重要的大事。它不仅关系宗教,也关乎兴邦邑,建陵墓,促生产、固生活的实际需要,即所谓的"知方而务事,通神而佑人。"案《周礼·月令》中有关于"大飨遍祭五帝"的记录,说明殷人在祭"方帝"(祭四方)的同时还要祭土(社)神,这就是我国古代早期的五帝(五方)崇拜。所谓"四方",是以处在中心点的人的自觉认识与领悟为前提。而冕服、冕冠延板的色彩,即"上玄下纁",正是体现在中国古代服色制度上的五方学说理论体系的例证之一。

春秋时期,祭牲的颜色与祭方之间已有了较为固定的联系。据《周礼·画绘》云:"画缋之事杂五色,东方谓之青,南方谓之赤,西方谓之白,北方谓之黑,天谓之玄,地谓之黄。"唐代贾公彦疏云:"天玄与北方黑二者大同小异。"又据《诗经》孔颖达

疏:"《大宗伯》云:'以圭作六器,以礼天地四方。以苍璧礼天,以黄琮礼地,以青圭礼东方,以赤璧礼南方,以白琥礼西方,以玄璜礼北方。'……然则彼此礼四方者,为四时迎气,牲如器之色,则五帝之牲,当用五色矣。"色彩与方位(方祭)相对应,说明五方色已基本形成,方位的尊卑就自然对应地体现在色彩尊卑上。土德居于中央,协调、统领其余四德,具有神圣的权威地位。

以五色来确定祭祀礼器、冠服的颜色,一方面是顺应五行学说,一方面也确实与天时、地理、人事有着一定的联系。如此安排,在人们的心理中造成一种天人感应的意识,即《易传·文言》所云:"与天地合其德,与日月合其明,与四时合其序,与鬼神合其吉凶。"五行与五色、五方位及四神结合起来,能够得出一种系统的序列:东青龙,色青,属木;西白虎,色白,属金;南朱雀,色赤,属火;北玄武,色元(黑、皂、玄),属水;中间色黄,属土。

为了抬高君权,汉代儒家学说突出了"五行"和"五方"中"土居中央"的观点,把土说成是一切元素的根本(表4,图4-1-8)。汉武帝始改汉从土德,又因中央集权制,所以土位中,故汉代尚黄。武帝元封七年(公元前104年),西汉政权确定了黄色的尊崇地位。

五色制度

至迟在周代,奴隶制社会之中逐渐形成了等级观念,自然界中的色彩也被人为地赋予了尊卑等级,并成为中国古代服饰礼仪制度中不可缺少的组成部分。

关于中国古代之服色制度的记载,最早见于《尚书》中所载虞代的史事,即《虞书·皋陶谟》所云:"天命有德,五服五章哉。""以五采彰施于五色,作服。"据孔颖达《礼记注疏》云:"五色,谓青、赤、黄、白、黑,据五方也。"刘熙《释名·释彩帛》云:"青,生也。象物生时色也。""赤,赫也。太阳之色也。""黄,晃也。犹晃晃象日光色也。""白,启也。如冰启时色也。""黑,晦也。如晦冥时色也。"

周朝政府为了加强对色彩的管理,专设百官来分掌其事,在官府中还设置了染草、染人、缋、慌

等染色机构以加强对色彩的管理。封建社会继承并强化了色彩的等级观念。孔子从周，更是把这种色彩观强固化、伦理化。孔子《论语》云："君子不以绀緅饰，红紫不以为亵服"说的是服色需与穿者及款式的尊卑相符，即高贵的人不用绀、緅等卑色作服，而内衣不能用正色或尊色作服。上下尊卑视不同场合与等级而定，这在《周礼》中已有明确规定。

从现代色彩科学理论解释，"正色"乃是原色，"五色"乃"五原色"。其所谓五色，即今日所说的三原色加黑、白两色。五色理论反映了古人对色彩科学的基本认识，是古人对生产实践进行科学总结的结晶。青、赤、黄、白、黑被周人视为"正色"，其位尊。由正色相和所生之变色，称为"间色"，其位卑。据《淮南子》云："色之数不过五，而五色之变，不可胜观。"从理论上说，按照五行相生、相胜之理，五色按一定顺序相互组合、排列能够产生出丰富的色彩变化。例如，与五行相生对应的五色之色彩变化为：木生火对应的是"青和赤"得紫色；火生土对应的是"赤和黄"得纁；土生金对应的是"黄和白"得缃；金生水对应的是"白和黑"得灰；水生木对应的是"黑和青"得綦。与五行相胜对应的五色之色彩变化为：水胜火对应得是"黑胜赤"得深红色；火胜金对应的是"赤胜白"得红；金胜木对应的是"白胜青"得缥；木胜土对应的是"青胜黄"得绿；土胜水对应的是"黄胜黑"得赭。

五德终始

战国时期，"阴阳"和"五行"融合，并运用到政治上，形成"五德终始"说。邹衍则进一步提出"五德"学说，来说明王朝兴衰更替的规律。所谓"五德"，指的是"五行"中金木水火土分别代表的五种德行，"五德终始"则蕴含着世界运行的规律。马国翰据《文选·魏都赋》李注引《七略》云："邹子终始五德，从所不胜，木德继之，金德次之，火德次之，水德次之。"邹衍认为，金胜木，木胜土，土胜水，水胜火，火又胜金，如此循环，五种循环往复运行变化，构成宇宙万物及各自然现象变化的基础。

邹衍又将"五德"与各个朝代的兴替相对应，《史记·秦始皇纪》载"始皇推终始五德之传，以为周得火德，秦代周德，从所不胜。"这就是邹衍"五德终始"之说的体现。如淳曰："今其书有五德终始。五德各以所胜为行。秦谓周为火德，灭火者水，故自谓水德。"可见，受到邹衍的"五行相胜"和"五德终始"学说的影响，史书中大多载秦始皇尚"水德"。而秦始皇也借助"五德始终"之说，巩固自己的统治地位，"五行"与"五德"的理论被借用于宣扬秦始皇政治的合法性。

秦为"水德"，汉胜秦即为土胜水，因此，汉武帝依据五行相克的规律，将汉定为土德。拟定朝代德运，并非仅仅依靠五行相克说，历史上也曾有过以相生来阐释朝代更替的先例。曹魏被定为"土德"，而西晋通过禅让代魏，因此依据五行相生的原理，定西晋为"金德"；隋朝由北周而生，北周为"木德"，因而隋依照木生火的原理，尚"火德"。

"五德终始"说在秦至宋期间，成为多个朝代论证其正统地位的辅助理论，"德运"一说的影响力也渗入服饰制度之中。《资治通鉴·陈纪》载："六月，癸未，隋诏郊庙冕服必依礼经。其朝会之服、旗帜、牺牲皆尚赤。"注曰："隋自以为得火德，故尚赤色。"

"五德终始"说约在宋朝期间衰落。宋代的儒学复兴，在官方、学理的层面消除了"五德终始"说的影响，在南宋末期又有所复兴。直至元代，由于传统的儒家文化传承脉络受到彻底的打断，以"五德终始"说来阐释一个朝代德运的理论体系也退出历史舞台。

《后汉书·舆服志》载："孝明皇帝永平二年（公元59年），初诏有司采《周官》《礼记》《尚书·皋陶篇》，乘舆服从欧阳氏说，公卿以下从大小夏侯氏说。"当年正月，祀光武帝明堂位时，明帝及公卿诸侯首次穿着冠冕衣裳举行祭礼，成为中国封建社会以皇权地位为中心的儒家学说衣冠制度在中国得以全面贯彻执行的开端。汉代服饰制度尽管还没有采用周代帝王的六冕六服那样繁缛的服制，天子以下都以衮冕充当一切祭服，以冕旒和章纹数的递减区分贵贱，但也对后世的服制建设产生了重要影响。

据《后汉书·舆服志》规定，汉代皇帝服饰有祭服和常服两种。皇帝在祭祀天地明堂时，头戴冕冠，身穿有十二章纹装饰的玄色上衣和纁色下裳；当皇帝祀宗庙诸祀时，头戴长冠，外穿玄色绀缯深衣，绛缘领袖的中衣和绛色绔袜。当皇帝头戴通天冠时，身穿深衣形式的袍服，其色彩随季节变化，时称"五时色"，即"孟春穿青色，孟夏穿赤色，季夏穿黄色，孟秋穿白色，孟冬穿黑色"，一年五次更换官服服色（图4-1-9）。五行五色观念源自中国先民在长期农耕生活中，需要对自然方位做出识别和选择。将其应用于服色制度，是"天人合一"观念在服饰上的显现。这使中国古人在心理上与客观自然建立了相互对应的内在联系。据《后汉书·舆服志》记载，汉代命妇朝、祭同服，即自二千石夫人以上至皇后的朝服都用助蚕时的服饰。其形制皆为深衣制的袍服，并在领、袖的部位以锦缘边，即所谓"隐领袖，缘以绦"。太皇太后、皇太后入庙穿绀（深青中有赤色）上皂下的深衣制袍服；助蚕穿青上缥下的袍服。翦牦帼，即以翦牦为廓匡，覆于假结之上。头上横簪，以安帼结。簪以樏瑁为摘，长一尺，其一端为华胜，上有以翡翠为毛羽的凤凰，凤凰嘴衔垂白珠，垂黄金镊左右各一个。此外，头上还有耳珰垂珠的珥。

皇后谒庙、助蚕的服饰与前者相同。惟用假结和步摇、簪珥。步摇以黄金为山题，贯白珠为桂枝相缪。一爵九华，熊、虎、赤罴、天禄（头上一角者）、辟邪（头上二角者）、南山丰大特（即南山丰水之大牛）六兽，即《周礼》中所谓的"副笄六珈"。黄金为山题，为白珠珰绕，以翡翠为华云。诸爵兽皆以翡翠为毛羽。

贵夫人助蚕，穿纯上缥（淡青色）下的深衣制袍服。大手结，墨樏瑁，又加簪珥。

长公主见会衣服，加步摇，公主大手结，皆有簪珥，衣服同制。所谓"大手结"应是指绾发成髻，"簪珥"是发笄之类。其形象应与河南打虎亭汉墓壁画中的女性头饰相类似（图4-1-10）。

自公主封君以上皆带绶，以采组为绲带，各如其绶色。黄金辟邪，首为带鐍，饰以白珠。公、卿、列侯中二千石、二千石夫人，绀缯帼，黄金龙首衔白珠，鱼须擿，长一尺，为簪珥。入庙助祭，皂绢上下；助蚕，缥绢上下，皆深衣制，缘。

公主、贵人、妃以上，嫁娶得服锦绮罗縠缯，采十二色，重缘袍。此时，衣襟绕襟层数又有所增加，下摆部分肥大，腰裹得很紧，衣襟角处缝一根绸带系在腰或臀部，如湖南长沙马王堆西汉一号墓出土的帛画中的女主人服装形象（图4-1-11）。

孟春青色　　孟夏赤色　　季夏黄色　　孟秋白色　　孟冬黑色

图4-1-9　汉代彩绘陶俑

图 4-1-10 河南打虎亭汉墓壁画中头戴大　　图 4-1-11 帛画中的女主人和侍者
手结、步摇、花钿的女性形象　　　　　　　　（湖南长沙马王堆
　　　　　　　　　　　　　　　　　　　　西汉一号墓出土）

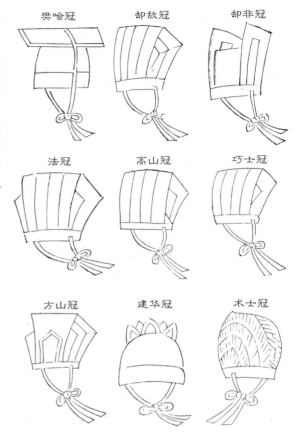

图 4-1-12 明代《三才图会》中汉代部分冠帽式样

（三）冠帽制度

汉代时期，官员服饰上的等级差别标识主要为冠帽和佩绶。前者主要以职务区分为主，后者主要以官阶等级区分为主。

冠帽是汉代官服等级区分的主要标志。在汉代的首服制度中，有冕冠、长冠、委貌冠、皮弁冠、爵弁、建华冠、方山冠、巧士冠、通天冠、远游冠、高山冠、进贤冠、法冠、武冠、却非冠、却敌冠、樊哙冠、术士冠、鹖冠十九种之多（图 4-1-12）。其中，从冕冠至巧士冠属祭服类，从通天冠至术士冠属朝服类。汉朝政府根据不同的用途和等级分赐给官员，如文官戴进贤冠，武官戴武弁大冠，中外官、谒者、仆射戴高山冠，御史、廷尉戴法冠，宫殿门吏仆射戴却非冠，卫士戴却敌冠。因此，人们可以通过所戴冠帽清楚地辨识其社会身份。戴不属于自己等级身份的冠无疑是严重违反礼规的行为。汉昭帝时，昌邑王刘贺让奴仆戴高山冠，被认为是"暴尊"的不祥行为。

长冠，又称"斋冠""刘氏冠""鹊尾冠""竹皮冠"，高七寸，广三寸，以竹为里（图 4-1-13）。因其为汉高祖刘邦地位卑微时所创之冠，故在祀宗庙戴此冠，以示对汉高祖的尊敬。因其外形与鹊尾相似，民间又有"鹊尾冠"之称。它是汉代最具时代特点冠式，意大利时装品牌乔治·阿玛尼（Giorgio Armani）2009 年春夏高级女装中就有以此为发式造型的设计（图 4-1-14）。

进贤冠，自汉代开始，历南北朝、隋唐，迄宋、明（明代不用进贤之名而改称梁冠），一直沿用不衰。进贤冠，不仅是"群臣冠也"，也是古代文儒圣贤的一种标志。因古代文职官吏，有向朝廷荐引能人贤士的责任，故以"进贤"名之。西汉时，进贤冠只是侧面透空、无帻衬托的"之字形"或"三角形"的"持发"的工具。自汉元帝始，戴帻渐成风气，进而进贤冠被衬托在介帻上，二者结合成为整体（图 4-1-15）。不同的官职所戴进贤冠的梁数有所区别，即"梁数随贵贱。"西晋时，进贤冠后部的耳变得很高，其式样如 1958 年湖南长沙金盆岭九号晋墓出土的文官陶俑的进贤冠（图 4-1-16）。

委貌冠，以皂绢为之，与皮弁应是同形，只是一为制以皂绢，一为制以鹿皮。

建华冠，外形应为上丰下狭之状。

方山冠，形似进贤，以五彩縠做成。祭祀宗庙《大予》《八佾》《四时》《五行》乐人服之。

巧士冠，前高七寸，要后相通，直竖。在汉代，

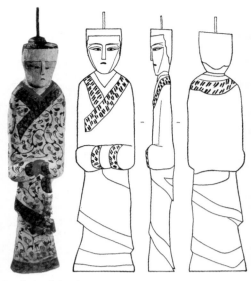

图 4-1-13 头戴长冠的彩绘木俑（湖南长沙马王堆西汉墓出土）

图 4-1-14 Giorgio Armani 2009 春夏高级定制服装

图 4-1-15 东汉画像石中头戴三梁进贤冠形象

图 4-1-16 陶俑之进贤冠（湖南长沙金盆岭九号晋墓出土）

该冠为黄门侍从官等在郊天之仪，或为帝王卤簿车前侍卫所用。

高山冠，亦称侧注、仄注冠，与通天冠相似，为中外官、谒者、仆射的冠帽。该冠为战国时期齐王所用。秦灭齐以后，以其君冠赐近臣谒者服之。

法冠，亦称柱后，是执法近臣御史所戴之冠，模拟獬豸的形象为冠，在战国时已经出现。秦始皇建立秦国后，收而用之。汉代承袭秦制，赐执法者服之。

却非冠，据《后汉书·舆服志》载："制似长冠，下促。宫殿门吏仆射冠之。负赤幡，青翅燕尾，诸仆射幡皆如之。"其冠与长冠相似，冠体下部狭小。冠后有"赤幡"呈"青翅燕尾"，即冠后饰红色飘带两条，一左一右，两旁分列，如燕尾状。

却敌冠，据《后汉书·舆服志》载："前高一寸，通长四寸，后高三寸，制似进贤，卫士服之。"其冠只言形制，未言材质，应与进贤冠相似，为一倒梯形之状，上博下狭之状，覆于戴者头上。

樊哙冠，据《后汉·书舆服志》载："广九寸，高七寸，前后出各四寸，制似冕。司马殿门大难，卫士服之。"似冕，略宽二寸，无旒。史载为汉将樊哙以铁楯裹布所创。

（四）被体深邃

汉代服装主要有深衣、襜褕、袍、禅衣、裤、襦、衫等款式。其中的深衣、襜褕、袍、禅衣均属男女同服、上下分裁的一体式服装。它们在继承了自商周以来形成的交领、右衽、缘饰、衿带等基本结构外，还具有多层穿衣，即"三重衣"的时代特征（图4-1-17）。第一层是外衣，也称表衣；第二层是中衣，隋唐后称中单；第三层是内衣，也称小衣。这三层袍服的彩色缘边分别在领口、袖口等处逐层显露，形成了丰富的层次对比。

东汉以前，袍服只是燕居时穿的一种日常便装。到了正式场合，汉人要在袍服外加罩表衣（深衣或襜褕）。到了东汉，袍服的地位逐渐上升，由内衣演变成外衣，并最终取代了深衣和襜褕，在一些隆重场合，如朝会、礼见时也可穿用。因为穿在外面，所以制作工艺讲究了许多。其领、袖、襟、裾等处多以丝绸缘边，即"衣作绣，锦为缘"，如湖南长

沙马王堆西汉墓就有身穿曲裾缘边袍服的木俑出土。此外，一些贵族妇女还在袍服的边缘处施以重彩，绣上各种各样的花纹。袍服缘饰称"纯""缘"或"襈"。其原因在于中国古代袍服衣身宽大、材料轻薄，加锦缘不仅可以起到装饰作用，还能作为服装的骨架，使衣摆不至裹缠身体，妨碍行动。

为了御寒，袍服多有夹层。如果夹层是新丝绵称为"茧"，若是絮头或细碎枲麻等，则称为"缊"。汉代袍服的袖身多宽大，由袖身向袖口呈弧状逐渐上收。袖口窄小的边缘部分被称为祛；袖身宽的部分被称为袂，又因其形状与牛颈部相似，故又被称为"牛胡"。牛胡本指牛颈部下垂的部分，引申指衣袖肘部宽博之处。其式样如湖南长沙马王堆西汉墓出土的曲裾袍和直裾袍。

曲裾袍上衣部分为正裁六片，身部两片宽各一幅，两袖各两片，内一片宽一幅，一片宽半幅，六片拼合后，将腋下缝起。领口挖成琵琶形。袖口宽28厘米，袖筒较肥大，下垂呈弧状。下裳部分斜裁共四片，各宽一幅，按背缝计，斜度角为25°。底边略做弧形。里襟底角为85°，穿时掩入左侧身后。外襟底角为115°，上端长出60°衽角，穿时裹于胸前，将衽角折往右侧腋后。袍领、襟、袖均用绒圈锦斜裁拼接镶缘，再在外沿镶绢条窄边（图4-1-18）。

直裾袍上衣部分正裁共四片，身部两片，两袖

图4-1-17 汉代人物陶俑（陕西汉阳陵墓出土）

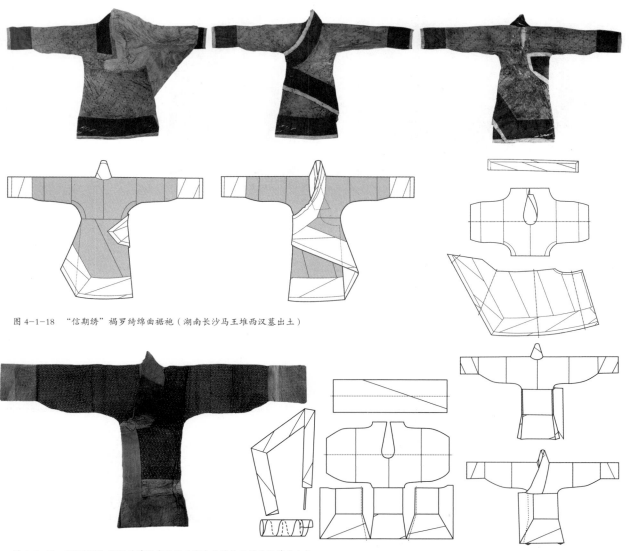

图 4-1-18　"信期绣"褐罗绮绵曲裾袍（湖南长沙马王堆西汉墓出土）

图 4-1-19　"信期绣"褐罗绮绵袍直裾袍（湖南长沙马王堆西汉墓出土）

各一片，宽均一幅。四片拼合后，将腋下缝起。领口挖成琵琶形，领缘斜裁两片拼成，袖口宽25厘米，袖筒较肥大，下垂呈弧状。其展开内部结构式样以"信期绣"褐罗绮绵袍为例（图4-1-19、图4-1-20）。袖缘宽与袖口略等，用半幅白纱直条，斜卷成筒状，往里折为里面两层，因而袖口无缝。下裳部分正裁，后身和里外襟均用一片，宽各一幅。长与宽相仿。下部和外襟侧面镶白纱缘，斜裁，后襟底缘向外放宽成梯形，底角成85°，前襟底缘右侧偏宽。对湖南长沙马王堆西汉一号墓出土的实物进行模拟剪裁，发现制作一件曲裾的深衣所用帛比直裾长衣要多很多用料，因此，曲裾袍逐渐被直裾袍取代。

（五）紫绶朱衣

绶，又叫做"绂"和"组（组绶）"，文字虽然不同，其含义却均可理解为以丝缕编成的带子。所谓佩绶制度是指在官员的袍服外要佩挂组绶。组是官印上的绦带，绶是用彩丝织成的长条形饰物，盖住装印的鞶囊或系于腹前及腰侧，故又称"印绶"。古代服饰中，绶既具有实用意义，又具有装饰功能。山东汉代画像砖《齐王赠绶钟离春》中的齐王手中托举的就是绶带（图4-1-21）。从绶的起源来看，其最初是作为连结玉器的实用物品，后来才逐渐演变成附属于祭服、朝服等礼服上的装饰品。其演变过程当中，无论功能还是形状，都发生了极大的变化。

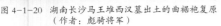

图 4-1-20　湖南长沙马王堆西汉墓出土的曲裾袍复原
　　　　　（作者：彪骑将军）

图 4-1-21　山东汉代画像砖中的《齐王赠绶钟离春》

汉代在基本上沿承了秦代绶制的同时，绶的用途却有所扩大，不仅连结佩玉，而且作为佩刀、双印之饰。故《后汉书·舆服志》云："汉承秦制，用而弗改，故加之以双印、佩刀之饰。"从汉代起，绶已经明确制定了具体的制度，对于不同的身份，所佩绶带在颜色、长度、密度及构成要素上都有了严格的区分。地位越高，绶带越长，颜色越繁丽，织品的质地也越紧密（表5）。其实物应如尼雅发掘的组带，每1厘米宽度平均约为38.4根线。该实物为25厘米宽度，约有960根线表里互相交织着双层组织（图4-1-22）。

表 5　汉绶制度

身份	绶					緷	玉环
	名称	文彩	长度	密度	幅		
皇帝、太皇太后、皇太后、皇后	黄赤绶	四彩：黄赤缥绀，淳黄圭	二丈九尺九寸：690.7厘米	500首：10000系	一尺六寸：37厘米	三尺二寸：73.9厘米，与绶同彩而首半之。幅度同绶	有
诸侯王、长公主、天子贵人	赤绶	四彩：赤黄缥绀，淳赤圭	二丈一尺：485.1厘米	300首：6000系			有
诸国贵人、相国	绿绶	三彩：绿紫绀，淳绿圭		240首：4800系			有
公、侯、将军、公主封君	紫绶	二彩：紫白，淳紫圭	丈七尺：392.7厘米	180首：3600系			有
九卿、中二千石、二千石	青绶	三彩：青白红，淳青圭		120首：2400系			无
千石、六百石	黑绶	三彩：青赤绀，淳青圭	丈六尺：369.6厘米	80首：1600系		一尺二寸：23.1厘米，与绶同彩而首半之。幅度同绶	无
四百石、三百石	黄绶	一彩：（黄）		60首：1200系			无
二百石	黄绶	一彩：淳黄圭	丈五尺：346.5厘米	60首：1200系			无
百石	青绀纶	一彩：宛转缪织	丈二尺：277.2厘米	—		无	无

图 4-1-22　1995年新疆民丰县尼雅遗址发掘的组带

（六）革带带钩

在秦汉以前，革带主要用于男装，妇女一般多系丝带，即《说文·革部》所载："男子革鞶，妇人带丝。"革带中最具特点的应属带头的带钩。带钩的使用程序是先将铜钮插入皮带一端的钮孔，钩背朝外，钩弦与腰带的弧度贴合。带钩的钩头钩住皮带另一端的钩孔即可。带钩的作用，除装在革带的顶端用以束腰外，小的带钩也可用作衣襟的挂钩，还可装在腰侧用以佩刀、佩剑，钩挂镜囊、印章、刀剑、钱币等杂物。

带钩最初多用于甲胄类戎服（图4-1-23）。后因带钩结扎比绅带更方便，故转用到贵族王公的袍服上。由于要露在外面，所以带钩造型就颇受重视，制作也自然精良，成为一种互相攀比的时尚，以至《淮南子·说林训》中有"满堂之坐，视钩各异"的记载。汉代人称带钩为"师比"或"犀毗"。它是微屈的长条形或琵琶形，钩钮连体，长短不一，一般约为10厘米。战国时期的带钩，长短不一，最长约半米，如湖北江陵望山一号墓所出土的错金铁带钩弧长达46.2厘米、宽达6.5厘米，最小仅2厘米。

中国古代带钩的造型可分为琵琶形、曲棒形、反勺形、耜形和鸟兽形五种。其中，鸟兽形如青铜鄂尔多斯虎首带钩（图4-1-24）、猿形如山东曲阜鲁故城出土的猿形银带钩（图4-1-25）。后者通长16.7厘米，猿作振臂回首状，身微拱，目嵌蓝色料珠，通体贴金，背有一圆钮。工艺更复杂的是战国鎏金嵌玉镶琉璃银带钩（图4-1-26），白银铸造，通体鎏金，整体长18.4厘米，宽4.9厘米，钩身铸出浮雕式的兽首和长尾鸟，兽首分列钩身前后两端，作相背的对称排列，形似牛首，而双耳作扁环状，长尾鸟居钩身左右两侧，体修长呈S型，钩身正面嵌饰白玉块三枚，表面线刻谷纹，中心嵌一粒"蜻蜓眼"玻璃彩珠，钩身前端又镶入用白玉制成鸿雁首形的弯钩作钩首，其上用阳线雕出鸿雁的口、眼等细部。

南北朝以后，一种新型的腰带"蹀躞带"（铰具、带扣）代替了钩络带，带钩逐渐消失，出土明显减少。

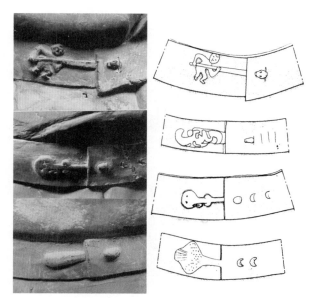

图4-1-23 陕西西安秦始皇兵马俑的带钩

图4-1-24 青铜鄂尔多斯虎首带钩

图4-1-25 猿形银带钩（山东曲阜鲁故城出土）

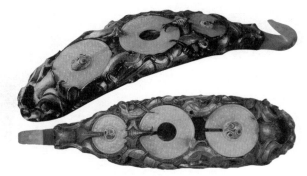

图4-1-26 战国鎏金嵌玉镶琉璃银带钩

（七）联结裙幅

汉代妇女除穿着襜褕、禅衣、袍、褠等袍服饰外，日常多为上衣下裙的形式，如《后汉书》记载明德马皇后常着大练（大帛）裙。

汉代以后，人们把裳的前后两个衣片连缀起来，这就是人们所说的"裙"。"裙"是"群"的同源派生词，意思是将多（群）幅布帛连缀到一起，成一个筒状，故刘熙《释名》释"裙"为"联结群幅也"。湖北江陵马山楚墓和湖南长沙马王堆西汉墓中出土的女裙正与此相互印证。湖南长沙马王堆西汉墓出土女裙两件（图4-1-27），长87厘米，腰宽145厘米，下摆宽193厘米，接腰宽3厘米，均用宽一幅的绢四片缝制而成。四片绢均为上窄下宽，居中的两片宽度相同，稍窄；两侧的两片宽度相同，稍宽。上部另加裙腰，两端延长成为裙带。考察陕西西安秦始皇兵马俑可知，男性也可将这种形制的短裙当作内衣穿着（图4-1-28）。

从形成的时间上看，裳在前，裙在后。"裙"字是汉代才出现的字。两者可能有一段短暂的并行时期，但东汉以后，穿裙的妇女日益增多，裙子的款式也日新月异，如《飞燕外传》中记载飞燕下身穿南越所献贡的云英紫裙，后宫效仿其裙而襞裙为绉，称为"留仙裙"。裙和襦、袄组合起来，成为中国古代妇女服装中最为普遍的一种形式，与袍、衫等服相容并蓄，流行了十几个世纪。

（八）长袖交横

汉代时期舞者多穿长袖衣。傅毅《舞赋》所载"华袿飞髾，长袖交横，体若游龙，袖如素虹。"就是描写舞者身穿长袖飘舞的形态。在当时，长袖被称为"延袖""假袖"。其外形飘飘欲仙，迎合了汉人关于神仙漂游翱翔的思想。汉乐府《娇女诗》中有"从容好起舞，延袖象飞翩"的描绘。其实物如1983年广东省象岗南越王墓出土的西汉玉雕舞女像（图4-1-29），头右侧挽螺髻，身穿右衽长袖衣裙，袖口和下摆阴刻卷云纹花边。舞女扭腰合膝呈跪姿，舒展广袖，一手上扬，一手下甩，作长袖曼舞状。又如私人收藏的汉代玉雕舞女像（图4-1-30）。玉雕舞女像是汉代颇具特色的佩饰之一，它在佩带时往往与其他玉饰一同组成串饰，挂佩于腰间或胸前。

（九）与子同泽

中国古人在燕居独处时穿的贴身便服被称为亵衣，也称"小衣"或"肋衣"。因是私下所穿，即《说文》所载"亵，私服也"，所以不能用于大庭广众场合。故《礼记·檀弓下》记载，"季糜子之母死，陈亵衣。敬姜曰：'妇人不饰，不敢见舅姑，将有四方之宾来，亵衣何为陈于斯？'"又因其贴

图4-1-27 女裙（湖南长沙马王堆西汉墓出土）

图4-1-28 身穿裙式内衣的
秦始皇兵马俑人俑

图4-1-29 西汉玉雕舞女像（广东广州象岗南越王墓出土）

图 4-1-30　汉代玉雕舞女像

图 4-1-31　素纱襌衣（湖南长沙马王堆西汉墓出土）

身穿着，有吸汗的作用，故也称"泽"，如《诗经·秦风·无衣》所载"岂曰无衣，与子同泽。"汉代人称之为"汗衣"或"汗衫"。

汉代还有一种内穿的襌衣，刘熙《释名·释衣服》载："襌衣言无里也。有里曰复，无里曰襌。"又，许慎《说文》载："襌衣不重。"有时，襌衣也简写作单衣，《后汉书·马援传》载："公孙述更为援制都布单衣。"在 1972 年湖南长沙马王堆西汉墓出土的文物中，就有三件薄如蝉翼、轻若烟雾，仅重 49 克的单层长衣，出土遣册记为"素纱襌衣"（图 4-1-31）。其上衣部分为正裁四片，宽各一幅，下裳部分也是正裁四片，宽各大半幅。两袖无胡，袖缘和领缘均较窄，底边无缘。此外，白绢单衣的裁缝方法，与曲裾绵袍大体相同。面为单层，缘为夹层，但外襟下侧和底边的缘内，絮有一层薄丝绵，以使单衣的下摆挺直。襌衣轻薄，一般适用夏季，服用时贴身吸汗，透气、凉爽。

中国古代内衣，简单者只以一块布帕裹腹，名曰"帕腹"，在其两侧缀以系带可称"抱腹"，再加以肩带的则称"心衣"。南北朝时有一种称作"袜"的女用内衣。隋炀帝《喜春游歌》中有"锦袖淮南舞，宝袜楚宫腰"的诗句，咏的就是这种内衣。唐代流行一种束于胸部的无带女用内衣，即"诃子"。

（十）最亲身者

文献记载，汉人下身穿胫衣或开裆裤（时称"袴"），如湖北江陵马山一号楚墓中出土的开裆

绵裤（图 4-1-32）。素绢为裹，中间薄絮丝绵。面料两片，合缝后以丝带压缝为饰。下端襞积为裥，收接于条纹锦紧口袴缘。袴总长 116 厘米，宽 95 厘米，由袴腰、袴腿和口缘三部分组成。袴腰高 45 厘米，全长 123 厘米，用四片等宽的本色绢横连，后腰开口不闭合。袴腿以朱绢为面，上绣凤鸟串枝花样。上部、外侧接袴腰，内侧（即后身半幅的四片）上沿略低，绲边无袴腰，而在近裆处留缝嵌入一方长 12 厘米、宽 10 厘米的绢片，折叠后形成一个向中轴线斜伸的三角形分裆。制作时，可能在两袴腿完成之后，再将前腰中缝调整并合。

由于无裆裤便溺方便，因此"开裆裤"又称为"溺绔"。这种裤子不仅用于女子，男子也有穿着者。当时人们在公共场合的坐姿只能"跪坐""箕坐"，两条腿分开伸直坐显然是极不礼貌的行为，盘腿坐也是不合适的。直到人们真正穿上现代意义的裤子后，坐姿才由跪坐变为盘坐与箕坐。除了开裆，汉朝人有时也穿合裆裤。据《汉书·上官皇后传》记载，汉昭帝时，霍光为了保证自己外孙女（即昭帝皇后）得到皇帝专宠和地位的绝对稳定，下令宫女穿裙而着内裤，并把裤裆缝得严严实实，还以带扎紧下体。东汉服虔注："穷绔，有前后当，不得交通也。"又《急就篇》卷二载："襜褕袷复褶袴裈。"唐代颜师古注云："合裆谓之裈，最亲身者也。"可见，在汉代文献中，合裆裤被称为"穷绔"或"裈"。

穷绔一般和襦配套穿用，如西汉空心砖上就有

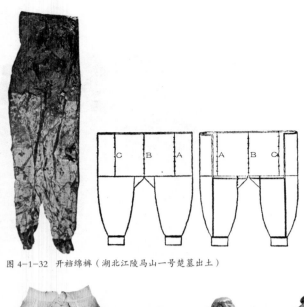

图 4-1-32 开裆绵裤（湖北江陵马山一号楚墓出土）

图 4-1-33 西汉空心砖上穿穷绔和短襦
的武士形象

图 4-1-34 身穿合裆裤的汉代击鼓说唱俑

图 4-1-36 百褶裤（新疆营盘出土）　图 4-1-35 舞蹈人物（云南晋宁石寨山出土）

图 4-1-37 东汉"王侯合婚锦"男裤（新疆尼雅遗址出土）

图 4-1-38 "长乐大明光"锦女裤（新疆尼雅遗址出土）

穿穷绔和短襦的武士形象（图 4-1-33）。为了御寒，有的裤内絮绵、麻等物，时称"复裤"，如汉代击鼓说唱陶俑就穿着复裤（图 4-1-34）。在中国古代服饰文化中，裤子外穿是一种有失礼仪的行为。例如，西汉司马相如为了羞辱别人而只穿短裤出现在街市上。但一些少数民族则没有这种顾虑，如云南晋宁石寨山出土的鎏金双人盘舞铜饰扣上的舞蹈人物就穿着裤子翩翩起舞（图 4-1-35）。新疆营盘出土的百褶裤（图 4-1-36）、新疆尼雅遗址出土的东汉"王侯合婚锦"男裤（图 4-1-37）和"长乐大明光"锦女裤（图 4-1-38）都似为外穿之裤。

犊鼻裤是贴身穿的短裤。山东嘉祥洪山汉墓、山东临沂沂南汉墓出土的画像石上就有穿着这种短裤耕作的农夫形象。至宋明时期，其制仍存。赵孟頫《浴马图卷》中也有身穿犊鼻裤的人物形象（图 4-1-39）。《史记·司马相如列传》记载："乃令〔卓〕文君当垆，相如身自著犊鼻裤，与保庸杂作，涤器于市中。"《集解》引三国韦昭《汉书注》："犊

鼻裤三尺布作，形如犊鼻。"根据韦昭的解释，这种短裤上宽下狭，两头有孔，以使承受双股的贯串，与犊鼻之形十分相似，故称犊鼻裤。明代医学家李时珍则认为"犊鼻"是人体上的一个穴位，正处于腿上，因为这种短裤穿在身上，其长度恰巧至此，故以得名。

（十一）席地而坐

唐代以前，中国古人一直席地而坐。室内地面铺设"筵"和"席"。筵是竹席，形制较大，是为了隔开土地，使地面清洁而铺设的，故只铺一层。"席"一般用蒲草编制，呈长方形，置于筵上，是为了防潮而垫在身下的，故可铺几重（图 4-1-40、

图4-1-41）。《礼记·礼器》载："天子之席五重"，而诸侯用三重，大夫两重。贫苦人家可以无席铺垫，但对于贵族来说，居必有席，否则就是违礼。

座席也有许多讲究，《礼记》规定："父子不同席""男女不同席""有丧者专席而坐"。已经坐在席上，对后来的尊者自表谦卑就要让席。一个有礼貌的人应该"毋踏席"，也就是当坐时必须由下而升，应该两手提裳之前，徐徐向席的下角，从下面升。当从席上下来时，则由前方下席。客人进室时，主人要先将席放好，然后出迎客人进室。如果客人来此谈话，就要把主、客所坐席相对陈铺，当中留有间隔，以便于指画对谈。一般同席读书，多系挚友，但也有因志趣不同而分开的。《世说新语》中有一则关于管宁和华歆的故事，二人同席读书，"有乘轩冕过门者，宁读如故，歆废书出看。宁割席分坐曰：'子非吾友也。'"另外，还要求"席不正不坐"，是指席子的四边应与墙壁平行。古代一席坐四人，共坐时，席端为尊者之位；独坐时，则以中为尊，故卑贱者不能居中，既为人子（即尚未自立门户者），即使独坐也只能靠边。如果有五人以上相聚，则应把长者安置于另外的席上，称为"异席"。

古人坐的姿势是两膝着地，两脚脚背朝下，臀部落在脚踵上，如河北满城汉墓出土的"长信宫灯"梳髻跣足侍女跪坐铜人像（图4-1-42）。如果臀部抬起、上身挺直，就叫跽，又称长跪，是将要站起来的准备姿势，也是对别人尊敬的表示。还有一种极随便的坐法，叫"箕踞"。其姿势为两腿分开平伸，上身与腿成直角，形似簸箕。如有他人在场而取箕踞的坐姿，是对对方的极不尊重。

（十二）履袜礼节

为了避免踩踏筵席，古人有进室脱鞋的礼节，人人如此，君王也不例外。《左传·宣公十四年》记，楚庄王闻知宋人杀死聘于齐的楚使申舟，气得"投袂而起，履及于窒皇"。因为在室内不穿鞋，所以楚王气得冲出室外时，不及纳履，从者送履到前庭（即窒皇）才追及。由于进室脱履，就形成了许多

图4-1-39 赵孟頫《浴马图卷》中身穿犊鼻裈的人物形象

图4-1-40 文翁讲学图

图4-1-41 墓主夫妇宴饮图

礼节，如《礼记·曲礼》载"侍坐于长者，屦不上于堂。解屦不敢当阶。就屦，跪而举之，屏于侧。乡长者而屦，跪而迁屦；俯而纳屦。"另外，看到门外有屦，且听不到屋内的声音，就不能轻易进去，以免打扰屋内人的隐私。

汉代人如果穿着曳地长袍，脚下多穿鞋尖上翘的足服，上翘的鞋尖从前面将长袍的衣摆兜起，使行

图 4-1-42 "长信宫灯"梳髻跣足侍女跪坐铜人像（河北满城汉墓出土）

走方便。其式样如湖南长沙马王堆西汉墓（共出土四双丝履）中出土的青丝岐头履（图 4-1-43），长 26 厘米，头宽 7 厘米。该双层丝履，头部呈弧形凹陷，两端昂起分叉小尖角。考察四川广汉三星堆遗址出土的青铜立人像和河南安阳殷墟墓出土的圆石雕人像，可知中国古人最初的下裳不仅不及地，而且为了行走方便，还被做成了前短后长的式样。汉代士兵的袍摆也是如此。衣摆下降是为了增强服饰的礼仪性，而鞋尖上翘则是出于服饰的功能性需要。

魏晋时期，男女鞋履质料更加讲究，有"丝履""锦履"和"皮履"等。履的颜色也有一定制度，士卒百工服绿、青、白；奴婢侍服红、青。东晋织成履尤其精美，如晋人沈约诗云"锦履立花纹"。新疆吐鲁番阿斯塔那墓出土一双东晋"富且昌宜侯王天延命长织成履"（图 4-1-44）。其出土时色泽如新，用红、褐、白、黑、蓝、黄、绿等多彩丝线，以"通经断纬"方法在鞋面上织隶体汉字"富且昌宜侯王天延命长"，以及瑞兽纹、散花式小菱形花纹、倒山纹、忍冬纹。鞋底用麻线编织，耐用而轻巧。

袜是足衣，又写作"韤""韈"。现存汉代时期的袜子实物，其质料多为罗、绢、麻及织锦等。西汉时期的袜子还比较质朴，如湖南长沙马王堆西汉墓出土的两双夹绢袜（图 4-1-45），齐头，跟后开口，开口处有结系用的袜带，以双层素绢缝成，袜面用绢较细，袜里用绢稍粗。除了素色，讲究者以锦为之，如新疆民丰汉墓出土的红罽绣花锦袜

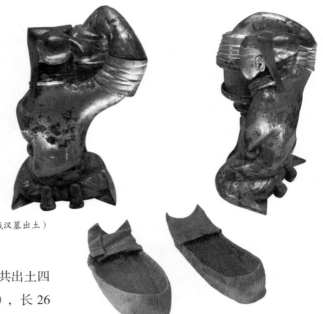

图 4-1-43 青丝岐头履（湖南长沙马王堆西汉墓出土）

图 4-1-44 东晋"富且昌宜侯王天延命长织成履"
（新疆吐鲁番阿斯塔那墓出土）

图 4-1-45 女袜（湖南长沙马王堆西汉墓出土）

图 4-1-46 红罽绣花锦袜（新疆民丰汉墓出土）

（图 4-1-46），锦中除织有繁复细致的花纹外，还间有用绛色、白色、浅驼、浅橙和宝蓝等颜色织出隶书"延年益寿长葆子孙"，袜口部分有一道金边，那是利用织锦本身的缘边制成，整双袜子给人以富贵、华丽之感。

古人上殿面君须脱履赤足，除非得到皇帝恩赐，如汉高祖刘邦称帝后，论功行赏，赐萧何"剑履上殿，入朝不趋"，否则将是极为失礼的行为。据《左传·哀公二十五年》记载："卫侯为灵台于藉圃，与诸大

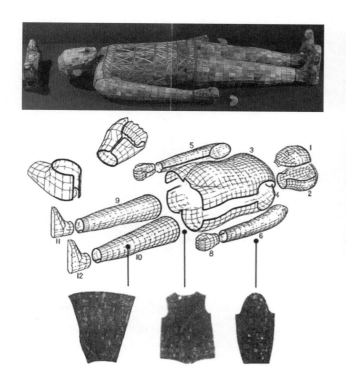

图 4-1-47 金缕玉衣（河北满城县陵山二号墓出土）

图 4-1-48 秦始皇兵马俑跪射俑

图 4-1-49 秦始皇兵马俑站立俑背面

图 4-1-50 顶部有孔眼的商周铜盔（故宫博物院藏）

夫饮酒焉，褚师声子袜而登席，公怒。"褚师声子解释称其脚有病，恐卫侯厌恶，因此不敢脱袜。卫侯仍以为不可，"公戟其手，曰：'必断而足。'"

（十三）金缕玉衣

所谓金缕玉衣，是古代人在去世后，用玉或者类玉的物品打磨成片，四角穿孔，以金线或银线、铜线连接起来做成的葬服。玉衣也叫"玉匣""玉押"，是汉代皇帝和高级贵族死时穿用的殓服，结构造型与人体形状相同，玉片层层叠叠，可将尸骨严密包合。皇帝及部分近臣的玉衣用金线缕结，称为"金缕玉衣"，如1968年河北满城县陵山二号墓出土的金缕玉衣（图4-1-47）。其他贵族则使用银线、铜线缀编，称为"银缕玉衣""铜缕玉衣"。

（十四）犀甲盔帽

据《周礼·冬官·考工记》记载，周代制甲业已取得一定经验，并设有"司甲"的官员掌管甲衣的生产。

周代的革甲由甲身、甲袖和甲裙组成。革甲穿在身上，以腰为界分上下两部分，重量相等。周代的革甲分犀甲、兕（野牛）甲和合甲三种，其质地非常坚硬。犀甲用犀革制造，将犀革分割成长方块横排，以带绦穿连，分别串接成与胸、背、肩部宽度相适应的甲片单元，每一单元称为"一属"，然后将甲片单元一属接一属地排叠，以带绦穿连成甲衣，横向均左片压右片，纵向均为下排压上排。犀甲用七属即够甲衣的长度；兕甲比犀甲坚固，切块较犀甲大，用六属即够；合甲是用两重犀或兕之皮相合而制成的坚固铠甲，因特别坚固，割切困难，故切块又比兕甲更大，用五属即可。周代革甲形式如西安秦始皇兵马俑身上所穿的甲胄（图4-1-48、图4-1-49）。商周时期有很多用青铜制作的头盔。其顶部还有孔眼，用以插羽毛装饰和图腾之用（图4-1-50）。

战国时期，华夏民族传统服装是长袍宽袖，不便于骑马射箭。地处胡人和华夏民族交汇处的北方赵国，虽以农耕为主，却频繁接触游牧习俗，通过抗击胡骑袭扰而体会到其"来如飞鸟，去如绝弦"的优势。目睹过胡人穿短衣长裤而骑射便捷的赵武灵王，决心改变几百年相传的军制，实行由车战向骑战的转变。他首先建立了华夏民族最早的骑兵队伍，并于公元前307年下达易服令，让军队改穿胡人式的紧袖短衣和长裤。传河南洛阳金村出土的战

图 4-1-51　战国错金银刺虎镜上的骑士纹
（传河南洛阳金村出土）

图 4-1-52　武士俑彩绘铠甲

国错金银刺虎镜上就有骑士纹，这也可作为了解战国戎服的参考资料（图 4-1-51）。

汉代是我国武官制度初步形成的时期。西汉时期的军戎服饰基本沿袭秦制。西汉铠甲多以锻铁制成。汉代的戎服在整体上有多方面与秦代相似，军中不分尊卑，大都上穿絮棉袍服，下穿裤。汉代军人的冠饰基本是平巾帻外罩武冠。汉代戎服外一般束皮制腰带。武士主要穿靴履，以履为主，有圆头平底、月牙形头等样式。1965 年，陕西咸阳渭城区杨家湾西汉大臣周勃、周亚夫父子的墓地出土武士俑彩绘铠甲 2500 余件，塑造了西汉皇家卫队的形象（图 4-1-52）。

汉代的徽识，主要有章、幡和负羽三种。章的级别较低，主要为士卒所佩带，章上一般要注明佩带者的身份、姓名和所属部队，以便作战牺牲后识别；幡为武官所佩带，为右肩上斜披着帛做成的类似披肩的饰物；负羽则军官和士卒都可使用。此外，人们还在甲上加漆，髹其甲体。骑兵在汉末有了进一步的发展，这主要归功于马鞍、马镫的发明。

（十五）黔首苍头

古时平民不能戴冠，多是在发髻上覆以巾，在劳动生产之时又兼作擦汗之布，可谓一物两用。其通常以缣帛为之，裁为方形，长宽与布幅相等，使用时包裹发髻，系于颅后或额前。其色以青、黑为主。秦代称庶民为"黔首"，汉代称仆隶为"苍头"，均根据头巾颜色而言。

在汉代，普通男子主要首服有帻和巾。男子 20 岁成人后，"卑贱执事不冠者"戴帻。卑贱执事自是身份不高，但与平头百姓相比还应略胜一筹。帻似帕首的样子，开始只是把髻包裹，不使下垂。四川新都马家山东汉崖墓群出土有刀俎俑头戴的包头之帻（图 4-1-53）。古时庶人不具冠饰，直接用帻覆髻，位尊者则将其衬在冠下。关于帻之起源，《后汉书·舆服志》载，"元帝额有壮发，不欲使人见，始进帻服之。群臣皆随焉。然尚无巾，如今半帻而已。王莽无发乃施巾，故《语》曰：'王莽秃，帻施屋。'"其后古人谈及此事，多引前言。早期的帻多用巾帕围勒而成，并无固定形制特征。汉文帝时期，对帻的形制做出了明确规定。因帻是一种贵贱、文武皆服的首服，所以帻的使用必须借于一定的形制辨别等级。根据制度，文官戴长耳的"介帻"，衬于进贤冠之下；武官戴短耳的"平上帻"，衬于惠文冠之内（武弁大冠）。据《释名·释首饰》载："二十成人，士冠，庶人巾。"对于普通劳动者而言，则用布包头。由于其多为下层百姓所戴，故地域不同，叫法也甚多，如络头、幧头。河南邓县长冢店汉墓所出画像石中之牵犬人及四川成都天回山汉墓所出说唱俑头上系结之物，即为幧头之类（图 4-1-54）。

东汉民族交流增加，帽逐渐被中原地区人民所接受。特别是汉灵帝本人的喜好，加速了胡服的盛行，甚至成了京都贵戚皆竞为之的时尚之物。新疆民丰尼雅出土一件白地云气人物锦帽（图4-1-55），锦面绢里，后缀两条蓝色绢带，图案中有人物和云气形象，并织有"河生山内安""德""子"等铭文。

二、魏晋南北朝

三国：公元 220—265 年

西晋：公元 265—317 年

十六国：公元 304—439 年

东晋：公元 317—420 年

南朝：公元 420—589 年

北朝：公元 386—581 年

魏晋南北朝历经300多年，战乱频繁，是中国古代历史上较为动荡分裂的时代。该时期先为魏、蜀、吴的三足鼎立，继而三国归晋（司马氏），在经过短暂的全国统一后，又分为西、东二晋，国内局势又趋纷乱。东晋之后是宋、齐、梁、陈，北方由北魏统一，后来分为西魏、东魏、北齐、北周，由此统称南北朝。在南北朝时期，尽管朝代众多，但每个朝代实际存在的时间都不长，仅二三十年左右。其中，惟北魏政权存在时间长达148年。

在这个特殊时期，中原地区政权的不稳定，为北方游牧民族进入中原地区带来了便利条件。匈奴、羯、鲜卑，藏系游牧民族羌、氐等北方游牧民族先后进入中原，建立了十多个小王朝，即历史上所称的"五胡十六国"。战争和民族大迁徙，促进了胡汉杂居，南北交融，本土玄学、道教和外来佛教也趁势兴起。这使得汉族农耕文化、草原游牧文明和异域外来文化相互碰撞交融，形成了以农耕文明的礼仪服饰为主体，融合游牧文明的实用、便捷的日常服饰形式（图4-1-56）。

汉明帝时，织花机已开始使用。三国魏明帝时期，马钧将当时五十综五十蹑或六十综六十蹑的提花织机改为十二综十二蹑，使得织机的织造效率大

图 4-1-53 刀俎俑（四川新都马家山东汉崖墓群出土）

图 4-1-54 击鼓说唱俑（四川成都天回山汉墓出土）

图 4-1-55 白地云气人物锦帽（新疆民丰尼雅出土）

大提高，而且织出的花纹图案奇丽、变化多样。此时，蜀锦产量很大，畅销各地，闻名全国。三国时代孙吴割据江东，提倡种桑养蚕，官营纺织手工业规模也迅速扩大，同时还令民间增加蚕丝生产，并颁布了如"在养蚕缫丝时，暂免他役"以及"禁止蚕织时，以役事扰民"的政府诏令。魏国的曹操也极力经营纺织手工业中心襄邑、洛阳等地的织物，并设有官营纺织手工业，织造官练。自两晋以来的政府都在中央机构中设置少府，并在其下设平准，以掌织染，同时扩充管营纺织手工业，大力鼓励丝织等物的生

图4-1-56 传晋代顾恺之《洛神赋图》中的帝王形象

图4-1-57 南京西善桥东晋墓拼镶砖画《竹林七贤与荣启期图》

产。这些举措都是为了满足统治阶级无所顾忌地尽情耗用大量丝绸织品的需要，例如贵族石崇和王恺斗富，王恺制紫丝布屏障40里，石崇制锦绸屏障50里。

魏晋时期纺织纹样受佛教文化的影响较深，纹样题材也多与佛经有关，如狮子纹、忍冬纹、八宝纹、莲花纹、玉鸟纹、鹿纹、飞天纹及禽兽纹、璎珞纹和圣树纹等。此时见于文献的纹样名目如陆翙《邺中记》载："大登高、小登高、大明光、小明光、大博山、小博山、大茱萸、小茱萸、大交龙、小交龙、蒲桃文锦、斑文锦、凤凰朱雀锦、韬文锦、桃核文锦……"

（一）魏晋风骨

魏晋南北朝时期的服饰演变也是各种思想相互碰撞、影响下的产物。由于中原汉族王权的削弱，加之政治的腐败、"礼教"和经学的繁琐，使"独尊儒术"的信仰发生了动摇，玄学、道教及佛教禅宗思想盛行一时。

受这些主张的影响，一大批游离于世俗，试图突破旧礼教的文人士大夫阶层，除沉迷于饮酒、奏乐、吞丹、谈玄之外，也在服装上寻求发泄，以傲世为荣。因此，"冠小而衣裳博大，风流相放，舆台成俗"成为风尚。所谓冠小，是指晋式平上帻；衣裳博大则是指大袖衫。南京西善桥东晋墓拼镶砖画《竹林七贤与荣启期图》中刘伶、嵇康、阮籍等人着装就是此类"魏晋风骨"的体现（图4-1-57）。

在魏晋南北朝时期，汉族服饰以大袖衫为尚。衫为单衣，采用对襟，衣袖宽大，袖口宽大无祛（收口缘边），如中国丝绸博物馆收藏的新疆营盘出土的北朝绞缬绢大袖衫（图4-1-58）。这是目前中国所能见到的最早的大袖衫实物，具有极其重要的研究价值。《宋书·周郎传》记载："凡一袖之大，足断为两，一裾之长，可分为二。"与这段文献对应的是河北磁县湾漳北朝墓出土的身穿大袖衫人物陶俑（图4-1-59）。英国设计师亚历山大·麦昆（Alexander McQueen）和清华大学美术学院王胜楠都曾设计过具有夸张大袖造型的时装作品（图4-1-60）。

图4-1-58 北朝绞缬绢大袖衫（新疆营盘出土）

图4-1-59 身穿大袖衫人物陶俑（河北磁县湾漳北朝墓出土）

Alexander McQueen 2008 春夏高级成衣　　王胜楠时装作品

图 4-1-60

从资料来看，衫可能在东汉末年产生，流行于魏晋。衫的出现和普及与当时魏晋时期老庄学说的流行有关。衫与袍相比，不仅衣袖宽博，而且采用的是对襟，自然更具有"放浪形骸"的姿态。此外，大袖衫的流行还与当时服用"五石散"的风气有关。五石散自汉代出现，至魏晋时因玄学宗师之一何晏的服食而大行于世。五石散对年迈体虚、阳气偏衰者，有一定的助阳强体作用，但许多人妄图借此实现虚幻的神仙梦而长期服用，造成很大的身体伤害。

当人食用了"五石散"后，人体经常会发热，衣衫宽松，利于散热。服食"五石散"是当时有钱人的时髦，许多吃不起的人也会躺在路旁假装药性发作以摆阔气，一副生怕不服食就跟不上时代的样子。

除了流行小冠，魏晋时期，巾的地位起了显著的变化，逐渐成为士大夫阶层的常服。汉魏时期的头巾有两大特点：一是选用的材料特别丰富，有葛、缣、縠、疏、缟、鞨、纱和鸟羽等；二是款式多样，富于变化，其中主要有幅巾、葛巾、解巾、角巾、菱角巾、乌纱巾等。此时期的头巾多是率先被折叠成型，用时直接戴在头上，无须系扎。相传诸葛亮当年在渭滨与司马懿交战，不着甲胄，仅以纶巾束首，指挥三军。上述头巾，大多是一幅布帛，使用时顶覆在头部，临时系扎。

（二）袴褶裲裆

魏晋南北朝在继承汉式峨冠博带、宽衣大袖的法定祭祀礼仪服饰之外，受北方游牧民族的影响，使得袴褶服也成为当时最为常见的装束。这一服装除了用于家居闲处外，有时还用于礼见朝会。袴褶服是一种由上褶和下裤组成的二部式服装。

据《急就篇》记载："褶谓衣之最在上者也，其形若袍，短身而广袖，一曰左衽之袍也。"又《资治通鉴·陈宣帝太建十四年》载有"以其褶袖缚之"，元胡三省注："褶，音习，布褶衣也，今之宽袖。"由此可知，褶是衣身较短、袖子宽大的上衣。褶始为西北少数民族的骑服，故初为左衽，在盛行于南北朝后，按汉族传统变为右衽。

袴褶的裤是用作外衣的肥大、散口的裤子，这是区别于作为内服用的袴（无裆的胫衣）和裈（连裆的裤）。《魏志·崔琰传》记载，魏文帝为皇太子时，穿袴褶出去打猎，有人劝谏他不要穿这种异族的服饰。稍后，上至皇帝，下至平民百姓都以穿袴褶为尚。东晋诸侍官戎行之时，不服朱衣而悉着袴褶从。到了后魏，袴褶可以用作常服和朝服。南朝时的袴褶，衣袖和裤管更宽大，即广褶衣、大口裤。因为裤口肥大，为了更利于活动，人们在裤腿的膝盖下用丝带扎束，这种形式的裤子称为"缚袴"（图4-1-61）。

图 4-1-61　河南邓州彩色画像砖上的头戴卷檐帽、身穿襦衣、缚口裤的乐伎仪仗人物像

图 4-1-62　身着袴褶、外套裲裆的人物陶俑
（河北磁县湾漳北朝墓出土）

图 4-1-63　唐彩绘着裲裆甲文官俑（陕西礼泉县郑仁泰墓出土）

　　隋承北周旧俗，袴褶的使用更为广泛，不仅为皇帝田猎豫游、皇太子从猎之服，也可作官员的公服、武官侍从之服和卤薄乐舞之服。到了唐代，袴褶成为正式场合穿的朝见之服。至唐末，袴褶之制始渐废弃。

　　与袴褶相配的还有裲裆。裲裆，亦作"两当""两裆"，其长仅至腰，无袖，只有前后襟以蔽胸背，《释名·释衣服》载："裲裆，其一当胸，其一当背，因以名之也。"裲裆最初由古代北方少数民族军服的裲裆甲演变而来，在魏晋南北朝时期用作戎服和常服（图 4-1-62），至隋唐时期也用于朝服。裲裆既可保持躯干温度，还不增加衣袖厚度，男女都可穿着。大多数情况下，裲裆被穿在交领衣衫之外，《晋书·舆服志》载："元康末，妇人衣两裆，加乎交领之上。"这种穿在外面的裲裆，一般用罗、绢及织锦等材料做成，再施以彩绣（图 4-1-63），如《玉台新咏·吴歌》诗云："新衫绣两裆，连置罗裙里。"新疆吐鲁番阿斯塔那晋墓出土的"丹绣裲裆"，在红绢地上用黑、绿、黄三色丝线绣成蔓草纹、圆点纹及金钟花纹，四周另以素绢镶边，衬里则用素绢，两层之间纳以丝绵。

（三）上俭下丰

　　到了魏晋时期，汉代流行的"三重衣"特征已经不明显了。女服款式承袭秦汉的遗俗，一般上身穿襦、衫、袄，下身穿裙。其整体造型如干宝《晋纪》和《晋书·五行志》称此时女装为"上俭下丰"。上下一体式女袍的腰线已经由胯部提升腋下，用腰带系束，袍摆很大，托地成椭圆状，如晋代顾恺之所绘《列女仁智图》（图 4-1-64）、《女史箴图》中的女性形象（图 4-1-65）；上下分体式的襦裙女装也是上衣合体窄小，裙多褶裥肥大，裙摆及地。

图 4-1-64 晋代顾恺之所绘《列女仁智图》

图 4-1-65 《女史箴图》中的女性"垂髾"发式

图 4-1-66 东晋女陶俑（江苏南京出土）

图 4-1-67 长裙妇女彩绘俑（陕西西安草场坡出土）

图 4-1-68 西汉彩绘骑兵俑（陕西咸阳杨家湾墓地出土）

图 4-1-69 彩绘木俑（湖北江陵凤凰山168号墓出土）

曹植《洛神赋》载："秾纤得衷，修短合度。肩若削成，腰如约素。"南梁庾肩吾《南苑看人还诗》云："细腰宜窄衣，长钗巧挟鬟。"这些诗句都是在咏魏晋时期女性的窄式衣装之美。其形象如江苏南京出土的东晋女陶俑（图 4-1-66）、陕西西安草场坡出土的长裙妇女彩绘俑（图 4-1-67）。

（四）袿衣杂裾

袿衣是魏晋时期贵妇的常服。汉代刘熙《释名·释衣服》载："妇人上服曰袿，其下垂者，上广下狭，如刀圭也。"袿衣是一种长襦，以缯为缘饰，曲裾绕襟，底部有裾，形成上宽下窄、呈刀圭形的两尖角，如陕西咸阳杨家湾墓地出土的西汉彩绘骑兵俑的背面下摆处（图4-1-68）。女子穿袿衣时，里面一般穿裙子，如湖北江陵凤凰山168号墓出土的彩绘木俑（图4-1-69）。袿衣可追溯到战国时期，《楚辞》曰："玄鸟兮辞归，飞翔兮灵丘。修余兮袿衣，骑霓兮南上。"东汉经学家郑玄认为翟衣就是袿衣，所谓"杂裾垂髾"是也。袿衣在南朝演变为袆衣。隋朝皇后谒庙服亦袿褕大衣，祠郊禖以褕狄，该样式逐渐被神化为神仙服饰。

（五）华带飞髾

魏晋时期还有将三角形的垂髾连缀成"复裙"式样。其上缝缀称为"襳"的长飘带，显现出天衣飞扬和乘风登仙的气韵。因为，这些三角形的飘带随风飘动时如燕子飞舞，故有"华带飞髾""扬轻裾之狗靡兮"的描写。顾恺之《洛神赋图》中的神女穿着的也是这样的服饰（图4-1-70），即曹植《洛神赋》中所描述的"披罗衣之璀璨兮，珥瑶碧之华琚。戴金翠之首饰，缀明珠以耀躯，践远游之文履，曳雾绡之轻裾。"曹植《美女篇》中也称："罗衣何飘飘，轻裾随风还"。此外，为与"杂裾垂髾"相配，东汉至魏晋时期的女性还在盘成的双髻和高髻后垂下一撮头发，被称之"垂髾"或"分髾"。

图 4-1-70　传顾恺之《洛神赋图》中的神女形象

第二节 西方：罗马

大约在公元1000年前，意大利本土居住着许多部落，最重要的是位于意大利半岛中西部的拉丁人（latins）。他们很早就和希腊通商，并从希腊人那里学到了许多有益的东西。他们借用了希腊字母，学习了希腊战术和绘画、雕刻等艺术技巧，极大地丰富了意大利本土的文化。从公元前9世纪开始，一些希腊人渡海来到意大利南部和西西里岛，建立了许多殖民点，把更多的希腊文化融入意大利本土的文化中。传说在公元前753年，被希腊人打败的特洛亚人的后裔，从小亚细亚渡海来到意大利，在台伯河边建立了罗马城，之后逐渐强大并征服了整个意大利。公元前1世纪，它征服了希腊，称霸地中海，成为横跨欧亚非三洲的奴隶制大帝国。由于奴隶起义和外族的反抗，摇撼着它的宝座。为了便于统治，公元4世纪末，出现了两个皇帝东西分治。东罗马以君士坦丁堡（即土耳其的伊斯坦布尔）为首都，又称拜占庭帝国。西罗马在公元476年为日耳曼人所灭，失去本土的东罗马帝国开始向封建社会过渡，所以，古代奴隶制的罗马实际已随西罗马的灭亡而灭亡。

古罗马帝国时期的建筑极具特点，如从共和时期就开始兴建的罗马大斗兽场（图4-2-1），呈椭圆形，长轴为188米，短轴156米，占地2万平方米，可容8万观众。又如，君士坦丁凯旋门（图4-2-2），是为庆祝君士坦丁大帝战胜强敌、统一帝国，是罗

图 4-2-1　古罗马时期修建的大斗兽场

马城现存的三座凯旋门中年代最晚的一座。凯旋门充满了各种浮雕，是一部生动的罗马雕刻史。

古罗马人服装属于披裹式的半开衣。从发展史看，古罗马文化和古希腊文化有着密切联系。当古罗马人征服希腊以后，更是对古希腊的文化艺术大

加推崇发扬，与罗马文化融会贯通。我们从服饰上也看到了它们的一致性。但是，由于古罗马是贵族专制的共和国，文化艺术多为帝王将相和贵族服务，更多地表现贵族的情趣爱好，因此古罗马服饰比古希腊服饰更加贵族化，更为奢侈、华丽。

服饰的面料有轻软的羊毛织物和亚麻布，后期的罗马已从东方引进了昂贵的轻薄美丽的丝织物。为了织绢，公元 533 年在东罗马已设有专门的织布机，原料从东方输入。巴里奥、卡罗乌斯皇帝（公元 218—222 年）是最早穿用绢衣的人，以后为罗马的贵族，尤其是贵妇们争相竞穿。

一、古罗马长袍

托加（Toga，也称罗马长袍）是一种象征罗马人身份的披缠外衣（图 4-2-3）。在王政时代的250 年间男女均可穿着，到共和制时代，只有男子才能穿着，女子只能穿斯托拉（Stola）及帕拉（拉丁语为 Palla），没有罗马公民权者则被禁止穿着托加（Toga）。它和希腊裹缠型外衣希玛申（Himation）近似，不过希玛申（Himation）为方形，托加（Toga）呈半圆形。意大利塔尔奎尼亚地区墓壁画中人物裹缠的外衣，很可能是古罗马 Toga 的原型（图 4-2-4）。

托加（Toga）最显著的特点是其超大、超长的尺寸——长约 540 厘米，最多达穿者的三倍身高；宽约 180 厘米，最多达穿者的两倍身高（图 4-2-5）。这个比例并不是恒定不变的。其半圆的两尖端有小重垂物，其中一端在前身膝部下垂，上面从胸前向左肩披过，经背后绕至右腕或右腋下，经过胸前再搭回左肩并向后背垂下，整个右腕或左臂可以自由活动。两端所系的小重物垂下来，使身上托加（Toga）的褶裥顺势向下悬垂，造型很美。

托加（Toga）一般为羊毛织物做的裹缠衣，既厚重又宽大，可想而知其褶裥也是十分沉重而有深度，显出庄重高贵的外观，尤其当男性公民穿着庞大厚重、衣褶百重的托加（Toga）时，更是潇洒而又威武，形成罗马人特有的高傲气派，例如古罗马《奥古斯都像》（图 4-2-6）《捧着祖先头像的罗马人》

图 4-2-2 君士坦丁凯旋门浮雕

大理石像的罗马贵族（图 4-2-7）。这组雕像通体使用写实手法，着重刻画头部，身体被繁复的衣褶覆盖，质感很强，与头部形成繁简的对比。

古罗马女性穿托加（Toga）时往往会在里套从古希腊女装那继承下来的希顿（Chiton，图 4-2-8），把头部也一起裹缠起来（图 4-2-9）。就类别而言，托加（Toga）是一种外衣，古罗马女性会与古希腊服装相比，罗马女装制作服装的布料用量巨大，表现出更多的衣褶效果和体积感。女装不仅可以选用毛织物和麻织物来制作，还可用从东方进口的华美丝绸制作。棉布也成为女装的制作原料。虽然每件裹缠衣托加（Toga）的款式都一样，但经人穿着后形成的立体造型皆然不同，随人体动作和包缠中的微小区别而产生变化。托加（Toga）的缺点是有碍于人进行大幅度动作，所以到罗马晚期，托加（Toga）的形制又逐渐细小变窄，或者只在隆重的礼节性场合穿着（图 4-2-10）。以托加（Toga）为原形的时

图 4-2-3 古罗马时期人物着装复原像

图 4-2-4 Triclinium 墓壁画中身披裹缠式外衣的人物（左边）

图 4-2-5 古罗马 Toga

图 4-2-6 奥古斯都像

图 4-2-7 捧着两个祖先头像的贵族

装设计作品比较多，如某国际服装品牌 2008 秋冬高级成衣（图 4-2-11）、让·保罗·高缇耶（Jean Paul Gaultier）2012 春夏高级成衣（图 4-2-12）。法国设计师达米尔·多玛（Damir Doma）更是擅长裹缠式时装设计（图 4-2-13）。其 2008 年秋冬的设计风格充满诗意，透露一种松散而凝神的风范，如一篇散文，形散而神不散。

图 4-2-9 身穿 Toga 的罗马女性

图 4-2-8 庞贝壁画中的女性着装

图 4-2-10 罗马晚期的 Toga

图 4-2-11 某国际服装品牌 2008 秋冬时装

图 4-2-12 Jean Paul Gaultier 2012 春夏时装

图 4-2-13　Damir Doma 2008 秋冬时装

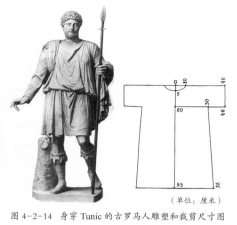

（单位：厘米）

图 4-2-14　身穿 Tunic 的古罗马人雕塑和裁剪尺寸图

图 4-2-15　Tarquinia 地区 Triclinium
墓壁画身穿佩奴拉的人物像

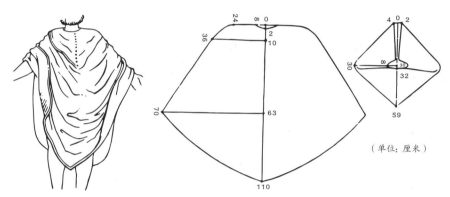

（单位：厘米）

图 4-2-16　Paenula 着装和裁剪图

　　丘尼卡（Tunic）是一种有连袖的宽敞筒形衣（图 4-2-14），有时可穿内外两件，内层较短小，外层较长大，成为平日的简便装束，必要时再把托加（Toga）套在外边。希腊人一般只穿单层衣服，而罗马人习惯穿双层衣服。因此，内层衣就逐渐变为紧身的长筒形衬衫了，一般都长于膝下，男服用羊毛织物，女服用亚麻布制做。罗马男性也穿古希腊克拉米斯（chlamys）式斗篷，只是更长更大，常有精致华丽的装饰。

　　佩奴拉（Paenula）是一种钟形的作防寒、防雨的外套（图 4-2-15）。多数佩奴拉（Paenula）是在整片面料上开领洞制成，但偶尔也有在身前留有开口的式样（图 4-2-16）。佩奴拉（Paenula）一般都带有风帽，沿颈部一周与衣服相连，前胸部分有开口，在顶端用别针固定。佩奴拉的裁剪方法可以有许多小变化，有的没有风帽，有的四周长度一样，有的两边的长度比前后要短，有的背面要长达某一点，而这个点有时也会有变化。佩奴拉（Paenula）一般

用编织紧密的粗羊毛材料，有时也用软皮革制作。

　　在希腊文化的影响下，公元前 4 世纪的古罗马女服出现了模仿雅典女人的爱奥尼亚式希顿（Ioric chiton）的斯托拉（Stola）和模仿希玛纯（Himation）外衣的帕拉（Palla）。古罗马的女子都穿宽松长袍和披巾，其采用既薄又透、不经缝制的面料组成，包缠或披在身上，有时用腰带捆住挂在身上。"丝绸之路"的开辟使得来自遥远东方中国的精美丝绸传入了古罗马，这让古罗马的贵族爱不释手，贵妇们更是不惜花费昂贵的价格来达到自己追求时尚的目的。

　　除了男女共用的无性别差异服饰，古罗马女性通常在丘尼卡（Tunic）外面外衣穿斯托拉（Stola）。它的缝制方式继承了古希腊爱奥尼亚式希顿（Ioric chiton）用别针在肩部固定的形式。其衣长超过脚踝，额外的长度被提起来，在腰间或乳下和低腰处各系一条带子，腰身系带和裙摆处垂褶细密。有的斯托拉（Stola）有袖，有的无袖。

女式披肩帕拉（Palla）是古罗马女性缠绕在丘尼卡（Tunic）或斯托拉（Stola）上的一块大约9英尺长、5英尺宽的长方形麻或毛织物裹缠衣（图4-2-17）。亚历山大·福提（Alexandre Vauthier）2012春夏以斯托拉（Stola）为灵感的时装设计（图4-2-18）。穿着时，通常是先把布搭在左肩上，使前边部分长及脚，后面部分根据穿着者的意愿或者从右臂上面或者从下面松松地绕回到前面来，再一次通过左肩、左臂垂在后面。有时，帕拉（Palla）还被拉到头上兼作面纱。当妇女坐着或者处于一种更加放松的姿势时，也可以把帕拉披挂在手臂上。妇女外出时，要用帕拉遮盖住自己的身体和头部（图4-2-19）。在古罗马人看来，这样做既可以避寒或者避免不得体的显露，又可以避开任何邪恶的眼睛。

古罗马人对美的关心与希腊人一样，比起衣服的外在美，更注重人体本身的魅力。因而在发型、化妆术和各种服饰品的开发上很下功夫。公元前2世纪，罗马出现了理发店，上流阶级有专职美容的奴隶。女子发型初期把发辫盘在头上，后期越发复杂，甚至有的贵族家里有专门设计发型的奴隶（图4-2-20）。

二、人形铠甲

讲究奢侈而又好战的罗马人，军服设计也用尽心思（图4-2-21）。古罗马盔甲有鱼鳞甲、锁子甲，以及源自古希腊并经过优化设计的板甲（图4-2-22）。士兵们在盔甲外面套红色或白色长袍，高级指挥官则披白色羊毛斗篷。最高统帅即皇帝的铠甲非常华丽，上面有精致而优美的浮雕（图4-2-23），下面有短的百褶裙。好莱坞电视剧《罗马》再现了恺撒大帝与罗马兵团（图4-2-24）。

在1960年，法国时装大师伊夫·圣·洛朗（Yves Saint Laurent）以古罗马武士的胸甲造型为灵感，设计了与时装搭配的金色胸衣和腰封（图4-2-25）。

图4-2-17 古罗马壁画中女子形象

图4-2-18 Alexandre Vauthier 2012春夏时装

图 4-2-19 身穿 Stola 和 Palla 古罗马女性雕像

图 4-2-20 古罗马壁画中的女性

图 4-2-21 古罗马戎服

图 4-2-22 古罗马鱼鳞甲和板甲

图 4-2-23 普莱马波尔塔的奥古斯都

图 4-2-24 好莱坞电视剧《罗马》中的恺撒大帝与罗马兵团

其后，三宅一生（Issey Miyake）于1980年设计了红色漆革胸衣（图4-2-26）。原本属于男性防护用具的胸甲被做成了女性胸衣，其服用功能发生了巨大转变。意大利品牌普拉达（Prada）2009秋冬高级成衣，在冷色调和昏暗的灯光中，模特脸上凄冷的化妆、严肃的面目表情，加之用铆钉皮裙、深V连衣裙、罗马武士鞋，以及抓在手中头盔形状的

手包真实地再现了古罗马武士形象（图4-2-27）。法国时装品牌芬迪（Fendi）2012秋冬高级成衣，头戴盔状头饰的模特，武士腰封与厚宽肩形成对比，加之短裙和武士靴，阐释了"要像罗马人一样生活"的设计主题（图4-2-28）。而意大利品牌华伦天奴（Valentino）2015年秋冬高级成衣则以金色皮革、黑色亮缎、蕾丝再现罗马武士，充满了尊

图4-2-25　Yves Saint Laurent 金色胸衣和腰封

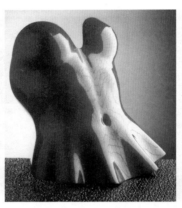

图4-2-26　Issey Miyake 红色漆革胸衣

图4-2-27　Prada 2009 秋冬女装秀场

图4-2-28　Fendi 2012 年秋冬高级成衣

图4-2-29　Valentino 2015 年秋冬高级成衣

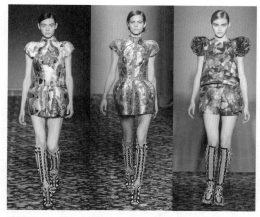

图4-2-30 某国际服装品牌2008春夏高级成衣

图4-2-31 KTZ2015春夏

图4-2-32 ÚNA BURKE 的盔甲

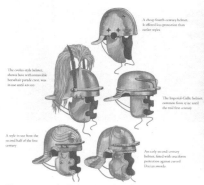

图4-2-33 古罗马军团士兵头盔

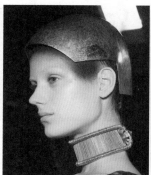

图4-2-34 Alexander McQueen 设计的金色女盔帽

图4-2-35 盔上有纵列马鬃
装饰的军团指挥官

贵感（图4-2-29）。此外，还有某国际服装品牌（图4-2-30）和伦敦品牌KTZ（图4-2-31）也设计了古罗马武士时装。爱尔兰配饰设计师ÚNA BURKE运用传统制皮技巧，借鉴古罗马武士盔甲造型，创作了颈部、肩膀、小腿、束腰及手臂等部分独立穿着皮革配饰（图4-2-32）。

古罗马军团士兵头盔都没有盔冠装饰（图4-2-33），英国设计师亚历山大·麦昆（Alexander McQueen）做过一款以此为灵感的女式金色盔帽饰。为了突出质感，女模特的额头还喷了黑漆（图4-2-34）。而头盔上有纵列马鬃装饰的一般多是古罗马军团指挥官（图4-2-35），盖乌斯·屋大维·图里

努斯（Gaius Octavius Thurinus）建立的罗马禁卫军全部使用纵列马鬃做头盔装饰（图4-2-36），百夫长则是横列马鬃装饰（图4-2-37）。其实这种装饰着马鬃的头盔真正使用的时间很短，除了不利于对盔顶的加固防御外，主要是太过显眼，容易成为敌人的射杀目标。另外，盔冠马鬃不利于对盔顶的加固防御，所以后期古罗马头盔顶部都进行了十字边条加固。此外，古罗马人还将头盔上的马鬃涂上与盾牌、服装统一的颜色，用以作为部队的标志。曾被视为亚文化代表的朋克（Punk）人群的标志性扇形鸡冠头就是对古罗马头盔的模仿（图4-2-38）。英国设计师约翰·加利亚诺（John Galliano）在迪

图 4-2-36 古罗马禁卫军形象　　　　图 4-2-37 盔上有横列马鬃　　图 4-2-38 留鸡冠头的朋克
　　　　　　　　　　　　　　　　　　　　　装饰的百夫长

图 4-2-39 Dior 2002 秋冬高级成衣

奥（Dior）2002 秋冬高级成衣中推出以此为灵感的彩虹色针织毛线帽（图 4-2-39）。利用古罗马武士盔甲进行时装化设计的最经典案例当属耐克公司为美国篮球运动员科比·比恩·布莱恩特（Kobe Bean Bryant）专属打造的科比·门徒系列的"Y"型标志（图 4-2-40）。这个被广泛使用的产品标志，源自古罗马武士戴上头盔后露出的面孔。耐克公司希望以此将科比塑造成为一名勇敢的罗马武士，并以此提升该系列产品的文化价值和精神意义。

三、罗马鞋靴

古罗马人在制作靴鞋方面，效仿和继承了古希腊人的高超技艺。平时，罗马人在室内穿拖鞋，用皮革或草席制成（图 4-2-41）。上街穿皮鞋，脚跟和脚面部分用大块皮子做出合脚形状并用带子系结，脚趾露在外面。贵族和长官的鞋用高级皮革制作并用金银装饰。也有一些露趾武士靴，上面装饰着精美的花纹和作凶悍状兽头，极其精美奢华（图 4-2-42）。古罗马时期带有粗犷风格的角斗士鞋（Gladiator sandals）是非常重要的一种时尚元素，平底、以漆皮或彩色皮质拼接，并带有精致的交叉绑带设计，沙土色、咖啡色、原皮色等是古罗马角斗士鞋的主流色彩（图 4-2-43）。普拉巴·高隆（Prabal Gurung）2013 秋冬高级成衣（图 4-2-44）、麦克斯·阿兹利亚（Max Azria）2012 年春夏高级成衣（图 4-2-45）中都有古罗马武士靴的造型设计。

图 4-2-40 耐克科比·门徒系列

图 4-2-41 古罗马武士鞋

图 4-2-42 古罗马武士鞋

图 4-2-43 古罗马时期带有粗犷风格的角斗士鞋

图 4-2-44 Prabal Gurung 2013 秋冬

图 4-2-45 Max Azria 2012 春夏

图 4-2-47 Valentino 2015 秋冬作品

图 4-2-46 古罗马彩色人物烛台

图 4-2-48 古罗马壁画中的人物

四、颜色信仰

古罗马染色技术日趋丰富，甚至罗马时期的城市中出现了专门的染色店，可以染出紫、红、蓝、黄等颜色。古罗马彩色人物烛台实物中可见当时的黄色和红色（图 4-2-46）。华伦天奴（Valentino）2015 年秋冬作品再现了古罗马红色托加的女性形象（图 4-2-47）。古罗马人穿的托加（Toga）的颜色以白色、深红色、紫色为主，也有浅绿、浅蓝等色彩。白色被认为是纯洁正直的象征，紫色提取自地中海的一种贝壳，象征高贵。古罗马遗址壁画（图 4-2-48）、油画作品《颓废的罗马人》（图 4-2-49）和《凯撒之死》（图 4-2-50）中即可见身穿白色、浅绿、浅黄、深红和紫色托加（Toga）的罗马人。官吏、神职人员以及年满 16 岁的贵族，穿有紫色边饰的托加（Toga）；高级官吏、将军和皇帝的托加（Toga）是绣有金星纹饰的紫色托加（Toga）。但官员的候选人也穿白色，以象征其品德纯正。元老院议员的袍服装有两条宽的紫色装饰带克拉维（clavi），从上身胸前领口下直到裙下；骑士的袍服上装饰带比较窄。这种显示身份的有条纹的衣服，后来演变为教会神职人员的专用服装。一般市民只能穿未经染色的羊毛托加（Toga），很朴素。以古罗马为设计灵感的阿尔伯特·菲尔蒂（Alberta Ferretti）2008春夏高级成衣（图4-2-51）、安妮·瓦莱丽·哈什（Anne Valérie Hash）2009春夏高级成衣（图4-2-52）、朗万（Lanvin）2011春夏高级成衣（图4-2-53），以白色、暗红、黑色、灰色等色彩和最具代表性的裹缠式服装造型演绎了古罗马风情。

图 4-2-49 托马斯·库提尔油画《颓废的罗马人》（1847 年）

图 4-2-50 杰洛姆油画《凯撒之死》

图 4-2-51 Alberta Ferretti 2008 春夏作品

图 4-2-52 Anne Valérie Hash 2009 春夏作品

图 4-2-53 Lanvin 2011 春夏作品

第五章 公元 5—10 世纪服装

中外服装史

第一节 中国：隋唐

隋：公元 581—618 年

唐：公元 618—907 年

五代：公元 907—960 年

公元 581 年，隋文帝杨坚建立隋朝，结束了东晋以来中原地区长期混乱、分裂的局面，重新建立起专制主义的统一封建王朝。但由于统治阶层纵情享乐，隋朝统治仅维持了 30 余年，仅成为大唐盛世的前奏。

公元 618 年，李渊（图 5-1-1）建立起的唐王朝逐步成为当时世界上最富强繁荣和文化昌盛的封建帝国之一。李世民为唐高祖李渊次子，也是唐朝第二位皇帝（图 5-1-2）。其势力范围东北至朝鲜半岛，西达中亚，北至蒙古，南达印度。京城长安不仅是国内政治、经济、文化中心，也是当时颇具影响力的国际性大都市。当时与唐朝政府有过往来的国家和地区曾达 300 多个，正如诗人王维在《和贾至舍人早朝大明宫之作》中所描绘的"万国衣冠拜冕旒"的盛况，每年有大批的留学生、外交使节、客商、僧人、歌舞艺人（图 5-1-3）往来于长安。广泛的民族交流和文化融合，使唐代服装呈现出多姿多彩的生动局面。

一、汉式礼服

隋唐时期，中国在政治上又一次南北统一，但服装却分成两类：一类继承了中原地区农耕文明传统的汉式冠冕衣裳，用作祭服、朝服和较朝服简化的公服；另一类则吸取了北方游牧民族的特点，使用便捷实用的幞头、圆领缺胯袍和乌皮靴，用作平日的常服。需要说明的是，隋唐以前，中国历代政府所制定的各种服饰制度多针对朝服和祭服。隋唐以后，公服和常服也纳入了服饰制度的范围，从而补充和完善了中国古代服饰制度。农耕文明和游牧民族服饰的双轨制形成，适应了中国古代社会礼仪制度和日常生活的实际需要。

图 5-1-1 明人绘《唐高祖李渊像》

图 5-1-2 明人绘《唐太宗李世民像》

图 5-1-3 三彩骆驼载乐俑（陕西西安唐右领军卫大将军鲜于庭诲墓出土）

唐朝冠服，在继承隋制的基础上有所损益。唐高祖武德四年（公元621年）定《衣服令》，皇帝冠服有大裘冕、衮冕、鷩冕、毳冕、絺冕、玄冕、通天冠、缁布冠、武弁、弁服、黑介帻、白纱帽、平巾帻、白帢共十二种；皇太子冠服有衮冕、远游冠、乌纱帽、弁服、平巾帻、进德冠共六种；群臣之首服有衮冕、鷩冕、毳冕、絺冕、玄冕、平冕、爵弁、武弁、弁服、进贤冠、远游冠、法冠、高山冠、委貌冠、却非冠、平巾帻、黑介帻、介帻共十八种。

此时的交领服分为礼服和便服两类，前者用于礼仪场合，后者用于私家燕居。其式样如敦煌莫高窟第220窟唐贞观时期（公元627—649年）壁画《维摩诘说法图》中身穿冕服的唐代帝王像（图5-1-4）、陕西乾县唐章怀太子李贤墓墓道东壁壁画唐景云二年（公元711年）《礼宾图》中头戴漆纱笼冠的人物（图5-1-5），身穿交领大袖衫和下裳，腰系大带，革带挂蔽膝，足蹬岐头履。尤其引人注目的是背向人物身后悬挂的绶带。该物即为钱起《送河南陆少府》"云间陆生美且奇，银章朱绶映金羁"中的"绶"。五品以上官员朝服佩双绶，唐代刘禹锡《奉和淮南李相公早秋即事，寄成都武相公》载："步嫌双绶重，梦入九城偏。"元稹《酬乐天喜邻郡》载："蹇驴瘦马尘中伴，紫绶朱衣梦里身。"

唐代沿袭汉代服饰制度，官员在袍服外要佩挂绶带。绶是用彩丝织成的长条形饰物，系于腹前及腰侧。最初，绶只是作为联结玉器的实用物品，后来演变成祭服、朝服等礼服上用来区分等级的饰品。绶带，先将丝缕编成丝带，再用丝带交织成片，故质地较普通布帛厚，织纹也较普通布帛粗。

二、服色等级

隋唐以后，标志官职身份的汉式冠帽被大力简化，无官职等级区分的常服使用普遍，促成了以不同服色区分身份贵贱、官位高低等序的"品色服"制度。据《隋书·礼仪志》记载，隋炀帝大业六年（公元610年）则明确规定："五品以上，通著紫袍；六品以下，兼用绯绿。胥吏以青，庶人以白，屠商以皂，士卒以黄。"至唐上元元年（公元674年），

图5-1-4 唐贞观时期壁画《维摩诘说法图》中身穿冕服的唐代帝王像（敦煌莫高窟第220窟）

图5-1-5 唐景云二年《礼宾图》（陕西乾县唐章怀太子李贤墓墓道东壁壁画）

《旧唐书·高宗纪》记载高宗敕文："文武官三品以上服紫，金玉带；四品深绯，五品浅绯，并金带；六品深绿，七品浅绿，并银带；八品深青，九品浅青。"九品职官服色各异，清楚地显示出穿者的身份等级、品序大小。白居易《琵琶行》："座中泣下谁最多？江州司马青衫湿"和《初授秘监，拜赐金紫，闲吟小酌，偶写所怀》："紫袍新秘监，白首旧书生"的诗词中，也表露了这种由政治地位变化而反映于服色变化的情况，以及由此带来诗人黯然无奈的心境。比青衫略高一级的是浅绿，元稹《寄刘颇二首》载："无限公卿因战得，与君依旧绿衫行。"其如甘肃庆城县赵子沟村穆泰墓出土的彩绘

图5-1-6 彩绘武官俑（甘肃庆城县赵子沟村穆泰墓出土）

图5-1-7 陕西咸阳礼泉县出土唐代三彩文官俑

图5-1-8 传阎立本绘《步辇图》中的圆领袍

图5-1-9 圆领袍木俑（新疆吐鲁番阿斯塔那206号墓西州张雄夫妇墓出土）

武官俑所穿上衣颜色（图5-1-6）。元稹《酬乐天喜邻郡》载："蹇驴瘦马尘中伴，紫绶朱衣梦里身。"白居易《郡中春宴，因赠诸客》载："暗澹绯衫故，斓斑白发新。"陕西咸阳礼泉县唐三彩文官俑穿的就是朱衣（图5-1-7）。

自从"品色服"制度实施后，"青红皂白"便成了官服和民服用色的界限分野。唐代由于黄色成为帝王之色，紫、绯及香色又为达官贵人服饰所用，因此，这类颜色被封建统治者列为贵色而禁止使用。据《宋史·舆服志》记载："庶人、商贾、伎术、不系官怜人，只许服皂、白衣、铁、角带，不得服紫。"至明代，官服使用的红色、青色也被禁穿，如何孟春《馀冬序录》载："庶人妻女……其大红、青、黄色悉禁勿用。"

三、圆领常服

尽管服饰礼制完备，然则《衣服令》颁布不久，据《旧唐书·舆服志》记载，唐太宗"朔望视朝以常服及白练裙、襦通著之。"传唐代阎立本绘《步辇图》中的唐太宗就是穿着圆领袍。开元十一年（公元723年），玄宗又废大裘冕，皇帝的服装只用衮冕服、通天冠服和幞头常服三种。自中晚唐时，礼服的角色已逐渐让位于常服，常服受朝已成为惯例。将常服纳入服色制度，一方面使服色制度更趋严密，并扩大了其适用范围。另一方面，正是由于常服的各种规定渐趋严整，使得在日常生活中穿着的常服

图5-1-10 Giorgio Armani 2005春夏高级成衣

逐步取代了朝服、公服的地位。至文宗元正朝会时，祭服、朝服等礼服更是备而不用，成为具文。

唐代常服为幞头、圆领袍、銙带、乌皮靴。

圆领袍，亦称团领袍，是指右襟需固定于左肩之上，然后顺左肩向腋下掩盖（图5-1-8）。其领部正适合纽扣闭合，而圆领袍属于胡服，是隋唐时期士庶、官宦男子，在祭祀、典礼等礼仪场合之外的日常服装。因为圆领袍在唐代属于常服，所以各阶层都可穿着。新疆吐鲁番阿斯塔那206号墓西州张雄夫妇墓出土的木俑身穿的也是黄绢圆领袍（图5-1-9）。意大利设计师乔治·阿玛尼（Giorgio Armani）2005年春夏高级成衣设计中就有以圆领和幞头为灵感的设计（图5-1-10）。

在《步辇图》中左侧站立三人中间穿锦袍者是吐蕃使者禄东赞，他的服饰显示了波斯、河中等地

人民以锦制袍的传统。唐诗中有温庭筠《醉歌》"锦袍公子陈杯觞，拨醅百瓮春酒香"的诗句。以锦制袍，名曰"锦袍"。唐代《初学记》将锦与金银、珠玉等并置，统署"宝器部"。在唐诗中，涉及锦的内容很多，如徐凝《春雨》载："昨日春风源上路，可怜红锦枉抛泥。"杜甫《白丝行》载："缫丝须长不须白，越罗蜀锦金粟尺。"罗隐《绣》载："蜀锦谩夸声自贵，越绫虚说价功高。"可见，唐代已经开始广泛使用"锦"这种材料制作衣物。

锦是用两种以上彩色丝线纺织而成的显花多重织物。在隋唐时期，锦的组织结构为平纹纬显花与斜纹纬显花，这种工艺来自中亚、西亚，与中国传统的经显花织锦（经锦）有很大不同，克服了经锦花色单调、显花质量不稳定的缺点。唐朝政府为了保证"锦袍"消费的巨大需求，在少府监所辖织染署专设了织锦作坊，甚至还将模仿域外样式的"蕃

客锦袍"列为扬州广陵郡的"土贡"。

锦袍在唐代诗词中出现频率极高，如王昌龄《春宫曲》载："平阳歌舞新承宠，帘外春寒赐锦袍。"这是一种在领、襟、袖等处缘边装饰织锦的圆领或翻领袍（图5-1-11～图5-1-13）。受波斯文化影响，唐代联珠纹以圆形为骨架，边圈饰联珠，内填四骑猎狮（图5-1-14）、鹿（图5-1-15）、雁（图5-1-16）、野猪（图5-1-17）、狮、象、鹰、天马、羚羊、骆驼等珍禽异兽装饰纹样。这些纹样多是萨珊艺术热衷表现的主题，反映了萨珊贵族狩猎和宫廷聚会的生活方式。野猪纹是波斯袄教崇尚的战神韦雷斯拉格纳的化身之一。意大利品牌华伦天奴（Valentino）2014年春夏高级女装中使用了联珠纹图案进行时装设计（图5-1-18）。

图5-1-11 彩绘陶胡人俑（甘肃庆城县赵子沟村穆泰墓出土）

图5-1-12 彩绘陶胡人俑（甘肃庆城县赵子沟村穆泰墓出土）

图5-1-13 传阎立本绘《步辇图》中的吐蕃使者

图5-1-19 唐代宝相花琵琶锦袋（日本正仓院藏）

图5-1-14 联珠四骑猎狮纹锦（日本京都法隆寺藏）

图5-1-15 唐代联珠鹿纹锦

图5-1-16 唐代联珠对雁纹锦

图5-1-17 唐代联珠野猪纹锦

图 5-1-18 Valentino 2014 春夏高级女装

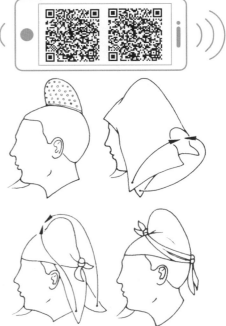

图 5-1-20 唐代幞头系扎示意图

图 5-1-21 骑猎人物陶俑（陕西西安东郊唐金乡县主墓出土）

四、幞头銙带

幞头是唐代男子常服系统中的首服。甘肃庆城县赵子沟村穆泰墓出土的彩绘陶胡人俑头上表现的就是幅巾覆头前后系结的幞头。其内还有扣覆在发髻上的巾子。巾子是以竹篾、藤皮及芒草等材料编织而成。新疆吐鲁番阿斯塔那唐墓出土的两件巾子实物均以丝葛类织物浸漆模压而成，顶部分瓣明显，表面布满菱格，左右两侧留有插笄的圆孔。其系裹方法是先使用布帕包头，前面的两角绕至颅后缚结，结带飘垂，后两角朝前包抄，系结于额，曲折附顶（图 5-1-20）。有的时候，包头布帕还以透明的纱罗为材料（图 5-1-21）。

如果说簪、钗、步摇和梳是唐代宫廷贵妇的首饰专属，那么，銙带则是唐代贵族男性的服制特色。銙带源自北方游牧民族的"蹀躞带"。

銙带由带鞓、带銙、带头、带尾四部分组成——带鞓是带的主体，由皮革做成，外面裹以红色或黑色绢。带銙是镶嵌在带鞓上的牌饰，是腰带等级区别的标志，《新唐书·舆服志》载："一品、二品銙以金，六品以上以犀，九品以上以银，庶人以铁。"带头，即带扣。带尾，也称"铊尾"，腰带系束之后，带尾朝下，表示对朝廷的顺服。

唐人尚玉，如花蕊夫人《宫诗词》诗云："罗衫玉带最风流，斜插银篦慢裹头。"因制作难度大，

宝相花也是广泛流行于唐代纺织品上的重要装饰纹样（图 5-1-19）。宝相花是一种图案化的花纹，现实里并没有这样一种花。它集中了莲花、牡丹、菊花的特征，又吸取了传统纹样中的云纹、忍冬纹以及具有中亚地域色彩的石榴纹等精华，形式上采用"米"字形四向或多向对称放射状，作圆形、菱形、方形等图形。宝相花是魏晋南北朝以来伴随佛教盛行的流行图案，具有吉祥美满的寓意。不同时代宝相花的形态也并不相同，唐代时莲花的因素居多，到了后来牡丹成为主体。

中外服装史

图 5-1-22 唐镶金嵌珠宝玉带饰（陕西长 图 5-1-23 明人绘《岳飞画像》
安县南里王村窦皦墓出土）

玉带只有少数皇亲国戚才能享用。甚至女效男装的太平公主也以束玉带为荣，《新唐书·五行志》载："高宗尝内宴，太平公主紫衫、玉带、皂罗折上巾，具纷砺七事，歌舞于帝前。"陕西长安县南里王村窦皦墓出土的唐镶金嵌珠宝玉带饰（图 5-1-22），带头和带銙皆以玉为缘，内嵌珍珠及红、绿、蓝三色宝石，下衬金板，金板之下为铜板，三者以金铆钉铆合，精巧豪华，即王光庭《奉和圣制送张说巡边》所载："玉辇龙盘带，金装凤勒骢。"其工艺为金银错，将黄金镶嵌在和田白玉内，即"金镶玉"。

宋代銙带等级更为繁复（图 5-1-23）。除质地、数量、图案外，还有重量的严格规定。同为金，有花纹不同者；花纹同者，有重量区别。宋朝公服的

腰带、牌饰允许用玉，品官可用犀角，民、郡县吏、伎等人的腰带、牌饰可用铜、铁、角、石。牌饰形状有圆、有方、有椭圆、有鸡心，花饰图案主要有球路、御仙花、荔枝、师蛮、海捷、宝藏、天王、八仙、犀牛、宝瓶、双鹿、行虎、洼面、戏童、胡荽、凤子、宝相花和野马共计十八种。

五、袒胸裙装

中国传统封建礼教对女性要求严格，不仅约束其举止、桎梏其思想，还要将身体紧紧包裹起来，不许稍有裸露。但唐代国风开放，女子的社会地位得到极大提高，生活空间也更为广阔，着装风气也开先河，以袒颈露胸为时尚。袒胸装的流行与当时女性以身材丰腴健硕为佳，以皮肤白晰粉嫩、晶莹剔透为美的社会审美风气分是不开的（图 5-1-24）。李洞《赠庞炼师女人》载："两脸酒醺红杏妒，半胸酥嫩白云饶。"李群玉《同郑相并歌姬小饮戏赠》载："胸前瑞雪灯斜照，眼底桃花酒半醺。"这些唐诗均是对这种风尚的描写。最初，坦胸装多在歌妓舞女中流行，后来宫中和社会上层妇女也引以为尚，纷纷效仿。传周昉所绘《簪花仕女图》中的仕女个个体态丰满，粉胸半掩，极具富贵之态（图5-1-25）。此外，唐代敦煌壁画、唐懿德太子墓石椁浅雕画中也都有袒胸装的形象。这种最初流行于宫中的时尚后来也流传到了民间，周濆《逢邻女》

图 5-1-24 唐代三彩釉陶女立俑（陕西西安西郊纺织厂出土）

图 5-1-25 传唐周昉绘《簪花仕女图》

图 5-1-26 彩绘陶女立俑（陕西西安东郊唐金乡县主墓出土）

图 5-1-27 唐代舞女绢画（新疆吐鲁番阿斯塔那张礼臣墓出土）

图 5-1-28 昭陵唐墓壁画中身穿红色长裙的唐代女性形象

诗云："日高邻女笑相逢，慢束罗裙半露胸。莫向秋池照绿水，参差羞煞白芙蓉。"诗中正是对邻家女子身着袒胸装的美丽倩影进行了描绘。从唐代中后期开始，随着胡服影响渐弱，袒胸装也逐渐消失。

唐代女性穿用最多的当属自汉末以来一直流行的短襦长裙。其形式如 1991 年陕西西安东郊唐金乡县主墓出土的彩绘陶女立俑（图 5-1-26）。孟浩然《春情》诗云："坐时衣带萦纤草，行即裙裾扫落梅。"衣裙之长可以用裙摆拖扫散落在地面的梅花，奢华且富有意境。唐文宗时，曾下令禁止。然而，据《新唐书·舆服志》记载："诏下，人多怨者。京兆尹杜悰条易行者为宽限，而事遂不行。"

可见，裙长的禁令无法真正实施。唐代女性在身穿长裙时，多将裙腰提至胸口，形成了"高腰掩乳"的独特风貌。

唐代女裙颜色绚丽，尤以红裙为尚，元稹《樱桃花》云："窣破罗裙红似火"、杜甫《陪诸贵公子丈八沟携妓纳凉晚际遇雨》载："越女红裙湿，燕姬翠黛愁。"其都是在描写唐代女性流行红裙。在新疆吐鲁番阿斯塔那张礼臣墓出土的唐代舞女绢画（图 5-1-27）和昭陵唐墓壁画仕女（图 5-1-28）都有身穿红色长裙的唐代女性形象，此时，红裙又有"石榴裙"之称。这是因为古人染红裙一般是用石榴花。红裙与石榴花哪个更鲜艳，也堪一争。万楚《五日观妓》载："红裙妒杀石榴花"，白居易《和春深二十首》载："裙妒石榴花"。关于唐代石榴裙的传说，还有一个典故。据传天宝年间，文官众臣因唐明皇之令，凡见到杨贵妃须行跪拜礼，而杨贵妃平日又喜欢穿着石榴裙，于是"跪拜在石榴裙下"成了崇拜敬慕女性的俗语。

唐代还流行两色布帛相拼的"间色裙"。据《旧唐书·高宗本记》记载："其异色绫锦，并花间裙衣等，糜费既广，俱害女工。天后，我之匹敌，常着七破间裙。"所谓"七破"，即指裙上被剖成七道，以间他色，拼缝而成。除了"七破"，奢侈者可达"十二破"之多。其实物如昭陵唐墓壁画仕女（图 5-1-29）、新疆吐鲁番阿斯塔那张雄夫妇墓出土的唐代女木俑（图 5-1-30）所穿的间色裙。

图 5-1-29 昭陵唐墓壁画身穿间色裙的唐代女性形象

图 5-1-30 唐代女木俑（新疆吐鲁番阿斯塔那张雄夫妇墓出土）

图 5-1-31 唐代宝相花夹缬褶绢裙（新疆吐鲁番阿斯塔那墓出土）

图 5-1-32 唐三彩女乐俑（陕西西安王家坟出土）

六、装花斑缬

除了石榴裙外，由于红裙可用茜草浸染，故也称"茜裙"。此外，绿色之裙也深受妇女的青睐，时有"碧裙""翠裙"或"翡翠裙"之称。其实物如新疆吐鲁番阿斯塔那墓出土的唐代宝相花夹缬褶绢裙（图 5-1-31），这正与陕西西安王家坟出土的唐三彩女乐俑下身所穿的高腰十字瑞花纹绿色锦裙相互映衬（图 5-1-32）。

夹缬是指利用雕版在绸棉织物上夹染出预定花样的印染工艺，为中国传统印染技艺"四缬"（夹缬、蜡缬、绞缬、灰缬，即今天所说的夹染、蜡染、扎染、蓝印花布）之一。夹缬上溯可达东汉，盛于唐宋。唐代白居易《赠皇甫郎中》诗云："成都新夹缬，梁汉碎胭脂。"敦煌莫高窟唐代彩塑菩萨身上穿的多是夹缬衣物。《唐语林》引《因语录》云："玄宗时柳婕好有才学，上甚重之。婕好妹适赵氏，性巧慧，因使工镂板为杂花，象之而为夹缬。因婕好生日，献王皇后一匹。上见而赏之，因敕宫中依样制之。当时甚秘，后渐出，遍于天下。"此语虽不足全信，但也说明早期夹缬工艺是扎根于民间并传到宫廷的。唐代张萱绘《捣练图》中蓝裙女子穿的小袖衫的纹样就颇似夹缬工艺（图 5-1-33）。美国纽约华裔设计师谭燕玉（Vivienne Tam）2012 春夏高级成衣即使用了夹缬纹样的设计元素（图 5-1-34）。

到了宋代，朝廷指定复色夹缬为宫室专用，两度禁令民间流通，夹缬被迫趋向单色。洛阳贤相坊民间有著名的李姓印花刻版艺人，被称为"李装花"，刻工雕造花板，供给染工印染"斑缬"。《图书集成》卷 681《苏州纺织物名目》讲到南宋嘉定年间（1208—1224 年），嘉定安亭镇有归姓者创制药斑布，"以布夹灰药而染青；候干，去灰药，则青白相间，有人物、花鸟、诗词各色，充衾幔之用。"元明时期流行灰缬，使得夹缬逐渐退出历史舞台。

七、藕丝衫子

唐代贵妇上衣一般是对襟的窄袖衫或大袖衫。前者属于日常便服，穿时衣襟敞开，衣身下摆束于裙内，衣袖短者至腕，长者掩手。唐人绘《挥扇仕女图》（图 5-1-35）、《内人双陆图》（图 5-1-36）和《调琴啜茗图》（图 5-1-37）中均绘有着窄袖衫的妇女形象。

大袖衫属女子礼服类，流行用纱罗等轻薄材料制成，衣摆长及膝下。唐代诗词中有很多描写女衫轻薄的优美诗句，如张祜《感王将军柘枝妓殁》载："鸳鸯钿带抛何处，孔雀罗衫付阿谁。"唐代女子穿着大袖衫时，衣摆多披垂于裙身之外。透过薄纱，

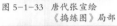

图 5-1-33　唐代张萱绘　　图 5-1-34　Vivienne Tam 2012 春夏高级成衣　　　　图 5-1-35　唐人绘《挥扇仕女图》
　　　　　　《捣练图》局部　　　　　　　　　　　　　　　　　　　　　　　　　　　　　　　　　　　　　　局部

图 5-1-36　唐代周昉绘《内人双陆图》局部　　图 5-1-37　唐人绘《调琴啜茗图》

图 5-1-38　红罗地蹙金绣半臂（陕西宝鸡法门寺地宫出土）

胸前风景自然若隐若现、若有若无。更为奢侈者，还会在薄纱上加饰金银彩绣，如王建《宫词》云："罗衫叶叶绣重重，金凤银鹅各一丛。每遍舞时分两向，太平万岁字当中。"实物如1981年陕西宝鸡法门寺地宫出土的红罗地蹙金绣随捧真身菩萨佛衣模型（图5-1-38）。其中的红罗地蹙金绣半臂用绢做里，用绛色罗做面，上面均匀分布蹙金绣折枝花卉纹样。花朵外面衬花叶，每朵花都留出一颗花心。

八、胡风流行

唐朝政策开放，经济繁荣，文化昌盛，对外交往频繁，兼收并蓄异域文化。唐代女性的社会生活也呈现出一种开放态势。开元年间（公元713—741年），西域文化大规模传入，妇女们或女效男装，着圆领袍，头裹幞头；或学胡服，多穿翻领窄袖袍，头戴胡帽。

唐中期，汉胡文化大融合，胡舞盛行。从对胡舞的崇尚，发展到对胡服的模仿，从而出现了元稹《和李校书新题乐府十二首·法曲》一诗中"女为胡妇学胡妆"的现象。贞观年间（公元627—649年），长安金城坊富家被胡人劫持，案件经久未破。雍州

图 5-1-39 唐人绘《树下人物图》

图 5-1-40 唐三彩仕女俑（新疆吐鲁番阿斯塔那 187 号墓出土）

图 5-1-41 骑马女俑（新疆吐鲁番阿斯塔那 187 号墓出土）

长史杨纂提出将京城各坊市中的胡人都抓起来审讯，但是司法参军尹伊认为牵扯不宜太广，因为当时汉人胡服、胡人汉装的现象比较常见。唐代刘肃《大唐新语·从善》载："贼出万端，诈伪非一，亦有胡着汉帽，汉着胡帽，亦须汉里兼求，不得胡中直觅。"唐代女性穿的胡服集中表现在幂䍥、帷帽、胡帽和回鹘装的流行上。

据记载，在隋代的西域地区已有人穿戴用纱罗制成的轻薄透明方巾，用以障蔽全身遮蔽路上的扬尘。到了唐初，中原女性在骑马远行时开始穿戴防风沙的幂䍥。这正符合中国传统礼节中要求女性"出门掩面"的封建礼俗。日本东京国立博物馆收藏的一幅唐代《树下人物图》中一位妇女（图 5-1-39），左手高举，正在脱卸蒙在头上的幂䍥。该幂䍥左右两边各缀一根飘带，在脸面部位，还留有一个露出眼鼻的开口。其与新疆吐鲁番阿斯塔那 187 号墓出土的唐三彩仕女俑颇为相似（图 5-1-40）。

永徽年间（公元 650—655 年），随着社会风气的开放，人们开始使用一种"拖裙到颈，渐为浅露"的帷帽，这是一种在席帽帽檐周围加缀一层面纱的改良首服。唐高宗认为这样有伤风化，于是下敕禁止。但至天宝年间（公元 742—756 年），唐代妇女头戴帷帽已成为一时风尚。新疆吐鲁番阿斯塔那 187 号墓出土的彩绘陶俑中有戴帷帽的妇女形象（图 5-1-41），其中一尊骑马女俑的帷帽用泥制，外表涂黑，以方孔纱作帷，帷裙垂至颈部。帽体高耸，

图 5-1-42 Alexander McQueen 2013 春夏高级成衣

呈方形，顶部拱起，底部周围平出帽檐。纱帷连于帽檐两侧及后部边檐。帷帽帽体用皮革、毛毡或竹藤编织，外覆黑色纱罗等物。幂䍥一直沿用至明代。亚历山大·麦昆（Alexander McQueen）2013 春夏女帽与唐代幂䍥极其相似（图 5-1-42），这是与蜜蜂主题相呼应的设计元素。

胡帽，又称"蕃帽"，主要是指唐代及之前由西北或北方传入并在中原地域流行的皮帽或毡帽。与幂䍥和帷帽相比，胡帽在中原地区流行的时间相对较晚。其特点是帽子顶部尖而中空，珠帽、绣帽、搭耳帽、浑脱帽、卷檐虚帽等都可归为胡帽。刘言史《王中丞宅夜观舞胡腾》诗云："石国胡儿人见少，蹲舞尊前急如鸟。织成蕃帽虚顶尖，细氍胡衫双袖小。"张祜《观杨瑗柘枝》诗称："促叠蛮鼍引柘枝，卷帘虚帽带交垂。紫罗衫宛蹲身处，红锦

靴柔踏节时。"诗中所说的"卷帘虚帽"就是一种男女通用的胡帽，用锦、毡、皮缝合而成，顶部高耸，帽檐部分向上翻卷。陕西咸阳边防村出土的彩绘翻领胡装女俑头上戴的就是卷帘虚帽（图 5-1-43、图 5-1-44）。它与"全身障蔽"的羃䍦和将面部"浅露"于外的帷帽相比更加"解放"，使得女性"靓妆露面，无复障蔽"。从羃䍦到帷帽，再到胡帽的发展，是妇女服饰史的进步与发展，反映了唐代社会开放的风尚。

身穿圆领袍，腰系銙带的彩绘女俑（图 5-1-45、图 5-1-46）。此外，陕西西安昭陵唐墓壁画（图 5-1-47）、《虢国夫人游春图》和《挥扇仕女图》等中皆有这种靓妆露面、无复障蔽的女子。"女效男装"现象在唐诗中也多有体现，如李贺《十二月乐辞·三月》云："军妆宫妓扫蛾浅"，司空图《剑器》云："空教女子爱军装"。女子穿戎装，于秀美俏丽之中，别具一种英姿飒爽的气质。

九、军装宫娥

唐代以前，男女之间在服饰和服制上有着不可逾越的界限。"女效男装"为社会制度和礼仪规范所不容。跨越传统着装界限的唐代女性，却以身着男装，跃马扬鞭为一时风尚。据《新唐书·五行志》记载，"高宗尝内宴，太平公主紫衫、玉带、皂罗折上巾，具纷砺七事，歌舞于帝前。帝与武后笑曰：'女子不可为武官，何为此装束？'"可见，初唐时期的太平公主就曾身着男装。到了中晚唐，贵族妇女也常穿男装出行。据《旧唐书·舆服志》记载，开元年间（公元 713—741 年），妇女多"有着丈夫衣服靴衫"的情况。陕西西安的唐墓就出土了许多

图 5-1-43 彩绘翻领胡装女俑（陕西咸阳边防村出土）

图 5-1-44 彩绘骑马女俑（陕西咸阳礼泉县李贞墓出土）

图 5-1-45 彩绘陶男装女立俑（陕西西安郭家滩唐墓出土）

图 5-1-46 彩绘骑马弹箜篌女俑（陕西西安东郊唐金乡县主墓出土）

图 5-1-47 陕西西安昭陵唐墓壁画中身穿男装的侍女

十、迎风帔子

谈及唐代女性着装时尚，帔子是最不可缺少的元素。披帛，也称帔子。唐代张鷟《游仙窟》诗云："迎风帔子郁金香，照日裙裾石榴色。"帔一般用纱、罗等轻薄织物做成，而"罗帔掩丹虹"就是指用罗做成的帔。又由于帔的颜色多为红色，故古人也称帔为"红帔"，如三彩釉陶女立俑，该俑梳单刀翻髻，身穿小袖衫、高腰裙，肩披帔子（图5-1-48）。帔子最初盛行于宫中，并以绘绣花卉纹样区分等级。据记载，玄宗开元年间，诏令后宫婕妤、美人、才人（二十七世妇）和宝林、御女、良人（八十一御妻）等人，在参加后廷宴会时，披有图案的帔帛。

通过分析图像资料可知，帔帛最初并不长，到了唐代才开始变得越来越长，最终成为一条飘带，加之材料轻薄，便最终形成了造型婉转流畅、富于韵律动感的形态。其充分体现了中国传统造型艺术的精髓内涵。

从形象资料看，帔帛的结构形制大约有两种：一种横幅较宽，但长度较短，使用时披于肩上，形成不同的造型；另一种帔帛横幅较窄，但长度却达两米以上，妇女平时用时，多将其缠绕于双臂，走起路来，酷似两条飘带。其穿戴方式主要有三种形式：第一种，披在肩臂的带状帔帛，使用时缠于手臂，走起路来，随风飘荡，如《簪花侍女图》、《挥扇侍女图》、《捣练图》（图5-1-49）和《宫乐图》（图5-1-50）中的人物；第二种，布幅较宽，中部披在肩头，两端垂于胸前，如永泰公主墓壁画、山西太原金胜村墓壁画、《步辇图》，其人物就是将披帛围搭于肩上，垂吊于肘内侧；第三种，到了晚唐五代，流行将披帛和大袖衣搭配，中间在身前，两端在身后或手臂外侧绕搭的形式。

十一、半臂裙襦

半臂，又称半袖，是一种套在长袖衣外面，长度齐腰的短袖上衣。隋代以前，半臂只能用在非正式场合。据记载，魏明帝曾戴绣帽、披半袖接见大臣，被人指责不合礼仪。唐高祖李渊将长袖衣剪成短袖半臂，引得世人，尤其是女性，竞相穿着，如韩琮《公子行》诗云："紫袖长衫色，银蝉半臂花。"

唐代女子半臂有与现代T恤衫相似的紧身袒胸、短袖套头的式样，也有用小带子当胸系住的对襟翻领或无领的式样，如新疆吐鲁番阿斯塔那墓出土的两件女子骑马俑（图5-1-51、图5-1-52），身穿U字领紧身半臂及窄袖小衫。就相关资料看，唐代女性在穿用半臂时，往往与襦和高腰长裙搭配穿着，而且多数情况下还习惯将半臂罩在衫、裙之外。

图 5-1-48 三彩釉陶女立俑（陕西富平县唐节愍太子墓出土）

图 5-1-49 唐张萱《捣练图》　　图 5-1-50 唐人绘《宫乐图》

中唐以后，半臂的穿用日趋少见。原因在于初唐女装流行窄身小袖、紧贴身体的式样，这种造型正适合穿着半臂；而盛唐流行博衣大袖的式样，因此不再适合套穿窄小的半臂了。

十二、时世女妆

中晚唐时期，社会风气以奢侈享乐为尚，女性妆饰追求浓艳丰盈。德宗时长安妇女争妍斗艳已成生活大事，时世妆、椎髻、乌唇、八字眉等风靡一时。

唐代妇女化妆大致分为八个步骤：一敷铅粉，二抹胭脂，三点画黛眉，四染额黄、贴花钿，五点面靥，六描斜红，七涂唇脂，八戴发饰。

唐初期女性画眉崇尚阔与浓，至开元年间则尚细与淡，后来发展成细细的八字式低颦。李商隐《无题二首》诗云："八岁偷照镜，长眉已能画。"可见当时画眉风气之盛。史载玄宗曾令画工画《十眉图》。

唐代流行"花钿"的面部装饰，温庭筠《南歌子》诗云："脸上金霞细，眉间翠钿深。"其形象如新疆吐鲁番阿斯塔那206号墓出土的唐代绢衣彩绘木俑（图5-1-53）。唐代花钿是用金箔片、珍珠、鱼鳃骨、鱼鳞、茶油花饼、黑光纸、螺钿壳及云母等制成，还有许多用特殊材料制成，如五代后蜀张太华《葬后见形诗》云："寻思往日椒房宠，泪湿衣襟损翠钿"。诗中的翠钿是用翠鸟的羽毛制成。宋代陶谷所著《清异录》中记载："后唐宫人或网获蜻蜓，爱其翠薄，遂以描金笔涂翅，作小折枝花子。"这是指用蜻蜓翅膀做的花钿。花钿的由来，据南朝《宋书》称，宋武帝刘裕的女儿寿阳公主，一日仰卧于含章殿下，殿前梅树落下的一朵梅花，落在公主额上，额中被染成花瓣状。宫中女子遂争效仿，并成为当时的时尚。五代前蜀诗人牛峤《红蔷薇》中"若缀寿阳公主额，六宫争肯学梅妆"说的就是这个典故。

唐代妇女的发式主要分为髻、鬟、鬓三大类。

髻是一种实心的发式。总体看来，隋代发髻较为简单，一般多作平顶式，将发式分作二至三层，层层重叠。初唐时发式大多做成朵云型。至太宗时，

图5-1-51 彩绘陶戴帷帽骑马女俑

图5-1-52 彩绘陶戴帷帽骑马女俑

发髻渐高，样式日益丰富，有愁来髻、乐游髻、百合髻、归顺髻、盘亘髻、惊鹄髻、抛家髻、长乐髻、高髻、堕马髻、半翻髻等。半翻髻一般呈单片、双片刀型，直竖发顶（图5-1-54）。造型如此高大的发髻多是假髻，甚至有用木胎或纸胎做的假髻，

图 5-1-53 唐代绢衣彩绘木俑（新疆吐鲁番阿斯塔那 206 号墓出土）

图 5-1-54 彩绘女俑（陕西西安出土）

图 5-1-55 黑漆木胎假髻（新疆吐鲁番阿斯塔那张雄夫妇墓出土）

图 5-1-56 唐代假髻（新疆吐鲁番阿斯塔那张雄夫妇墓出土）

图 5-1-57 唐代三彩釉陶两鬓抱面的同心髻女俑

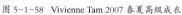

图 5-1-58 Vivienne Tam 2007 春夏高级成衣

图 5-1-59 Yohji Yamamoto 2008 春夏高级成衣

如新疆吐鲁番阿斯塔那张雄夫妇墓出土的黑漆木胎假髻（图 5-1-55、图 5-1-56）。开元年间（公元 713—741 年），一般妇女中还流行"回鹘髻"，比起先前的髻式略低，外出则戴浑脱帽。天宝年（公元 742—756 年）以后，胡帽渐废，流行两鬓抱面的发髻式样（图 5-1-57）。谭玉燕（Vivienne Tam）和山本耀司（Yohji Yamamoto）都推出了模仿唐代女性发髻的发式造型（图 5-1-58、图 5-1-59）。

鬟是一种环状而又中空的发髻，有云鬟、高鬟、短鬟、双鬟、垂鬟等。双鬟有分开梳在头顶两侧，如唐代三彩釉陶双环髻提篮女俑（图 5-1-60），也

有梳在头顶正中，如陕西咸阳乾县永泰公主墓出土的唐代三彩釉陶胡服骑马女俑（图 5-1-61），其梳绾过程如图 5-1-62 所示。还有如神仙一般的"双环望仙髻"，如陕西长武县郭村唐张臣合墓出土的彩绘双环望仙髻女舞俑（图 5-1-63）。

唐中后期妇女中还盛行插饰装饰精美的梳篦，如白居易《琵琶行》载："钿头云篦击节碎"，温庭筠《鸿胪素四十韵》载："艳带画银络，宝梳金钿筐。"小梳有时多至两三把、五六把，王建《宫词》载："舞处春风吹落地，归来别赐一头梳"，元稹《妆恨成》载："满头行小梳"。

图 5-1-60 唐代三彩釉陶双环髻提篮女俑

图 5-1-63 彩绘双环望仙髻女舞俑（陕西长武县郭村唐张臣合墓出土）

图 5-1-61 唐代三彩釉陶胡服骑马女俑（陕西咸阳乾县永泰公主墓出土）

图 5-1-62 唐代女性梳绾双环髻过程示意图

图 5-1-65 唐代鎏金菊花纹银钗（陕西省博物馆藏）

唐代是中国首饰的繁荣时期，其中金银首饰尤为突出。此时流行一种与步摇相似的花钗饰品。钗首制成鸟雀状，雀口衔挂珠串，随步行而摇颤，倍增韵致（图 5-1-64）。白居易《长恨歌》中写道"花钿委地无人收，翠翘金雀玉搔头"。除了金镶玉，唐代工匠多是将花钗固定在胶版上，再用锋利的刻刀錾刻出来，剔除不要的部分，做成一副纹样相同的花钗，戴时左右相对地插在发髻上。其实物如陕西省博物馆藏唐代鎏金菊花纹银钗（图 5-1-65）和浙江长兴唐墓出土的鎏金银花钗（图 5-1-66）。此外，孟浩然《庭橘》"骨刺红罗被，香黏翠羽簪"中的"翠羽簪"，李华《咏史》"泥沾珠缀履，雨湿翠毛簪"中的"翠毛簪"说的都是一种以鸟类羽毛为装饰的发簪。

图 5-1-64 金镶玉花钗（安徽合肥西郊南唐墓出土）

图 5-1-66 鎏金银花钗（浙江长兴唐墓出土）

十三、皮靴重台

中原传统汉服的鞋类无论质料，多为低帮浅鞋。而北方游牧民族则多穿高靴。战国时期，靴主要为军人使用，并没有在民间普遍使用。秦时只有骑兵和少数铠甲扁髻步兵穿靴。大部分将军俑和兵俑都用行滕着履。自南北朝以来，在大量北方游牧民族涌入中原地区的同时，北方服饰也被中原文化所接纳。从出土的隋人物俑袴褶服的形象来看，袴褶配靴已成定制。唐承隋旧制，无论贵贱高低均可穿靴。据两唐书记载，在官服体系中，靴主要与幞头、圆领袍、銙带，以及平巾帻、袴褶服配套穿用。

唐中期，上层社会女性也流行穿软底镂空锦靴。它与翻领、小袖、齐膝的袍服和条纹袴配套穿用，成为中国服饰发展史上最独特的"女效男装"风貌。《中华古今注》记载，唐代宗大历二年（公元767年），曾令"宫人锦勒靴侍于左右"。此外，歌舞者、乘骑妇女亦着靴，如李白《对酒》诗云："吴姬十五细马驮，青黛画眉红锦靴。"唐墓壁画侍女图中也有身穿男子袍、足登靴子的女子形象。唐代靴子实物如新疆尉犁县营盘出土的彩绘刺绣靴（图5-1-67），皮底麻面，内衬为柔软保暖的毛织物。唐代还流行线靴和线鞋，如新疆吐鲁番阿斯塔那墓出土的麻线鞋（图5-1-68），粗麻绳织成厚底，细麻绳织成鞋面。

唐代女子足服流行鞋尖上耸的高墙履和重台履，如元稹《梦游春七十韵》诗云："丛梳百叶髻，金蹙重台履。"重台履也称丛头鞋，和凝《采桑子·蝤蛴领上诃梨子》词云："丛头鞋子红编细，裙窣金丝。"其实物如新疆吐鲁番阿斯塔那墓出土的棕色绣花高墙绢履（图5-1-69）和蓝色高墙绢履（图5-1-70）。

唐代还流行鞋尖相对平缓的云头履，王涯《宫词三十首》云："春来新插翠云钗，尚著云头踏殿鞋。"新疆吐鲁番阿斯塔那381号墓出土的唐代变体宝相花纹云头锦履（图5-1-71），浅棕色斜纹变体宝相花锦面，鞋尖内蓄棕草以同色锦扎翻卷云头。

鞋尖上翘不仅具有装饰功能，还具有一定的实用性。首先，鞋尖高翘露于裙摆之外，既可以避免

图5-1-67 彩绘刺绣靴（新疆尉犁县营盘出土）

图5-1-68 麻线鞋（新疆吐鲁番阿斯塔那墓出土）

图5-1-69 棕色绣花高墙绢履（新疆吐鲁番阿斯塔那墓出土）

图5-1-70 高墙蓝绢履（新疆吐鲁番阿斯塔那墓出土）

图5-1-71 唐代变体宝相花纹云头锦履
（新疆吐鲁番阿斯塔那381号墓出土）

踏踏，便于行走，又可装饰，可谓一举两得。衣摆变长可增强服饰的礼仪性，鞋尖上翘则是出于功能性需要。其次，鞋尖起翘一般与鞋底相接，而鞋底牢度优于鞋面，可延长鞋的寿命。再次，鞋尖上翘或许与中国古人尊崇上天的信仰有关。这与建筑的顶角上翘有相同的原因。

第二节 西方：拜占庭、日耳曼人

中世纪的两大风格——哥特式和拜占庭式，一东一西闪耀在欧亚大陆。

一、拜占庭

自从公元395年罗马帝国分裂后，西罗马帝国因北方日耳曼人的入侵于公元476年灭亡，但东罗马帝国的拜占庭文化却在整个中世纪一千余年的时间里，集古罗马文化、东方文化和基督教文化于一体，对同时期以及后世的西欧文明影响甚大。

拜占庭帝国以公元6世纪查士丁尼（Justiniaus，公元527—565年在位）统治时期为鼎盛期，分为前后两个时期。前期，奴隶制逐渐崩溃，与此同时，封建主义作为新兴势力发展起来。查士丁尼王朝时期，独特的拜占庭文化通过来朝拜进贡的西欧贵族带回西欧，影响着西欧文明的进程。

在帝国统治的连续性和范围方面，没有一个西方国家的首都能与拜占庭首都君士坦丁堡的辉煌历史相媲美（图5-2-1）。公元330年，罗马皇帝君士坦丁一世迁都拜占庭后，重建此城为新罗马，改名为君士坦丁堡，即现在土耳其的伊斯坦布尔，后人习惯称东罗马帝国为"拜占庭帝国"。君士坦丁堡位于欧亚大陆和地中海与黑海的连接点上，是古代东西方交通要冲，三面环海，地势险要，不仅是拜占庭帝国政治、经济的中心，也是当时欧亚大陆的文化中心，在东西方经济和文化交流中起着很重要的作用。

图5-2-1　15世纪晚期木刻画中的君士坦丁堡大竞技场

发达的经济和文化使拜占庭帝国在中世纪的欧洲遥遥领先。首都君士坦丁堡港口商船密集，境内不同民族、人种混杂，玻璃制品、金属制品、呢绒、刺绣等远销海外，丝绸、香料、象牙、地毯及其他奢侈品也源源不断从中国、东南亚、印度、波斯等地运到帝国境内。君士坦丁堡以生产丝织品、玻璃制品、武器著称，街道两旁矗立着华丽的宫殿、教堂，还有图书馆、学校、戏院、竞技场、公共浴室等公共设施，被誉为"奢侈品的大作坊"。

拜占庭帝国的民族构成极为复杂，包括希腊人、叙利亚人、科普特人、亚美尼亚人、格鲁吉亚人及希腊化的小亚细亚人等。外族入侵期间又迁入哥特人（公元4—5世纪）、斯拉夫人（公元6—7世纪）、阿拉伯人（公元7—9世纪）、土耳其人（公元11—13世纪）。长时期以来，各族人民逐渐融合。在政治经济生活中起决定作用的是希腊人，帝国语言公元4至6世纪以拉丁语为主，公元7至15世纪以希腊语为主。

拜占庭文化是希腊、罗马的古典理念，东方的神秘主义和新兴基督教文化这三种完全异质的文化的混合物。尤其是拜占庭发达的染织业，是以华美著称的拜占庭文化的重要组成部分（图5-2-2），其中拜占庭极其发达的染织业对于欧洲文明的进程具有里程碑意义。公元6世纪中叶以前，中东一带通过丝绸之路与中国进行着频繁的交流，进口了大量中国丝绸。公元552年，查士丁尼派遣熟悉东方情形的基督教僧侣二人远赴中国，将当时中国对外保密而禁运的蚕卵藏在竹杖中偷运回君士坦丁堡，

图 5-2-2　拜占庭纺织品及服饰

图 5-2-3　拜占庭时期人物服饰

图 5-2-4　拜占庭时期王冠

从而使生丝的生产在拜占庭兴起，加速了拜占庭的经济繁荣。同时，又从叙利亚的纺织工匠那里引进机杼和织花技术，使拜占庭的丝织业迅速发达起来。

　　拜占庭时期的主要服装有从罗马帝国末期与基督教一起出现和普及的达尔玛提卡（Dalmatica），取代托加（Toga）和帕拉（Palla）、帕鲁达门托姆（Paludamentum）、帕留姆（Pallium）、罗拉姆（Lorum）。拜占庭初期服装延续古罗马帝国末期式样。随着基督教文化的普及，拜占庭服装逐渐失去了古罗马服装的自然之美，造型变得平整而宽大，人体也被遮蔽在服装之下不再显露。从中国进口的大量丝绸以及拜占庭染织业的不断发展，使人们有机会使用更为华丽和珍贵的丝织品（图 5-2-3）。人们竭尽所能地增加纺织面料的外观效果，如金银线混织的中古织金锦（Samite）、将宝石和珍珠织入织锦，这使服装的表现重点从古希腊、古罗马强调自然的人体意识转移到衣料的质地、色彩和装饰上（图 5-2-4），

由此形成了西方服装史上的第一次"奢华时代"。拜占庭人相信，上天的力量显示在皇帝和教会的金银珠宝上，皇宫和教堂愈是豪华，就愈能证明每位基督徒所期盼的来世成真，这种观念让拜占庭发展了精湛的金银制品工艺。光彩夺目的珠宝和华丽图案的刺绣，将服装营造出一种充满华丽感的装饰美，给人一种否定人的存在的宗教感。2011 年秋冬，法国时装品牌香奈儿（Chanel）推出了用镂空和镶嵌技艺制作的拜占庭风格珠宝，无论是体积硕大的项链、手镯，还是多重流苏设计的耳环，无一不是将华丽与繁复发挥到极致，呈现出摩登、魅惑、迷人的拜占庭帝国贵族气息和中世纪装饰艺术充满神秘感的奢华之美（图 5-2-5）。拜占庭奢华的珠宝亦成为当代时装的装饰图案（图 5-2-6）。

　　拜占庭美术首先是宗教美术。拜占庭建筑是基督教教会的建筑，绘画作品多取材于《圣经》，其形式和人物表情处理都须遵循具有神学意义的传统

图 5-2-5　Chanel 拜占庭风格首饰

图 5-2-6　拜占庭王朝风格复古数码印花时装

图 5-2-7　建于 6 世纪的圣阿波利奈尔教堂的宗教绘画

图 5-2-8　埃及西奈山圣凯瑟琳修道院教堂半圆室的镶嵌壁画《基督变容》

图 5-2-9　罗马圣彼得大教堂查理曼大帝的 Dalmatica

模式（图 5-2-7、图 5-2-8）。拜占庭美术也是封建帝国的艺术，它炫耀帝国的强大和帝王的威严，把帝王表现为基督在尘世的象征。拜占庭美术还被看作东西方融合的艺术。它注重色彩的灿烂，装饰的华丽，强调人物精神的表现。在拜占庭建筑中，大理石镶嵌画、壁画和其他艺术品的缤纷色彩互相辉映，造就一派壮丽华贵的景象。

　　藏于罗马圣彼得大教堂查理曼大帝的两件达尔玛提卡（Dalmatica）实物，是迄今发现的最为精美的达尔玛提卡（Dalmatica）之一（图 5-2-9）。根据拜占庭的传统，大主教袍上的图案为圣像及宗教仪式场景。为了形象生动，绣工借助绘画语言，将明暗法的技巧运用其中，如袍子中上部的一组人物，耶稣手牵着的圣徒的脸部轮廓用一圈深色线制造立体效果，具体细部及阴影通过针法、变换丝线的颜色以及加入贵金属线加以刻画。除了人物，大主教袍上还装饰有精美的花卉纹样（图 5-2-10）。

　　与贵族服装的奢华相反，普通劳动阶层的服装样式则朴素简单，没有任何装饰。妇女们不施装扮，反将珠宝献给教会，自己平时穿着白色宽大长衫与连袖外套，素净淡雅，然而她们的丧服却又色彩鲜艳，用以祝愿逝者在来世能有幸福的生活。

公元391年，狄奥多西大帝把基督教定为国教后，具有宗教色彩的达尔玛提卡（Dalmatica）开始在罗马市民中普及。这是一种无性别和等级区分的日常服装。罗马市民把布料裁成十字形，中间挖洞做贯头的领口，袖下和体侧缝合，风格单纯朴素的贯头衣。达尔玛提卡（Dalmatica）的肩部到下摆装饰着两条红紫色的纵向条饰克拉比（图5-2-11）。它最早使用于古希腊服装，曾是贵族服装身份和地位的标志（图5-2-12）。到了拜占庭时期，克拉比作为基督血的象征，成为一种单纯的宗教装饰，不再具有先前的身份和等级象征，任何人都可以使用。早期达尔玛提卡（Dalmatica）以毛、麻和棉织物为材质，制作时一般不漂白，穿时也不系腰带，整体

造型非常宽松。男式达尔玛提卡（Dalmatica）衣长及膝，女式达尔玛提卡（Dalmatica）衣长及脚踝。

公元4世纪，女式达尔玛提卡（Dalmatica）袖口变宽，胸部多余的量被裁掉，逐步向着显露体形的方向发展。与此相对，男式达尔玛提卡（Dalmatica）袖子越来越窄，这是西方服装开始向着便于活动方向发展的前兆。这是从裁剪方法上使衣服合体的第一步，也是西方服装追求裁剪技法的开始。

拜占庭时期最具代表性的外衣是方形大斗篷帕鲁达门托姆（Paludamentum），面料为毛织物，通常染成紫色、红色或白色。罗马时代披在左肩，右肩用别针固定，拜占庭时代变长为梯形，胸前缝一块四边形的装饰布。其形象如圣维塔列教堂的镶嵌画《查士丁尼及其随从》（图5-2-13）和《提奥多拉与随从》（图5-2-14）中的人物穿的袍服。在《查士丁尼及其随从》中心位置的是身穿紫红色长袍的查士丁尼大帝，他的左边是两个表情谦恭的贵族和五个手拿武器的年轻侍卫，右边是大主教马克西米尔，大主教手里捧着一个象征基督教的小十字架，衣服上还画着一个十字图案。再右边是两个助祭者，一个手里拿着精心装饰的《圣经》，一个提着教会中使用的油灯。整幅画前后一共12个人，正好是基督教12门徒之数，画面浓厚的宗教色彩可见一斑。

图5-2-10　身穿花卉纹样Dalmatica的主教

图5-2-11　拜占庭壁画中的Dalmatica　　　图5-2-12　古希腊陶器上身穿Dalmatica的女性（美国大都会艺术博物馆藏）

图 5-2-13 《查士丁尼及其随从》

图 5-2-14 《提奥多拉与随从》

图 5-2-15 罗杰二世的加冕长袍

拜占庭时期大斗篷帕鲁达门托姆（Paludamentum）实物如罗杰二世的加冕丝质长袍，上面饰有珍珠与金线（图 5-2-15）。此时，帕鲁达门托姆（Paludamentum）的另一个特点是在斗篷的前面和后面各有一个方形或长方形补子塔布里昂（Tablion）的绣饰（图 5-2-16）。塔布里昂（Tablion）类似中国明清时期官员常服上的"补子"。法国女装品牌香奈儿（Chanel）和男装设计师马克西姆·西蒙（Maxime Simoens）都曾在时装设计上借鉴这个元素（图 5-2-17、图 5-2-18）。

较之男装，拜占庭女装更具有东方风格。6 世纪以后，罗马女性们穿的帕拉（Paenula）逐渐变窄，称为帕留姆（Pallium），与达尔玛提卡（Dalmatica）一起作为外出服饰使用。到拜占庭时代，帕留姆（Pallium）演变为宽 15 ~ 20 厘米且表面有刺绣或宝石装饰的带状物，时称罗拉姆（lorum，图 5-2-19）。某国际服装品牌 2013 秋冬秀场灵感来源于西西里教堂的马赛克宗教壁画艺术（图 5-2-20），马赛克宗教人物印花、华丽的宝石镶嵌、象征皇权又带有宗教感皇冠，以及金黄色、宝石蓝、棕红色交织让整个时装秀缤纷异常、华丽绝美。谢幕时的红色既如宗教般的虔诚又倍感亲切。同样，香奈儿（Chanel）2011 早秋系列也带有浓浓的拜占庭复古风情，大胆的金线钩花，混纺带来的线条感，

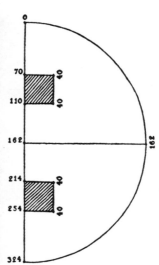

图 5-2-16 拜占庭时期的大斗篷 paludamentum

图 5-2-17　Chanel 2011 早秋作品　　图 5-2-18　Maxime Simons 2011　　图 5-2-19　拜占庭时期的 Lorum
　　　　　　　　　　　　　　　　　　　　　　　秋冬作品

图 5-2-20　某国际服装品牌 2013 秋冬高级成衣

黑与红的强烈撞击营造出强烈的视觉冲击感（图5-2-21）。此外，意大利品牌华伦天奴（Valentino）2014春夏高级成衣也体现了拜占庭风格，高腰长袍、精美的民族纹样刺绣、整齐的盘发与缎带都诉说着东罗马帝国曾经的辉煌（图5-2-22）。

英国时装设计师亚历山大·麦昆（Alexander Mcqueen）于1997年秋冬将基督受难图印在翘肩短夹克上（图5-2-23）。在1998春夏时装秀场上，亚历山大·麦昆（Alexander Mcqueen）又一次再现了基督受难的情景（图5-2-24）。这两季带有宗教

色彩的时装，恰恰反映了设计师对于现实生活的困惑与思考。2013年早秋高级成衣，亚历山大·麦昆（Alexander Mcqueen）再次运用了宗教服饰的设计元素（图5-2-25），丝绒、雪纺、皮草等高贵面料结合简洁的黑白色调搭配，再融入少许红色点缀，富有美感的花卉或以镂空压纹呈现，或以半立体状修饰其中，收紧的腰部与向外扩张的灯笼袖、斗篷、坎肩和裙摆形成对比，高贵浪漫又隐约透露出宗教气息。

图 5-2-21 Chanel 2011 早秋系列高级成衣

图 5-2-22 Valentino 2014 春夏高级成衣

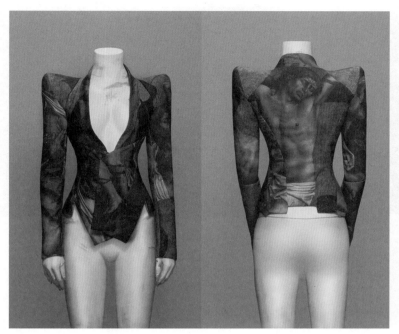

图 5-2-23　Alexander McQueen 1997 秋冬时装

图 5-2-24　Alexander McQueen 1998 春夏时装

图 5-2-25　Alexander McQueen 充满宗教意味的 2013 早秋高级成衣

图 5-2-26 Giles 2011 秋冬成衣

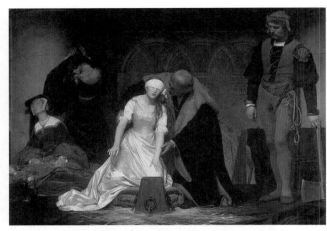

图 5-2-27 保尔·德拉罗什《1554 年在伦敦塔处决的简·雷格小姐》
1833 年（英国国家美术馆）

图 5-2-28 Givenchy 2013 春夏圣母系列时装

图 5-2-29 《圣母子在圣狄奥多尔与圣乔治之间登位》
（公元 6 世纪）

进入 21 世纪，宗教题材成为时装设计师们喜爱的设计主题，毕业于圣马丁设计学院的贾尔斯·迪肯（Giles Deacon）在 2011 年秋冬女装上利用数码印花工艺将油画作品《1554 年在伦敦塔处决的简·雷格小姐》的画像印在了礼服裙上（图 5-2-26）。简·雷格小姐（Lady Jane Grey，1536—1554 年）是英国王室公主，因为信仰新教被信仰天主教的玛丽一世处死，死时年仅 16 岁，同时还有 300 多名新教教徒被烧死，史称"血腥玛丽"。油画真实还原了当时雷格被处死的一幕，体现了一个浪漫主义的自然主义画派对细节及情节的细腻描绘（图 5-2-27）。

此后，里卡多·堤西（Riccardo Tisci）这位来自意大利南方的罗马天主教徒，在纪梵希（Givenchy）2013 年春夏高级成衣设计中，通过圣母画像将天主教的圣与罪、权利与诱惑成功地融为一体（图 5-2-28）。这与《圣母子在圣狄奥多尔与圣乔治之间登位》中的圣母子如出一辙（图 5-2-29）。里卡多·堤西（Riccardo Tisci）在紫色、白色外套上面印上圣母玛利亚平和慈祥的脸庞以及靠在她胸口熟睡的婴儿耶稣。极度模糊的印花处理，让宗教意味的图案更添肃穆与神秘。其实，法国设计师让·保罗·高提耶（Jean Paul Gaultier），早在 2007 年春夏时装中就尝试使用宗教题材进行时装设计。让·保罗·高提耶（Jean Paul Gaultier）以圣母玛利亚为灵感，并为这个系列取名为"圣母们（The Madonnas）"。让·保罗·高提耶（Jean Paul Gaultier）塑造的圣母形象闪耀着圣洁的光芒和高贵的气质（图5-2-30）。

澳大利亚时装设计师卡拉·斯派蒂克（Karla Spetic）2014年春夏时装将耶稣画像做成鲜艳琉璃色的版画形式，再与白色、桃红与宝石蓝等俏皮色彩搭配，使时装呈现一种装饰化和戏剧性的时尚感（图5-2-31）。

与这个时期的其他品牌一样，路易·威登（Louis Vuitton）也尝试运用宗教题材进行时装化设计。但是，设计师马克·雅可布（Marc Jacobs）在路易·威登（Louis Vuitton）2013春夏产品设计中并没有用那些常规的、容易解读的宗教元素，而是尝试了棋子格图案（图5-2-32）——这种并不常见却又有着基督教含义的设计元素（图5-2-33）。马克·雅可布（Marc Jacobs）的设计不但迎合了宗教主题，而且还具有现代感，便于大众化的传播与流行。

图5-2-30　Jean Paul Gaultier 2007春夏高定系列

图5-2-31　Karla Spetic 2014春夏时装

图 5-2-32 Louis Vuitton 2013 春夏

图 5-2-33 意大利教堂壁画中身穿十字架方格图案的宗教人物形象

二、日耳曼人

公元 476 年因奴隶起义和日耳曼人入侵，西罗马帝国从此灭亡，欧洲步入封建社会，日耳曼人也以此为契机成为欧洲历史舞台上的主要角色。

日耳曼诸民族的族源尚无确说，据说是使用铁器的北欧人与使用青铜器、操印欧语系的波罗的海南岸居民混居而成。日耳曼人是对一些语言、文化和习俗相近的民族（部落社会）的总称。这些民族从公元前 2000 年到公元 400 年生活在欧洲北部和中部。民族大迁徙后从日耳曼人中演化出英格兰人、德国人、荷兰人等。

自罗马帝国衰亡后，中欧、西欧被来自东欧的日耳曼民族统治。由于日耳曼民族之间征伐不断，加之基督教对社会政治、经济、文化、军事的严格控制，使欧洲处于全面停滞发展的状态。经济没落、科技落后、医学不发达、瘟疫横行，加之封建地主对百姓严酷盘剥，使人民生活在毫无希望的痛苦中，所以中世纪或中世纪早期被历史学家称作"黑暗时期"。

与罗马时代注重礼仪和装饰的南方型服装文化相比，处于西欧严寒地带的日耳曼人的服装具有完全不同的特征（图 5-2-34）。它是以御寒保暖、便于活动为目的，自发形成的封闭紧身的体形型服装样式，例如男服上衣是无袖皮制丘尼克（Tunic），下身是长裤，膝以下扎绑腿或一副覆盖到双膝之上的坚固护腿。这类服装与其原始狩猎生活相适应，取材用料多为动物毛皮。它从起源之初就要裁剪缝合，这与南方型服装那种几乎不经裁剪，直接用布在身上缠裹和披挂的着装方法形成了显明对比。随着纺织技术的出现，粗糙的毛织物和麻织物也成为这类服装的用料。在丹麦出土的北欧青铜时代的一批原始服装中有女式短小紧身、袖长及肘的丘尼克（Tunic）和筒形连衣裙，以及用带子系扎固定的短裙。

图 5-2-34 欧洲早期居民着装

图 5-2-35 丹麦出土的北欧青铜时代的原始衣物

这些带子的两头有带穗，中间有青铜饰针（图 5-2-35，约公元前 3 世纪前后）。

中世纪早期，欧洲许多国家的人穿着不同，这取决于他们是否认同古罗马文化。他们一般穿着短上衣、裤子、皮带和护腿。教会神职人员穿长至脚踝的袍服。此时，欧洲的大多数人生活水平仍然很低，服装的面料多是农村生产的未染色的棉或亚麻，好一点的也只是经过漂白或染色的亚麻布，以及简单图案的羊毛编织面料。富人们穿由更细、更丰富多彩的布缝制而成的长袍，贵族们则穿从拜占庭进口丝绸装饰绣花的长袍。穿长袍时，人们通常在腰部系皮革或织带。

根据气候，裤子剪裁或松或紧，也可以不穿。为了行动方便，农民和战士一般齐膝短裤，下面用布带绑腿。正式礼服和冬天室外服，欧洲人一般在最外面披一件大斗篷。随着与罗马人接触和交流的增多，日耳曼人的服装明显受罗马文化影响，男子在丘尼克（Tunic）和长裤外，披上了罗马式的斗篷萨古姆（Sagum）。这本是罗马战士和一般市民在战争时穿得非常实用的外衣。它是方形或三角形的毛织物，穿时把织物披在左肩，在右肩前用别针把两个布角固定。日耳曼人的萨古姆（Sagum）多是暗红色或有紫色缘饰的绿色毛织物（图5-2-36）。金属配剑是贵族身份的标识。在英格兰，只有自由人可以在腰间携带刀剑。盎格鲁·撒克逊贵族男性一般用贵重的珍珠宝石装饰胸针。为了防寒，撒克逊农民和战士平时在头上戴皮帽或毡帽，打仗时则戴头盔（图5-2-37）。

日耳曼女性服装沿用了罗马末期的达尔玛提卡（Dalmatica）。其式样为短袖束腰连衣裙，衣长取决于天气，寒冷时一般长至脚踝，夏天稍短，但无论何时都系腰带。此时的克拉比装饰已变成沿领围一圈，以及后背中心垂直一条的形式。上层女性服装的衣边会装饰非常丰富的刺绣。为了御寒，日耳曼女性常把两件达尔玛提卡（Dalmatica）重叠穿用，里面的达尔玛提卡（Dalmatica）是紧身的小口长袖，外面的是宽松的半袖或喇叭状的长袖，袖口上还装饰有带状刺绣纹样。穿的时候，喇叭状长袖一般翻折，使里面的窄袖露出来。随着基督教的传播，已

婚妇女怀孕期间要用长及足踝的头巾贝尔（Veil）盖住头发。平时，贝尔（Veil）不仅包头后披在身后，还常像披肩似的包住双肩。日耳曼贵族妇女还常在贝尔上面戴镶满珠宝的金冠饰（图5-2-38）。

日耳曼人以留长发为荣，男子头发长及肩头，女子把长发编成发辫垂在身后，也有人戴用羊毛制成的假发。日耳曼人还喜欢把头发或假发染成红色。对于日耳曼人来讲，长发是自由的象征，短发则意味着屈从。但随着时代的变迁，他们也开始接受罗马文化，男子开始留短发，女子也有把头发盘起来的时候。日耳曼人的鞋子很简单，是鹿皮靴或扣襻便鞋，也有木底牛皮靴子，靴长几乎及膝，饰有美丽的花纹。鞋大多是简单的翻鞋，通常是一个牛皮鞋底和柔软的皮革鞋面，缝在一起，然后再翻出来。

从当时的绘画作品看，日耳曼女性酷爱美丽鲜艳的色彩，如内衣是蓝色，外衣是紫色，斗篷为深红色，头巾则是浅蓝色。贵族女性的服装上还有刺绣金边的图案，这是受拜占庭风格所影响。

图 5-2-36 公元 500—1000 年期间盎格鲁·撒克逊人的着装　　图 5-2-37 盎格鲁·撒克逊人的仪仗头盔（约为公元6—7世纪的文物）　　图 5-2-38 头上包贝尔的日耳曼女性

第六章 公元 11—13 世纪服装

图 6-1-1　宋代张择端《清明上河图》局部

第一节 中国：宋代

> 北宋：公元 960—1127 年
> 南宋：公元 1127—1279 年

公元 960 年，赵匡胤统一全国，建立宋朝，从而结束了晚唐五代的混乱局面。宋王朝立国 319 年，其间以 1127 年"靖康之耻"为界，分为前、后两个时期。此前为北宋，定都汴京（现河南开封）；此后为南宋，定都临安（现浙江杭州）。

北宋时期，为了建立一个高度集权专制的封建王朝，宋王朝吸取了唐末藩镇割据、节度使拥兵自重的教训，实行"修文偃武"的政策，进而削弱军人权势，转而大力推行科举制度，士大夫官僚阶层崛起而取代了士族豪门，形成了文人治国的格局。宋代商品经济的繁盛和城市建设的发展（图 6-1-1），使宋人的物质生活和审美品味得到了极大的丰富和提升（图 6-1-2）。

图 6-1-2　宋徽宗《文会图》局部

宋代从事纺织的作坊有官营和私营之分，广大农村的劳动妇女也都纺织布帛。北宋丝织业以两浙、川蜀地区最为发达。开封设绫锦院，为皇室贵族织造高级织品（图6-1-3）。北宋和南宋棉花种植和桑蚕业遍及各地，织机遍及城乡。当时，丝织品已达100多种，纱、罗、绢、锦、绮、绫等品类都出现了许多名品，如单州的薄缣望之若雾，亳州所出轻纱更是有名（图6-1-4），陆游《老学庵笔记》有所描绘："亳州出轻纱，举之若无，裁以为衣，真若烟霞。"宋代的织锦名品也达100多种，大多以产地命名，尤其以蜀锦最为知名。清代陈元龙编撰的《格致镜原》记载："五代蜀时制成十样锦，长安竹锦、天下乐锦、雕团锦、宜男锦、宝界地锦、方胜锦、狮团锦、象眼锦、八答晕锦、铁梗襄荷锦，合称'十样锦'。"

宋时的刺绣也很著名，缎丝染色技术均取得新的成就，色谱齐备。从出土的实物看，有印金、刺绣、彩绘等多种工艺手法。另外，两宋服装业和缝纫工具的发展也促进了服装的繁荣。据考证，宋时已形成服装作坊和服装行业，汴京（今开封）与服装有关的行业有衣行、帽行、穿珠行、接绦服、领抹行、钗朵行、纽扣行及修冠子、染梳行、洗衣行等几十种之多。一些上层阶级甚至雇佣一些专业裁缝。宋代缝纫工具，如剪刀、熨斗和制针等工具也都所发展。据史书记载，汴京、临安均有制针作坊，而且数量很多，甚至远销南洋。济南有一家刘家铺制造的针细且精致，以白兔作为自己产品的商标（图6-1-5），还特别标出"收买上等钢条，造工夫细针"等语。

一、理学昌盛

宋代的统治思想以继承孔孟之道、强调封建的伦理纲常为主，时称理学，以二程（程颢、程颐）（图6-1-6）、朱熹（图6-1-7）为代表。他们认为天地之大，唯有一"理"而已。这里所谓的"理"，不过是把三纲五常的封建统治无限地扩大到人们生活的各个领域，并以此来证明封建道德伦

图6-1-3　南宋《耕织图》局部

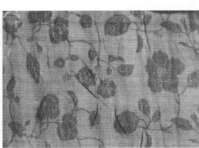

图6-1-4　缠枝暗花纹纱罗面料（福建福州宋代黄昇墓出土）

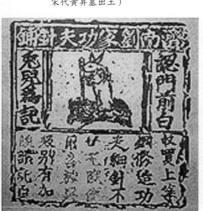

图6-1-5　宋代白兔商标

图6-1-6　程颢像和程颐像

图6-1-7　《书翰文稿》中的朱熹像

理的神圣地位。在当时，程朱理学已居于统治地位。在"存天理、灭人欲"的思想支配下，人们的美学观点也相应变化。整个社会舆论主张服饰不宜过分华丽，尤其是妇女服饰"惟务洁净，不可异众"。宋朝政府也三令五申，要求服饰"务从简朴""不得奢靡"。宋代衣冠服饰并没有承袭唐代女装的奢华风貌，给人以质朴、洁净和自然之感。但由于社会的进步和纺织业的发展，为权贵们追求华丽的服饰提供了物质基础，使得宋朝统治者对于服装的奢侈禁令很难维持到底，所以宋代服饰也有其绚丽多彩的一面。

二、以服为纲

宋初的服饰制度承袭五代旧规，后循唐制，上自皇帝、皇太子、诸王以及各级品官，下及于吏庶等服饰制度。因议论繁多，改定达27次之多。其间以北宋初期太祖时期及仁宗景佑二年（1035年）、神宗元丰四年（1081年）、徽宗大观四年（1110年）和政和年间（1113—1125年），及高宗绍兴四年（1134年）的制度较详。根据宋代服制规定，官服可分为祭服、朝服、公服和时服等。除祭祀朝会之外，百官公服为袍衫，并以颜色区别等级。其色有紫、绯、朱、绿、青不等。其与前代群臣冠服大多采用"以冠统服"的模式不同，自宋代开始变为"以服为纲"的模式。

宋代天子之服有七种，一曰大裘冕，二曰衮冕，三曰通天冠、绛纱袍，四曰履袍，五曰衫袍，六曰窄袍，七曰御阅服（戎服）。

大裘冕为皇帝祀日之时穿用。头戴冕冠，身穿黑羔皮裘衣、纁裳、朱绂，无章饰，佩白玉，玄组绶。

衮冕是皇帝祀日之时穿用。头戴冕冠，身穿青衣八章，纁裳四章，蔽膝随裳色，绣升龙二。白罗中单，青罗抹带。绯白罗大带，革带，白玉双佩。大绶六采，小绶三色，间施玉环三。朱袜，赤舄，缘以黄罗。

通天冠服为皇帝大祭祀致斋、正旦冬至五月朔大朝会、大册命、亲耕籍田时穿用（图6-1-8）。首服通天冠，二十四梁。绛纱袍，绛纱裙，蔽膝如袍饰，白纱中单，白罗方心曲领。白袜，黑舄，佩绶如衮。

图6-1-8　《宋宣祖通天冠服像》（右）和局部放大图（左）（南薰殿旧藏）

图 6-1-9 《宋仁宗坐像》（南薰殿旧藏）

图 6-1-10 《宋太祖赵匡胤像》（南薰殿旧藏）

图 6-1-11 《宋太宗立像》（南薰殿旧藏）

履袍为宋代皇帝郊祀、明堂，诣宫、宿庙、进膳、上寿两宫及端门肆赦时穿用。其整体搭配是头戴折上巾，身穿绛罗袍，腰系通犀金玉带。系履时称履袍，服靴时则称靴袍。履、靴皆用黑革，其式样如《宋仁宗坐像》（图 6-1-9）。

衫袍为皇帝大宴时穿用，头戴折上巾，身穿淡黄袍衫，玉装红束带，皂文靴。自隋代始，天子的常服已为赤黄、浅黄袍衫、九还带、六合靴。宋代承袭，其式样如《宋太祖赵匡胤像》（图 6-1-10）和《宋太宗立像》（图 6-1-11）。

窄袍为皇帝便坐视事时穿用。头戴皂纱折上巾或乌纱帽。身穿红袍或背子，系通犀金玉环带，圆领袍里面多穿交领袍。

三、方心曲领

方心曲领是套在朝服交领之上的用白罗制成的项饰，也是宋代朝服最为显著的特征之一。据宋人卫湜《礼记集说》记载："今朝服有方心曲领，以白罗为之，方二寸许，缀于圆领之上，以系于颈后结之也。"可知，宋代的方心曲领上为圆形，下缀二寸方框，意在附会天圆地方之说，如宋代《女孝经图》（图 6-1-12）和明代《三才图会》中的方心曲领（图 6-1-13）。宋代官服上的方心曲领，是宋人对古代文献中"曲袷""方领"和"曲领"的臆测之作，意在遵古，但非古制，如北宋陈祥道《礼书·深衣》云："深衣曲袷如矩，则其领方而已，郑氏谓如小儿衣领，服虔释《汉书》谓如小儿合袭衣，而后世遂制方心曲领加于衣上，非古制也。"

四、道家风骨

宋代服饰以存古风为尚。其式样以交领或对襟以及有深色缘边的宽身大袖袍衫为主，如襕衫、直裰、鹤氅等。

道袍本为释道之服，宋、明之时广泛用于士庶

图 6-1-12 宋代《女孝经图》

图 6-1-13 《三才图会》中的方心曲领

图 6-1-14 宋人绘《听琴图》中身穿道袍的人物形象

图 6-1-15 宋代赵佶《听琴图》中身穿直裰的弹琴者形象

图 6-1-16 宋代《青城像》

男子（图 6-1-14），可以绫罗绸缎为之，单、夹、绒、棉各惟其时，通常采用大襟、交领、两袖宽博，下长过膝。冯梦龙《醒世恒言·陆五汉硬留合色鞋》载："（张荩）自己打扮起来，头戴一顶时样绉纱巾，身穿着银红吴绫道袍。"

直裰，也写作"直掇"。宋代时多以素布为之。其式样为对襟大袖（宋代为直袖，明代为收祛的琵琶袖），衣缘四周镶有黑边，其后背有一条直通到底的中缝，前襟上也有一条中缝。最初多用作僧人和道士之服。如宋赵彦卫《云麓漫钞》谓："古之中衣，即今僧寺行者直掇。"苏辙《答孔平仲惠蕉布诗》："更得双蕉缝直掇，都人浑作道人看。"从苏辙的诗句中，可知在当时文人中，也有穿直裰的，只是在世人眼中，这种服装仍为僧侣之服。其形象如《听琴图》中弹琴者（图 6-1-15）和宋代《青城像》中服装式样（图 6-1-16）。

到了元、明时期，直裰的形制有所变异，通常用纱縠、绫罗、绸缎及苎麻织物制成，大襟交领，下长过膝。多用于士庶男子。《儒林外史》第二十二回载："忽见楼梯上又走上两个戴方巾的秀才来。前面的一个穿一件茧绸直裰，胸前油了一块，后面一个穿一件元色直裰，两个袖子破得晃晃荡荡的，走了上来。"

五、士人襕衫

襕衫乃古代士人之服。其制始于北周，兴起于唐代，流行于宋明。据《宋史·舆服志》载："襕

图 6-1-17 宋代赵佶《听琴图》中身穿襕袍的男子形象

图 6-1-18 穿蓝衫的明代士人画像

衫以白细布为之，圆领大袖，下施横襕为裳，腰间有襞积，进士、国子生、州县生服之。"宋代襕衫是一种圆领或交领、无缘饰的长衫，下摆有一横襕（缝缀或织成的纹样），以示上衣下裳之旧制。其可为仕者燕居、告老还乡或低级吏人服用。

宋时，襕衫接近于官定服制，同大袖常服形式相似，如宋代赵佶《听琴图》（图 6-1-17）和《文苑图》中男子所穿的服装。

明代襕衫是秀才、举人的公服。因举子身穿白襕，头戴黑帽，故有人描写举子为"头乌身上白"，讥讽举人像头黑身白的米虫。明代襕衫除士人穿着外，还用于各地乡学祭孔行六佾舞的礼生服饰。明代还出现了以蓝色布料制作、没有膝襕的"蓝衫"。其下摆处有深色宽缘，以衣缘代替膝襕的象征意义（图 6-1-18）。

六、命妇礼服

宋代命妇随男子官服而区分等级。据《宋史·舆服志》载，内外命妇有袆衣、褕翟、鞠衣、朱衣和钿钗礼衣。

皇后受册、朝会及诸大事服袆衣，亲蚕服鞠衣。妃及皇太子妃受册，朝会服褕翟。命妇朝谒皇帝及垂辇服朱衣，宴见宾客服钿钗礼衣。

袆衣，皇后受册、朝谒景灵宫服之。九龙四凤冠，饰大花、小花各十二株。冠后左右各饰两博鬓（冠后旁垂饰的两叶状饰物，后世谓之掩鬓）。深青色袆衣，红色翟鸟纹，青纱中单，黼领，罗縠褾襈，蔽膝随裳色，以緅为领缘。大带随衣色，朱里，紃其外，上以朱锦，下以绿锦。革带以青衣之，白玉双佩，黑组，双大绶，小绶三，间施玉环三，青

韈、舄，舄加金饰。其形象如南薰殿旧藏《历代帝后像》中的皇后所穿服装（图6-1-19）。日本品牌Kenzo 2012春夏产品设计借鉴了宋代皇后袆衣纹样（图6-1-20）。

褕翟，皇后及皇太子妃受册服之。妃头戴九翚四凤冠，大小花各九株。皇太子妃冠花株减少及无龙饰。青罗衣，绣翟鸟纹样。素纱中单，黼领，罗縠褾襈，蔽膝随裳色，以緅为领缘。大带随衣色，不朱里，紃其外，余仿皇后冠服之制。

鞠衣，皇后亲蚕服之。黄罗衣，蔽膝、大带、衣革带、舄随衣色，余同袆衣，唯无翟纹，其形象如南宋《女孝经图》中的皇后所穿服装（图6-1-21）。

图6-1-19　《历代帝后像》中的宋代皇后（南薰殿旧藏）

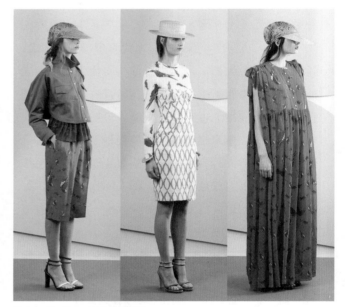

图6-1-20　Kenzo 2012春夏时装

图6-1-21　南宋《女孝经图》中的皇后形象（故宫博物院藏）

朱衣，命妇朝谒圣容及乘辇服之。绯罗衣，蔽膝、革带、佩绶、袜和金饰履，履随裳色。

礼衣，命妇宴见宾客时服之。钿钗礼衣，服通用杂色，制同鞠衣，加双佩、小绶。

常服，皇后常服为命妇的礼服，真红色大袖衣，以红罗生色为领，红罗长裙。红霞帔，药玉（小玻璃瓶）为坠子。红罗背子，黄、红纱衫，白纱裆裤，服黄色裙，粉红色纱短衫。真红色大袖衣应如福建福州南宋黄昇墓出土的褐黄色罗镶花边大袖衣（图6-1-22），身长121厘米、两袖通长182厘米、袖口宽68厘米、腰宽55厘米、下摆61厘米。对襟直领，不施衿纽，两侧开衩，身长过膝，领、襟、袖缘及下摆缘都缝花边一道，纹饰有彩绘鸾凤及印金蔷薇花等。江苏南京高淳花山乡宋墓、江西德安南宋周氏墓也都有大袖衫出土。

七、霞帔坠子

宋徽宗政和年间（1111—1117年）规定命妇受册、从蚕典礼时礼服的外衣是青罗绣翟鸟纹翟衣，内衬素纱中单，黼领，朱色袖缘、衣缘通用罗，蔽膝同裳色。大带、革带、青袜舄，加佩绶。花钗冠，两博鬓加宝钿饰，一品花钗9株，宝钿数同花数，衣绣翟鸟9只；二品花钗8株，衣绣翟鸟8只；三品花钗7株，衣绣翟鸟7只；四品花钗6株，衣绣翟鸟6只；五品花钗5株，衣绣翟鸟5只。

宋代以后，唐代帔帛演变成狭长带状披肩的新形式，其上无彩绣的叫"直帔"，有彩绣的叫"霞帔"。它是宋以来妇女的命服，随品级高低而不同。其样式狭长，皇后绣龙凤纹，命妇绣禽鸟纹。穿戴时自领后绕至胸前，披搭而下，下端则用金或玉制成的坠子固定。1975年福建福州南宋黄昇墓出土的罗绣花霞帔，以素罗制成，裁制成条状，左右各一飘带，通体绣以花纹（图6-1-23）。在这件霞帔的下端，还系着一件鸡心形扁圆浮雕双凤金帔坠（图6-1-24）。其佩戴形式应如《宋宣祖皇后坐像》中式样（图6-1-25）。如果霞帔没有下面的坠子，穿戴时要用双手托举在胸前，使其垂在身前，如江西景德镇舒家庄出土的瓷俑（图6-1-26）。

图6-1-23 罗绣花霞帔（福建福州南宋黄昇墓出土）

图6-1-22 褐黄色罗镶花边大袖衣（福建福州南宋黄昇墓出土）

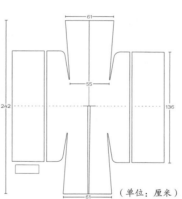

（单位：厘米）

图6-1-26 瓷俑（江西景德镇舒家庄出土）

图6-1-24 扁圆浮雕双凤金帔坠（福建福州南宋黄昇墓出土）

图6-1-25 《宋宣祖皇后坐像》

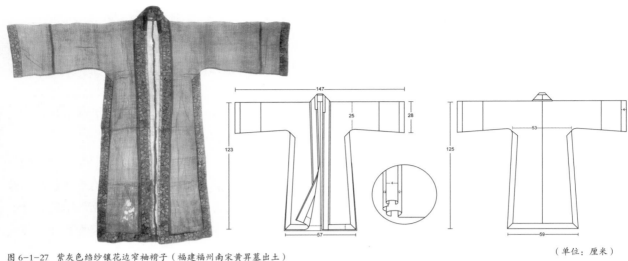

图 6-1-27　紫灰色绉纱镶花边窄袖褙子（福建福州南宋黄昇墓出土）

（单位：厘米）

八、褙子风韵

宋代妇女的日常服饰有大袖衫、褙子、半臂、袄、襦、抹胸、裙、裤等。衣服都在领边、袖边、大襟边、腰部和下摆部位镶有用印金、刺绣和彩绘工艺绣绘的牡丹、山茶、梅花和百合等装饰图案的缘饰。

褙子，也写作"背子"，是宋代上至皇后、贵妃、命妇，下至平民、侍从、奴婢，以及优伶、乐人不分等级与尊卑的通用性服装款式。

宋代褙子式样的主要特征为瘦身窄袖、对襟直领、加缝生色领、两侧开衩和不施衿纽。其实物如福建福州南宋黄昇墓出土的紫灰色绉纱镶花边窄袖褙子（图 6-1-27），衣长 123 厘米，袖展长 147 厘米，衣料纹路清晰，图案精美，领、袖、下摆加缝印金填彩缘边。正裁法缝制，衣身及两半袖用两幅单料各剪裁成"凸"形对折，竖直合缝，两半袖端

各接一块延伸成长袖，衣身前后裾长度相等。在宋词中，有许多描写女性着装形象的佳句，如黄机《浣溪沙》中"墨绿衫儿窄窄裁"，张泌《江城子》中"窄罗衫子薄罗裙，小腰身，晚妆新。"一个"窄"字，形象地勾画出宋代女服"小腰身"的特点。这与唐朝女子骑马射猎、英姿飒爽的风格不同，宋朝女子追求的是一种朴素雅致、含而不露而又风情万种的小家碧玉之美。《荷亭戏婴图》（图 6-1-28）、《瑶台步月图》（图 6-1-29）和《歌乐图》中均可见修长清秀的宋代美女。

宋代褙子的前襟不施纽襻，两裾离异，谓之"不制衿"，且腋下侧缝缀有带子，垂而不结仅作装饰，意义是模仿古代中单交带的形式，表示"好古存旧"。即便宋代褙子偶施衿纽，外观也极其简练与隐蔽，

图 6-1-28　《荷亭戏婴图》

图6-1-29 宋代陈清波《瑶台步月图》

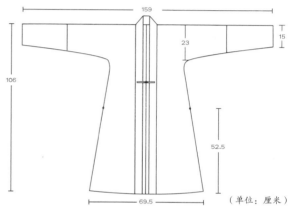

图6-1-30 印金罗襟折枝花纹罗衫实物及尺寸图
（江西德安南宋周氏墓出土）

如江西德安南宋周氏墓出土的印金罗襟折枝花纹罗褙子衣襟的纽扣（图6-1-30）。发掘者称这是宋代褙子中对襟有纽扣的首次发现。

由于宋时女服风尚朴素，所以领口、袖口和两腋处的缘饰就成为宋代女服的"点睛之笔"。宋代词人也多有描绘。其中比较形象的一首当推赵长卿的《鹧鸪天》："牙领番腾一线红，花儿新样喜相逢。薄纱衫子轻笼玉，削玉身材瘦怯风。……"词中"牙领"也称"领抹"。所谓"牙"，是指器物外沿或雕饰的突出部分。其颇为精准文雅地点出了宋人缝制"领抹"的工艺特点。考察福建福州南宋黄昇墓实物，宋代褙子上的"领抹"都是将一块整布裁剪成长条形，两侧外边向内扣折后，用针线沿领抹外沿缝于领襟之上。宋代领抹多以手工画绘花卉纹样，如宋代无名氏《阮郎归·端午》词中"画罗领抹缬裙儿"，也有印金、泥金等工艺，如杨炎正《柳梢青》中"生紫衫儿。影金领子。"其图案以写实花卉为主，也有鸟兽等吉祥图案，如黄昇墓出土的印花彩绘山茶花花边、印金蔷薇花边和印花彩绘鸾凤花边（图6-1-31）。

这些或画或绣、充满诗情画意的领边风景在素雅简洁的宋代女服中，可谓一个颇具传统且又有时代新意的特色符号。早在南朝，史学家沈约就以《领襟绣》为题作诗："纤手制新奇，刺作可怜仪。紫丝飞凤子，结缕坐花儿。……""结缕坐花儿"一

图6-1-31 印花彩绘山茶花花边、印金蔷薇花边、印花彩绘鸾凤花边

句说明，南北朝时期服装领抹上的那些漂亮精致的纹样很可能是直接在织机上织成的。因为宋代褙子都用花边装饰，所以市场需求量很大，这促成了宋代花边制作行业的兴盛。

除了素色纱罗，也有以销金材料做成的褙子（图6-1-32）。不仅女子，宋代男子也穿褙子。宋代《宣和遗事》一书有载："王孙、公子、才子、伎人、男子汉，都是了顶背带头巾，窄地长背子，宽口裤。"发展至元代，褙子仍在穿用，元人戴善夫《风光好》第四折就有"褙子冠儿"的描述。

与宋代相比，明代褙子大同小异，用途更加广泛，时称"四襈袄子"。"襈"就是衣衩。明初就曾经规定皇室贵妇以褙子为常服，品级较低的命妇则以褙子为正式礼服，乐伎只能穿黑褙子，教坊司的妇人则不能穿褙子。明代褙子式样如唐寅《王蜀宫妓图》中的服饰形象（图6-1-33）。

九、轻衫薄裙

由于大量织锦需用于向北方游牧民族纳贡或贸易，从而导致宋政府财政上的紧张。故宋代服装面料以绫、纱等轻薄面料为尚。宋代单衫是用黄色和粉红色的纱制成，袖子较短，一般以轻薄质料和浅淡颜色为主，即所谓的"轻衫罩体香罗碧"，如福建福州南宋黄昇墓出土的浅褐色绉纱镶花边窄袖衫（图6-1-34）。在宋代，女性还穿着一种无袖衫，如福建福州南宋黄昇墓出土的深烟色牡丹花罗无袖衫（图6-1-35），后世人称之为背心。这些纱罗面料多有缠枝纹样（图6-1-36）。宋代丝织品的花鸟纹样重写实，由唐代平列图案式的布局，发展为写实折枝花和缠枝花，即所谓的"生色花"。为适应纺织品装饰性的需要，宋代纹样保留花鸟生动自然的外形特征和生长运动姿态，用点、线、面结合的方法，将其简化处理为平面形象，并在构图形式上强调两花对置，形态相同，上下仰俯，盛开含苞，富于变化。美国设计师黛安·冯·芙丝汀宝（Diane von Furstenberg）在2008年秋冬设计了白底黑花缠枝纹样的旗袍式礼服裙（图6-1-37）。

宋代女性还用一种裹肚和抹胸，是一种贴身穿的女子内衣。裹肚稍长，抹胸较短小。宋代抹胸也称"襴裙"，明代称为"合欢襴裙"。

图6-1-32 南宋《歌乐图》局部

图6-1-33 明代唐寅《王蜀宫妓图》

图 6-1-34 浅褐色绉纱镶花边窄袖衫（福建福州南宋黄昇墓出土）

图 6-1-35 深烟色牡丹花罗无袖衫（福建福州南宋黄昇墓出土）

图 6-1-38 宋代钱选《招凉仕女图》

图 6-1-36 深烟色罗牡丹芙蓉花缠枝纹样

图 6-1-37 Diane von Furstenberg 2008 秋冬时装

图 6-1-39 福建南宋黄昇墓出土褐色罗印花千褶裙

图 6-1-40 褐色牡丹花罗镶花边裙（福建福州南宋黄昇墓出土）

宋代妇女下身多穿裙和裤（图 6-1-38）。宋代女裙多存唐代遗制，时兴"石榴"、"千褶"和"百迭"等名目。言"千褶"者，为细裥女裙。千褶裙衣长托地，以五色轻纱为之，周身折裥，裥多而密，故名。所谓"百迭"裙者，用料六幅、八幅至十二幅不等，中施加细裥，如品渭志《千秋岁》词："约腕金条瘦，裙儿细褶如眉皱"。红衣宫女《裙带间六言诗》云："百叠漪漪水皱，六铢縰縰云轻。"其实物如福建福州南宋黄昇墓出土的褐色罗印花千褶裙（图 6-1-39）。

宋代妇女流行"旋裙"，为前后开胯的裙子，乘骑方便。最初多用于青楼女子，后流传开来。宋理宗时，宫廷嫔妃时兴穿一种前后相掩（不缝合）的裙式，因走起路来裙裾扫地，被称为"赶上裙"，如福建福州南宋黄昇墓出土的褐色牡丹花罗镶花边裙（图 6-1-40）。因其前后都可开合，故被保守的人士视为"服妖"。与上身穿的衫一样，宋代女裙也流行使用轻薄质料，时有"薄罗衫子薄罗裙"之称，其式样如福建福州南宋黄昇墓出土的褐色罗印花千褶裙。为了不使裙摆散开影响美观，宋代女子常在裙子中间挂上一根用丝带编成的飘带，中间打环结，串一个玉制的圆环玉佩，被称为"玉环绶"或"宫绦"，用来压住裙幅（图 6-1-41）。这在当代中式服装中比较常见（图 6-1-42）。意大利品牌卡沃利（Just Cavalli）2013 年秋冬推出了精美的翠环流苏项链（图 6-1-43）。美国婚纱设计师克莱尔·佩

图 6-1-41 腰挂玉环绶的宋代女性
（山西太原晋祠彩塑）

图 6-1-42 现代汉服的玉环绶

图 6-1-44 僧人佛珠背后的挂穗燕尾

图 6-1-43 Just Cavalli 2013 秋冬
翠环流苏项链

图 6-1-45 Claire Pettibone 2010 兰花礼服系列

蒂伯恩（Claire Pettibone）在 2010 年兰花礼服系列中也运用了玉环绶这一元素。其设计轻盈飘逸，层次丰富分明，尤其是借鉴了僧人佛珠背后的挂穗燕尾（背云）的式样（图 6-1-44），勾勒出纤细优美的颈背线条，体现了石涛《墨兰》中"丰骨清清叶叶真，迎风向背笑惊人"的风韵（图 6-1-45）。在中国传统文化中，长长的"流苏"又名"吉祥穗"，象征五谷丰登、吉祥如意。

宋代妇女还常用腹围，即在腰间围腰的帛巾，以鹅黄色为尚，时称"腰上黄"。宋岳珂《桯史》卷五《宣和服妖》载："宣和之季，京师士庶竞以鹅黄为腹围，谓之腰上黄。"其形象如宋人绘《杂剧图》（图 6-1-46）和《调琴啜茗图》中的样子（图 6-1-47）。

十、吊敦膝裤

从史书记载来看，两宋时期的男女，不分尊卑都穿膝裤。其形象如《文听琴图》中的书童，袍服开衩处露出所穿的膝裤式样图。《朱子语录》记载，南宋奸臣秦桧在朝为相，虽然得高宗皇帝的重用，但高宗对他也时有防范，秦桧死后，高宗不免松了口气，对臣下说："朕今日始免膝裤中置匕首矣！"明代膝裤多制成平口，上达于膝，下及于踝，著时以带系缚于胫。《金瓶梅词话》第 67 回记潘金莲在"著纱裙，内衬潞绸裙"里面，系缚一对"锦红膝裤"。

图 6-1-46 宋人绘《杂剧图》

图 6-1-48 黄地小杂花金锦夹吊敦实物 （黑龙江哈尔滨阿城金墓出土）　　图 6-1-49 阿城金墓出土素绢高腰裤 （黑龙江哈尔滨阿城金墓出土）

图 6-1-47 《调琴啜茗图》

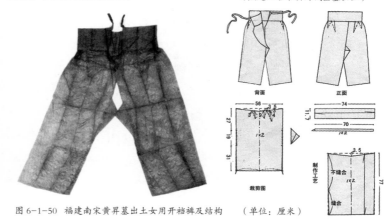

图 6-1-50 福建南宋黄昇墓出土女用开裆裤及结构　（单位：厘米）

　　宋代的裤子质料以纱、罗、绢、绸、绮、绫为多，并装饰有平素纹、大提花、小提花等图案，裤子的颜色以驼、黄、棕、褐等色为主。

　　虽然宋、辽两国敌对争斗，但彼此间文化交流和经济往来不断，中原地区与北方民族彼此间的服饰影响也日益加剧。北宋洛阳，有许多人穿契丹的服装式样。宋天圣三年（1025年）和庆历八年（1048年）曾下令禁止百姓穿契丹服，士庶不得穿黑褐地白花衣服及蓝、黄、紫地撮晕花样，妇女不得穿铜绿、兔褐之类，不得将白色、褐色毛缎，淡褐色匹帛做衣服，并禁穿吊敦（袜裤）。所谓吊敦，是一种只有两条裤管的内裤。吊敦上沿呈内低外高形态，与人体腿部形态吻合。其裤腿上部有长带，将其系于膝盖下部，如黑龙江哈尔滨阿城金墓出土的黄地小杂花金锦夹吊敦实物（图6-1-48）。其穿着式样如宋人所绘的《杂剧人物》形象。同时，黑龙江哈

尔滨阿城金墓还有素绢高腰裤出土（图6-1-49），在其裤裆部有补裆。腰间的断缝下部有褶，上部有较高的护腰，护腰上缝制了三条等距、等宽的腰带，可以将其在腰部系紧。与吊敦相同，在高腰裤的裤口处有宽约6厘米的踏脚。

　　据《老学庵笔记》记载，裤有绣者，白地白绣、鹅黄地鹅黄绣。福建福州南宋黄昇墓中出土有合裆裤8件、开裆裤15件。这说明开裆裤与合裆裤在中国古代一直并行不悖。福建福州南宋黄昇墓出土的一件烟色牡丹花罗开裆裤（图6-1-50）的裤筒每边各用长方形单幅纵式折合，顶部每边各向内皱折两道，略呈弧状。两裤筒内侧加一三角形小裆，裆以下至裤管缝合，而裆以上至顶部未缝合。上接有腰，于背后正中开腰，两端系带。裤子的裁片主要由裤腿、裤裆和裤腰组成，都是整片，没有拼接。裤裆是一片长方形。裤腿为长方形，上端的一角

被裁掉一个三角形，这相当于现代裤子对于裤腰的处理，使裤子更加贴合身体。裤子的每条裤腿由一块长方形的单幅纵式折叠而成，在内侧缝合，以长方形短边的二分之一点为侧缝线，前边有两个省，后边有一个省。这款裤子的特别之处还在于裤脚的衩开。

十一、乌靴金莲

宋代妇女穿靴者较少，只在宫廷中，一些女官在穿着公服时也可穿靴。宋代诗词中有许多关于"弓靴"的内容，如卢炳《菩萨蛮》云："石榴裙束纤腰袅，金莲稳称弓靴小。"张集《清玉案》有"弓靴微湿，玉纤频袖，塑出狮儿好"。

五代以前男女的鞋子是同一形制。从宋代开始，中国女性流行用布帛把脚缠裹起来，使其变成又小又尖的形状，即遗害中国女性达数百年的缠足风俗。这种极为自虐的审美习惯，在当时的社会环境中，却得到了许多文人雅士的赞美之词，如"金莲""香钩"等。宋代诗人苏东坡曾专门作《菩萨蛮·涂香莫惜莲承步》一词，咏叹缠足："涂香莫惜莲承步，长愁罗袜凌波去；只见舞回风，都无行处踪。偷立宫样稳，并立双跌困；纤妙说应难，须从掌上看。"

据记载，中国古代女性缠足是因为南唐后主李煜，喜欢看其宠爱的嫔妃窅娘在"金制的莲花"上跳舞所至。窅娘姿态苗条，善歌舞。由于金制的莲花太小，窅娘以帛缠足，屈上作"红菱型""新月型"，著素袜婀娜舞于莲中。时人竞相仿效，五代之后逐渐形成风气，民间女子纷纷仿效，成为一种病态的审美，甚至成为评判中国古代女子品德的一个重要条件。此外，亦有缠足始于隋代的民间传说。

宋代的缠足与后世的三寸金莲有所区别。据史籍记载，宋代的缠足是把脚裹得"纤直"但不弓弯，时称"快上马"。其实物如福建福州南宋黄昇墓出土的翘头绣花女鞋（图6-1-51）、浙江兰溪南宋墓出土的翘头绣花女鞋（图6-1-52）和湖北江陵宋代墓出土的女鞋（图6-1-53）。宋代女性所穿鞋子被称为"错到底"，其鞋底前尖，由两色合成。宋代风俗画家王居正《纺车图》（图6-1-54）和宋人绘《杂剧图》中也有着缠足形象。

十二、职业服装

无论是古代和现代、中国和西方，以服饰标明穿者的社会职业是一种普遍存在的现象。与个性表现的自由随意相比，职业服装的标识功能往往作为

图6-1-51 翘头绣花女鞋（福建福州南宋黄昇墓出土）　图6-1-52 翘头绣花女鞋（浙江兰溪南宋墓出土）　图6-1-53 女鞋（湖北江陵宋代墓出土）

图6-1-54 宋王居正绢本设色《纺车图》

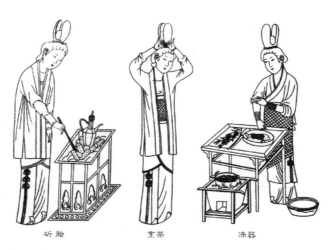

研胚　　　　烹茶　　　　涤器

图 6-1-55　河南偃师酒流沟宋墓画像砖上穿褙子的宋代厨娘像

一种社会规范而具有一定的强制性。早在汉代，就开始有以服饰标明职业的规定。如汉代平民男子头上所戴巾帻（汉代男子首服的一种）的色彩就是明显的职业标识——车夫戴红色，轿夫戴黄色，厨师为绿色，官奴为青色。

至宋代，由于城镇经济的繁荣，专门从事某一具体行业的人群日益增多，职业服装更显出服饰社会化的必要性。孟元老《东京梦华录》中清楚记载了当时士农工商诸行要穿着不同行业的服装，如卖药卖卦"皆具冠带"，香铺裹香人"顶帽披背"，质库掌事着"皂衫角带不顶帽"，甚至沿街行讨的乞丐也"亦有规格。稍似懒惰，众所不容"。此外，在北宋画家张择端绘《清明上河图》中处于街边巷口、酒家店铺从事各业的五百余人，不仅年龄各不相同，衣服描绘也是如实记录了当时各行各业的服装特色。

唐宋时代，有钱人家喜欢请女厨到家做宴饮餐食。《问奇类林》载，宋代太师蔡京有"厨婢数百人，庖子十五人"。中国历史博物馆收藏的四块厨事画像砖描绘了厨娘从事烹调活动的几个侧面（图6-1-55）。她们有的在结发，预示厨事即将开始；有的在研胚，有的在烹茶、涤器。砖刻所绘厨娘的服饰大体相同，都是头戴团冠，窄袖对襟衫，长裤外套短裙的形式。

十三、刺绣缂丝

宋代的刺绣工艺也有很高的水平。当时的刺绣作品，受绘画影响很大，常以名家书画为粉本，且广泛运用了戗针、套针、网绣、盘金、钉线等各种针法。

在传承隋、唐、五代缂丝工艺的基础上，宋代的缂丝技术大大提高，尤其以定州的缂丝业最为出色。据庄绰《鸡肋编》记载，"定州织缂丝，不用大机，以熟色丝经于木栀上，随心所欲作花草禽兽状。以小梭织纬时，先留其处，方以杂色线缀于经纬之上。合以成文，若不相连，承空视之，如雕镂之象，故名刻丝。如妇人一衣，终岁可就。虽作百花，使不相类亦可，盖纬线非通梭所织也。"

缂丝机是缂丝的专用织机。缂织时，先在织机上安装好经线，经线下衬画稿或书稿，织工透过经丝，用毛笔将画样的彩色图案描绘在经丝面上，然后再分别用长约十厘米、装有各种丝线的舟形小梭依花纹图案分块缂织（图6-1-56）。同一种色彩的纬线不必穿过整个幅面，只需根据纹样的轮廓或画面色彩的变化，不断换梭。缂丝能自由变换色彩，因而特别适宜制作书画作品。缂丝织物的结构则遵循"细经粗纬""白经彩纬"和"直经曲纬"等原则，即本色经细，彩色纬粗，以纬缂经，只显彩纬而不露经线等。由于彩纬充分覆盖于织物上部，织后不会因纬线收缩而影响画面花纹的效果。

织造时，艺人坐在木机前，按预先设计勾绘在经面上的图案，不停地换着梭子来回穿梭织纬，然后用拨子把纬线排紧。织造一幅作品，往往需要换数以万计的梭子，其花时之长，功夫之深，织造之精，可想而知。缂丝的工艺流程，一般有十六道工序：落经线、牵经线、套筘、弯结、嵌后轴经、拖经面、嵌前轴经、捎经面、挑交、打翻头、箸踏脚棒、扪经面、画样、配色线、摇线、修毛头。缂丝的织造技法有结、掼、勾、戗、绕、盘梭、子母经、押样梭、押帘梭、芦菲片、笃门闩、削梭、木梳戗、包心戗、凤尾戗等，技法众多。

缂丝技术发展到了元代，最具特点的应属"织御容"。元代《经世大典》记载："织以成像，宛然如生，有非彩色涂抹所能及者。"此书谓织御容有的是临时"画毕复织之"，也有的是依照原先供奉于寺庙内的御容织出。1992年纽约大都会艺术博物馆藏缂丝唐卡一幅，是以大威德金刚为本尊的曼荼罗，为密宗修行时供奉之画，其下缘左右端各织出两身供养人，右端第一人为元文宗图帖睦尔

（1304—1332 年，图 6-1-57），左邻为其兄明宗和世㻋；左端则是元明宗皇后八不沙与元文宗皇后卜答失里，这幅以缂丝画上的帝后均作合十礼佛状。

十四、暗香盈袖

在宋代，熨斗已经非常普遍地进入老百姓日常生活之中。熨斗又称为"金斗"。这是宋代妇女居家必备与日常使用的生活用具。宋词中描述熨斗者颇丰，如秦观《如梦令》载："睡起熨沉香，玉腕不胜金斗。"在使用时，中国古人要在熨斗内放置炭火，以便熨烫衣物，如陆游《晓枕》诗曰："熨斗生晨火，熏笼覆缊袍。"又如史达祖《东风第一枝》词云："寒炉重熨，便放漫春衫针线。"在宋代，焚香不仅是文人雅士最为喜爱的雅事之一，女子也流行在熨烫衣服时在熨斗内加放沉香等香料，用以加温添香（图 6-1-58），如吕渭老《思佳客》词云："夜凉窗外闻裁剪，应熨沈香制舞衣。"由于香料的使用量非常之大，宋朝每年都要从海外进口大量香料以供社会上层人士使用。

图 6-1-56　宋代朱克柔缂丝《牡丹图》和《莲塘乳鸭图》

图 6-1-57　缂丝唐卡中的元文宗形象

图 6-1-58　明代陈洪绶《斜倚熏笼图》

图 6-1-59 宋人绘《大傩图》中簪戴闹蛾的人物形象

十五、元夕闹蛾

宋代元宵节，每年都要在重要的殿、门、堂、台起立鳌山，灯品"凡数千百种"，其中苏州的五色琉璃灯有"径三四尺"。据《武林旧事》记载，在宋代元夕夜，"妇人皆戴珠翠、闹蛾、玉梅、雪柳、菩提叶、灯球、销金合、蝉貂袖、项帕，而衣多尚白，盖月下所宜也。云闹蛾者，即所谓蛾儿也。一作羞

'闹'蛾儿争要。"宋人绘《大傩图》中就有簪戴闹蛾的人物形象（图 6-1-59）。隋唐时期，有钱人家会用金银锤鍱出花朵和蝶子形状簪钗戴于发髻上。其实物如陕西西安隋朝李静训墓出土的闹蛾扑花金钗（图 6-1-60）和陕西历史博物馆藏的唐代鎏金刻花银蝴蝶头饰（图 6-1-61）。后者为一只蝴蝶纹，边饰錾刻花卉图案，蝴蝶的髯须外张。

图 6-1-60　闹蛾扑花金钗（陕西西安隋朝李静训墓出土）

图 6-1-61　唐代鎏金刻花银蝴蝶头饰（陕西历史博物馆藏）

在宋代，每年正月十五的元夕夜解除宵禁，特许人们彻夜游玩。在元夕夜，妇女们可以穿戴整齐走出闺门，裳灯看月，尽兴游玩。作为应令的饰品，簪戴闹蛾在宋代已成为一种风气。宋代杨无咎《人月圆·月华灯影光相射》云：“闹蛾斜插，轻衫窄试，闲趁尖叉。百年三万六千夜，愿长如今夜。”顾名思义，“闹蛾”是取蛾儿戏火之意。其正与元夕夜街上装点的各色灯笼相呼应。古人也多将闹蛾做成蝴蝶形，如宋代范成大《上元纪吴中节物俳谐体三十二韵》中有“花蝶夜蛾迎”一句，“花蝶”句下自注云“大白蛾花，无贵贱，悉戴之，亦以迎春物也”。

黑龙江哈尔滨阿城金墓中王妃头戴花株冠的下沿就有蓝地黄彩蝶妆花罗额带一条（图 6-1-62）。明代墓葬中有很多蝴蝶实物出土。江苏南京太平门外岗子村明代吴忠墓出土一对蝴蝶形金闹蛾（图 6-1-63），墓葬年代为洪武二十三年（1390 年），闹蛾长 7.3 厘米。同类还有 1986 年江苏南京太平门外尧化门出土的一件蝴蝶形金闹蛾（图 6-1-64），锤鍱工艺制成蝴蝶展翅形状，并用细花丝作出蝴蝶的轮廓线后焊在金片上，蝴蝶的长髯用醋金丝制成，蝶翅分为两层，富有立体感。

蝴蝶纹样也是西方时装设计师的设计元素，如英国设计师亚历山大·麦昆（Alexander McQueen）先后多次推出蝴蝶系列时装（图 6-1-65）。2013 年英国艺术家达明·赫斯特（Damien Hirst）与亚历山大·麦昆（Alexander McQueen）推出 30 款限量版纪念围巾，将达明·赫斯特（Damien Hirst）创作的昆虫系列与亚历山大·麦昆（Alexander McQueen）的经典骷髅头图案合二为一（图 6-1-66）。

图 6-1-62　王妃头戴花株冠下沿蓝地黄彩蝶妆花罗额
（黑龙江哈尔滨阿城金墓出土）

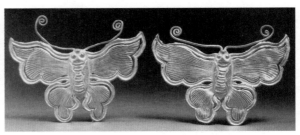

图 6-1-63　蝴蝶形金闹蛾（江苏南京太平门外岗子村明代吴忠墓出土）

图 6-1-64　蝴蝶形金闹蛾
（江苏南京太平门外
尧化门出土）

Alexander McQueen 2010 春夏时装

2006 秋冬时装

2008 春夏时装　　　　2008 秋冬时装　　　　2011 春夏时装

图 6-1-65　Alexander McQueen 作品组图

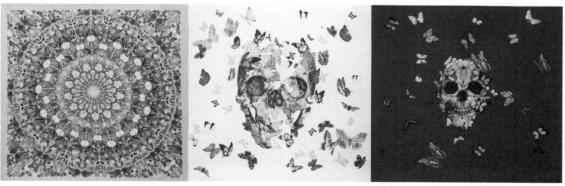

图 6-1-66　2013 年英国艺术家 Damien Hirst 与 Alexander McQueen 推出 30 款限量版纪念围巾

第二节 西方：罗马式时代

罗马式艺术即公元七八世纪以后，在西欧兴起的艺术。罗马式艺术在11世纪成熟，12世纪达到巅峰，可以说是当时"泛欧洲"的艺术潮流，其影响力延续至13世纪。欧洲历史上一般把11至12世纪称为"罗马式时代"（Romanesque）。这是欧洲中世纪出现的两大国际性时代中的第一个时代。罗马式时代于1075年至1125年间达到高潮，12世纪中叶以后被哥特式取代。

罗马式艺术的风格主要表现在教堂的建筑，以及装饰教堂的雕刻作品中。通过中世纪修道院的组织，创造出新的教堂建筑型式，从而激发了新的建筑技术与艺术风格。10世纪之后，西欧经济水平提高，封建制度稳固；作为社会精神支柱的教会势力也与贵族力量并行发展，特别是修道院制度更为完备；十字军东征和大规模的传道活动扩充了教会的势力和影响；对圣人遗物的崇拜，掀起了各地朝拜的热潮。经济的发展和宗教狂热使新的教堂和修道院层出不穷，为了追求更加壮观的效果，这些建筑普遍采用类似古罗马的拱顶和梁柱结合的体系，并大量采用希腊罗马时代"纪念碑式"雕刻来装饰教堂，因此这个时代的风格被称为"罗马式"。罗马式教堂的雏形是具有山形墙和石头的坡屋顶并使用圆拱。它的外形像封建领主的城堡，以坚固、沉重、牢不可破的形象显示教会的权威（图6-2-1）。教堂的一侧或中间往往建有钟塔。屋顶上设一采光的高楼，从室内看，这是唯一能够射进光线的地方。教堂内光线幽暗，给人一种神秘宗教气氛和肃穆感及压迫感（图6-2-2）。

一、男女同服

罗马式时代的服装是日耳曼人吸收基督教和罗马文化后，逐渐形成独特的服装文化的过程。整体上看，罗马式时代服装文化由三个要素融合而成，即南方型的罗马文化、北方型的日尔曼文化和由十字军带回的东方拜占庭文化。它一方面在形式上继承了古罗马和拜占庭的宽衣、斗篷、风帽和面纱，另一方面保留了日耳曼那系腰带的丘尼克窄衣样式。

罗马式时代的服装特征是男女同型，除男子穿裤外，几乎没有明显的服饰性别差异。其基本品种有内衣鲜兹（Chains）、外衣布里奥（Bliaut）、斗篷曼特尔（Mantel）。

内衣鲜兹（Chains）和外袍布里奥（Bliau）都是长长的筒形丘尼克式衣服。鲜兹（Chains）是白

图6-2-1　比萨大教堂（Pisa Cathedral）

图6-2-2　罗马式教堂内部和教堂顶部

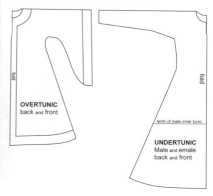

图 6-2-3　罗马式时期女式 Bliaut 和 Chains

图 6-2-4　罗马式时期男式 Bliaut 和 Chains

色麻织物的内衣，袖子为窄长紧身的造型，袖口装饰着精美的刺绣和带子，领口多以数排丈绳或金银线滚边作缘饰，衣长及地（图 6-2-3、图 6-2-4）。

布里奥（Bliau）是从达尔玛提卡（Dalmatica）演变而来，穿在鲜兹（Chains）外面，12 至 13 世纪欧洲男女穿着具有罗马风格的束腰长袍。布里奥（Bliau）一般选用丝绸织物或毛织物。款式特点为下摆、肩、胸、背宽松，腰节收紧，袖口斜裁。袖子为七分袖或八分袖，袖口呈喇叭状。受拜占庭文化的明显影响，布里奥（Bliau）的领口、袖口和下

摆会有华丽的刺绣缘饰或滚边。一般情况下，布里奥（Bliau）的衣长较鲜兹（Chains）短，长及膝或腿肚子，女服略长于男服，可从袖口、领口和下摆处看到里面的鲜兹（Chains）。

12 世纪，布里奥（Bliau）造型更趋合体，人们将前片和后片按人体的腰部曲线裁剪。为了突出腰身造型，人们在剪裁时，还在后片中线部位竖向裁开，在破缝两侧挖汽眼，再用绳带系紧使服装更为合体。也或者在腋下挖汽眼，再用绳带抽紧服装。这样使布里奥（Bliau）在造型更为适体的同时，出现了许多横向的衣褶（图 6-2-5）。这个特点被英国设计师亚历山大·麦昆（Alexander McQueen）巧妙利用在时装设计中（图 6-2-6）。布里奥（Bliau）从袖根到肘部紧身，肘部以下的袖口猝然变大，长者甚至垂地。有时由于袖口过长，人们还将其打结。裙子下摆呈扇形状，长长地拖在地上，盖住穿者的双脚。此外，人们在穿着布里奥（Bliau）时，多系着一根长腰带，自前向后绕在后背，交叉绕回到前面，在身前腹部低处系结，让穗饰垂于身前。

图 6-2-5　趋于合体的 Bliaut

图 6-2-6　Alexander McQueen 2002 年秋冬高级成衣

图 6-2-7　有许多纵向褶皱的 Bliaut

图 6-2-8　罗马式时期的 Mantle

图 6-2-10　Valentino 披风设计

由于服装裁剪方法的普遍使用，女装结构开始变得复杂起来，女装打破了直线剪裁方式，向着接近人体外轮廓的方向迈进了一大步。其在女装腰身部位，剪裁多余布料，来实现女性曲线的合体性。同时，其首创性地在侧摆处加入三角布来增大臀围量以及下摆量，这样就迈出了服装合体性的第一步。但是，这种方法仍只局限于女装的侧缝处理，并由此形成了服装表面丰富的纵向衣褶（图 6-2-7）。罗马式时期女装结构的新变化显示出了欧洲人的创造力，也说明欧洲人继希腊之后第二次开始关注人体，思考人本身的意义。

曼特尔（Mantle）披风也叫斗篷，是一种主要遮盖肩膀和背部的无袖外衣，起着保暖、挡风沙和装饰作用（图 6-2-8）。早在巴比伦王国时代，披风就已经出现了，后来一直被沿用，特别是"蛮族"服饰中尤其多见。到了罗马式时期，披风不仅成为男女外出穿着的流行服装，而且款式也增多了。罗马式时期披风的平面结构有长方形的，也有圆形和半圆形的，又有戴帽的和不戴帽的等。穿着方法根据其具体款式可分为胸前搭系、肩上搭系和套头式三种。面料选用锦、缎，并常以金银线绣作线边。许多缝制考究的披风还有衬里，其色彩通常比被风面料的颜色深。英国设计师亚历山大·麦昆（Alexander McQueen，图 6-2-9）和意大利设计师意大利品牌华伦天奴（Valentino，图 6-2-10）都曾做过大披风的时装设计。

图 6-2-9　Alexander McQueen 的披风设计

二、十字军东侵

11 世纪的西欧，商品货币经济发展，城市兴起，东方商品已输入市场，人口迅速增长，已经分割了的封建领地收入不能满足封建主日益增长的需求和享受欲望。在长子继承制下，失去领地继承权的贵族子弟，除领受神职、享受教产收入外，大多缺少土地，成为冒险放纵、专肆劫掠战争的骑士阶层。大、小封建主以比较富庶的东方作为掠夺土地和财富的对象，这是十字军东侵的主要原因。同时，农奴份地减削，负担加重，生活困苦。转移心怀怨愤的农民的视线，引诱他们向东方寻求出路，是发动十字军东侵的又一因素。

以教皇为首的天主教会权势日增，罗马教廷正在发展成为一种超国家的政治权力。通过十字军东侵，可使天主教会势力扩张到东方伊斯兰教国家和信奉东正教的拜占庭帝国。十字军东侵给西亚、埃及和拜占庭人民带来了灾难，严重阻碍这一地区社会经济的发展（图 6-2-11）。从十字军东侵中取得

中外服装史

图 6-2-11 表现十字军东侵的绘画作品

直接利益的是少数意大利城市。它们取代了拜占庭和阿拉伯商人在东部地中海的商业霸权，扩大了西欧在东方的贸易市场。生产水平较低的西欧，通过各种渠道从先进的东方学到了布匹和绸缎的精织、印染技术以及较高的金属加工技术，同时学会了种植水稻、荞麦、西瓜、柠檬、甘蔗等农业生产技术。

封建主和市民的生活方式也受到东方的影响，如讲究沐浴、理发等。与此同时，东方的珍宝、美丽的衣服和布匹被十字军带回欧洲，东方服饰那华美的魅力征服和影响了西欧人，模仿东方封建主的豪奢生活成了西欧封建主阶级的风尚。随着地中海的交通逐渐发达，东西方贸易更加活跃。这些商品中除了供统治阶级享乐的奢侈品外，还有羊毛、染料、明矾和金属类手工业用原料。

某国际服装品牌 2014 年秋冬女装的主题就是十字军东征，君王的冠饰与皇家骑士盔甲，抑或是经过重新诠释的诺曼式建筑风格样式（图 6-2-12）。羊皮大衣上有精致的手工刺绣与铆钉细节，蕾丝、镶满珠宝的配饰与骑士头套来自罗马贵族，花卉、植物、猫头鹰、狐狸、松鼠的图案源自民间传奇故事。同期的男装主题是"辉煌的西西里诺曼王朝"，针织面料塑造出盔甲般的外观视觉。相同的还有意大利品牌古驰（Gucci）2014 秋冬女装以耀眼的钻石金属镂空网格铠甲、羊皮短裙和黑色高筒靴塑造出十字军的武士形象（图 6-2-13）。

在中世纪的 11—12 世纪，西欧的金属冶炼和制造工艺有了很大的提高。西欧骑士的头盔和铠甲由原来的半裸型向封闭型转变，骑士的脸部与躯体几乎被完全遮住。当时全欧洲的铠甲式样很少，甚至有时会出自同一个作坊，因此，从铠甲的外观上很难区分敌我。为了区分穿者的身份，就在盾、旗帜、胴衣、外套、马披、马鞍、帐篷及其他器具上都画上、刺绣或雕刻一些易于识别和区分的纹样（图 6-2-14）。13 世纪末，法国女装也应用了这种纹样（图 6-2-15）。到了 14 世纪，甚至连一般市民和农民也流行使用家徽来装饰服装。此时纹样的设计越来越复杂，并成为具有特殊意义的识别符号，人们将之称作"徽章"。当时的人们崇尚骑士精神，热衷于建功立业，彰显家世，徽章也被看成家族标记，显示出主人高贵的社会地位，并进而与采邑、份地乃至家族联系起来，最终成为一种荣耀和不可侵犯的世袭符号（图 6-2-16）。

图 6-2-12　某国际服装品牌 2014 秋冬高级成衣

图 6-2-13　Gucci 2014 秋冬成衣

图 6-2-14　中世纪武士盾牌和服装上的徽章图案

图 6-2-15 用徽章装饰的中世纪女装

图 6-2-16 英国皇家徽章

家徽图案一般都在规定的盾形中表现，纹样题材以动、植物为主，虎和狮最为常见，也有天体（日、月、星辰）和人物掺杂在图案内。在衣服上的装饰方法是利用前中心和腰围线把衣服分割成上下、左右四个部分（一般多纵向分成两半），左右各用不同色地，然后从肩到脚，无论前后，通身补上或刺绣上被放大的大型纹徽图案。为了配色需要，不仅衣服左右色地不同，而且也有两只袖子与衣身的色成对比状。根据欧洲传统，只有家族的长子能完全继承家族的徽章，其他人在继承徽章时候要对图案有所改动。已婚女子要把娘家和婆家的家徽分别装饰在衣服的左右两侧，门第高的一方在左侧；也有称丈夫徽章居左，妻子徽章居右；儿童一般继承父方家徽。

在所有的徽章图案中，最早出现和使用范围最广的就是盾形徽章了。盾形是可用于社会各阶层的最基本图形。而更为复杂的徽章只有某些特定的王室成员或有爵位的人才可以使用。所谓盾形徽章是指外轮廓型很像盾牌。由于盾牌在不同时期的造型各异，因此盾形的外形可以分为圆形、方形、菱形和熨斗形。它的构成主要分为两个部分：盾面的分割与图记。盾形徽章的盾面被称作"底"，其英文为 field 或 ground。盾形的"底"通常被分割成大小相等的若干部分，每一部分的颜色各不相同。分割盾面被称作"party per"，意思是"盾面被分割"。毫无疑问，盾面的分割线使得盾面的语言变得丰富。盾面的图案被称为图记（Charges），主要包括几何图形、动植物，以及其他常见的图形。徽章图案经过色彩分割和图形组合，产生了无穷的变化式样。

直至当代，徽章仍被广泛地使用在欧洲各皇室贵族的族徽上、市政会议，以及大学、各类运动队、团体和企业的队徽上。在 2014 年秋冬，某国际服装品牌用中世纪武器组合成徽章图案应用在男装设计中（图 6-2-17）。

图 6-2-17 某国际服装品牌 2014 秋冬男装

第七章 公元 13—15 世纪服装

第一节 中国：元朝

元代：公元 1206—1368 年

1206 年，元太祖铁木真（尊称"成吉思汗"）建国（图 7-1-1）；1232 年，窝阔台汗（图 7-1-2）南下灭金；1260 年，铁木真的孙子元世祖忽必烈登上汗位（图 7-1-3）；1271 年，迁都大都（现北京），改国号为元。随后，在经过了 8 年的努力后，于 1279 年灭南宋，结束了从五代到南宋 370 多年多政权并立的局面，建立了统一大帝国元朝。

元代的版图非常大，横跨欧亚两大洲。蒙古人在进入中原以前从事比较单纯的游牧和狩猎经济（图 7-1-4），对汉族农业文明接触较少。建国以后，加强了欧亚大陆之间的贸易和文化交流活动，除汉文化外，还受到吐蕃喇嘛教文化、中亚伊斯兰文化，乃至欧洲基督教文化的影响。因此，元朝社会具有地域辽阔、种族混杂，农耕文化与草原文化，佛教文化与伊斯兰文化以及欧洲基督教文化的相互融合

特点。这就造成了元朝服饰的多样化。

元朝时期，印刷术、火药等发明在此期间逐渐西传，对西欧文艺复兴运动和后来的资产阶级革命起到间接的促进作用。孙思邈《千金要方》被译成波斯文广泛传播。

元朝统治者曾经把中国的各种技工集中起来，再安置在中国各省以及中国以外势力所及的地方。元初道士丘处机（1148—1227 年）应成吉思汗的召唤，去中亚游历，途中也曾经看见千百名汉人工匠在那里织造绫、罗、锦、绮。为了追求服饰上的绚丽多姿，中国古人将金线织入丝织品，时称织金锦。据虞集《道园学古录》所记，织金锦系镂皮敷金为织纹者，宋代称之为"销金"。金世宗时，因忌讳"销"字，改称"明金"。元代称织金锦为"纳石矢"，可作衣服、棚帐等的用料。如果是全部用金线织，则称浑金缎。此外，元代的还流行拍金、印金、描金、洒金等织后加金的工艺。

图 7-1-1　元太祖铁木真像

图 7-1-2　元太宗窝阔台汗像

图 7-1-3　元世祖忽必烈像

图 7-1-4　陕西鄠县出土牵马俑（灰陶，马高 34 厘米，俑高 27 厘米，陕西博物馆藏）

图 7-1-5　元代绘画中的诈玛宴

由于生长于草原环境，蒙古人所爱用的色彩，不论是建筑、衣服、绘画等，都偏重于浓重鲜艳，以打破自然色调上的沉寂。蒙元王朝以白色和蓝色为贵，以红色为尚。帝王的旌旗、仪仗、帷幕、衣物以白色居多。蒙古族尚红与萨满教信仰"万事万物都是被火所净化"有关，尊崇火从而导致对红色的推崇。在当时，禁限的九种色彩中，便有红白闪色、鸡冠紫、栀红、胭脂红、真紫五种与红色有关。百官公服，只准五品以上服紫、七品以上服绯。汉族和尚不得衣红，只有吐蕃僧人才可，甚至规定除寺观、孔庙外，大门不准髹红色。

元代民间禁止穿赭黄、柳芳绿、红白闪色、迎霜色（褐色）、鸡头紫、栀子红、胭脂红等颜色。因此，民间服饰只好向灰褐色系发展，《南村辍耕录·写像秘诀》记述元代服色中罗列的褐色名目就有砖褐、荆褐、艾褐、鹰背褐、银褐、珠子褐、藕丝褐、露褐、茶褐、麝香褐、檀褐、山谷褐、枯竹褐、湖水褐、葱白褐、棠梨褐、秋茶褐、鼠白褐、丁香褐等。

一、一色质孙

质孙，蒙语音译，亦作"只孙""只逊""济逊""直孙"，其含义为"一色服""一色衣"。质孙服，本为便于乘骑的戎服，形制为上衣下裳相连的袍裙式样，衣身较紧窄，腰间有许多褶裥，后演变为元代宫廷举行盛宴时，皇帝和百官共同穿着的礼服。元代统治者每年要举行 13 次大朝会。每逢此时，帝王、大臣、亲信穿同一色的质孙服在大殿前用金杯按爵位、亲疏、辈分频频祝酒，气氛热烈，场面壮观（图 7-1-5）。

据《元史·舆服志》载，元天子质孙服：

冬之服凡十有一等，服纳石矢、金锦也。怯绵里，剪茸也。则冠金锦暖帽。服大红、桃红、紫蓝、绿宝里，则冠七宝重顶冠。服红黄粉皮，则冠红金答子暖帽。服白粉皮，则冠白金答子暖帽。服银鼠，则冠银鼠暖帽，其上并加银鼠比肩。

夏之服凡十有五等，服答纳都纳石矢，缀大珠于金锦。则冠宝顶金凤钹笠。服速不都纳石矢，缀小珠于金锦。则冠珠子卷云冠。服纳石矢，则帽亦如之。服大红珠宝里红毛子答纳，则冠绿边钹笠。服白毛子金丝宝里，则冠白藤宝贝帽。服驼褐毛子，则帽亦如之。服大红、绿、蓝、银褐、枣褐、金绣龙五色罗，则冠金凤顶笠，各随其服之色。服金龙青罗，则冠金凤顶漆纱冠。服珠子褐七宝珠龙答子，则冠黄牙忽宝贝珠子带后襜帽。服青速夫金丝阑子，则冠七宝漆纱带后襜帽。

百官的质孙服：

冬服 9 种（大红纳石矢一，大红怯绵里一，大红官素一，桃红、蓝、绿官素各一，紫、黄、鸦青各一），夏服 14 种（素纳石矢一，聚线宝里纳石矢一，枣褐浑金间丝蛤珠一，大红官素带宝里一，大红明珠答子一，桃红、蓝、绿、银褐各一，高丽鸦青云袖罗一，驼褐、茜红、白毛子各一，鸦青素带宝里一，见表 6。

第七章

173

表6 元代质孙服形制

身份	季节	衣		冠
		颜色及材料	备注	
皇帝	冬	大红 / 桃红 / 紫 / 蓝 / 绿（宝里）	宝里，服之有襕者也	七宝重顶冠
	夏	大红珠宝里	—	绿边钹笠
		白毛子金丝宝里	—	白藤宝贝帽
		青速夫金丝阑子	速夫，回回毛布之精者也	七宝漆纱带后檐帽
百官	夏	聚绿宝里纳石矢	—	—
		大红官素带宝里	—	—

图7-1-6 《事林广记》中步射总法插图射箭人物

图7-1-7 元代滴珠奔鹿纹纳石矢辫线袄

二、游牧之服

辫线袄（袍），俗称"辫线袄子"，也称"腰线袄子"。辫线袄产生于金代，大规模使用则在元代。《元史·舆服志》载："辫线袄，制如窄袖衫，腰作辫线细褶。"其式样为圆领、紧袖、下摆宽大有许多褶裥。其式样如《事林广记》中，步射总法插图射箭人物身穿腰部缝以宽阔围腰的袍服（图7-1-6）。其实物如元代滴珠奔鹿纹纳石矢辫线袄（图7-1-7），腰宽24.5厘米，5条紫色四经绞罗系带系缚，下摆较大，有224个褶裥，袍服上有一条宽为14.5厘米的伊斯兰风格的肩襕。袍服的面料为纳石矢织金锦，纹样是龟背地上的滴珠奔鹿。有的辫线袄还在腰部中央钉有纽扣（图7-1-8）。辫线袄一直沿袭到明代，不仅没有随着大规模的服制变易而被淘汰，反而成了上层官吏的装束，连皇帝、大臣都穿着。

贴里是与辫线袄相类似的服装式样。其制造过程是先把上衣和下裳分开裁后，在裳的腰部叠褶，然后把衣和裳缝合的衣服款式。"贴里"，又写作"天益""天翼""缀翼"和"裰翼"。

在蒙语中，下摆加襕之袍被称为"宝里"。据《元史·舆服志》记载，天子服大红、桃红、紫蓝、绿宝里；百官夏服聚线宝里纳石矢、大红官素带宝里、鸦青官素带宝里。其注云："宝里，服之有襕者也。"其形象如《元世祖出猎图》中的元世祖身上穿的红色

图7-1-8 元代辫线袄实物

袍服（图7-1-9）。在元代，多数云肩式龙纹装饰的袍服在肩袖和膝部都有一条带状纹样装饰，称为袖襕和膝襕，即蒙语所称的"宝里"。甚至在元代还有专门生产袖襕和膝襕妆花织物的特殊织机。

海青衣，是指大袖衣。因衣袖宽博，如海青（亦称"海东青"，一种大海鸟）展翅，故名。语出唐李白诗"翩翩舞广袖，似鸟海东来"，凡为大袖之衣，均可称之。其图像资料如《元世祖出猎图》中的人物形象（图7-1-10），实物如菱地飞鸟纹绫海青衣（图7-1-11）。该服饰为右衽交领宽摆，袖略宽，肩部有一开口，手臂可从该处伸出。两袖离袖口16厘米处各有一个襻。两只长袖可在衣服背后离领子14厘米处的纽扣处反扣。袍服右襟处有33厘米开衩，便于骑乘。其左右肩用钉金高绣法刺绣葵花形和一个底边宽24厘米的缠枝莲花纹样。至清代，由于衣衫尚窄袖，海青大袖衣则成为僧服。徐珂《清稗类钞·服饰》载："海青，今称为僧民之外衣也。然古时实以称普通衣服之广袖者。"

图 7-1-9 元代刘贯道《元世祖出猎图》

图 7-1-10 《元世祖出猎图》中身穿海青衣的人物形象

图 7-1-11 元代菱地飞鸟纹绫海青衣

三、褡胡比甲

元代官员常在袍服外套一种半袖衣（图 7-1-12），汉语称"比肩"，蒙语称"褡胡""搭护""绰子""答忽""褡护"。其形象如美国纽约大都会艺术博物馆藏元代织御容中元代皇帝像和内蒙古赤峰元代墓葬壁画中端坐女子穿的外衣（图 7-1-13）。元人武汉臣《生金阁》载："孩儿吃下这杯酒去，由于你添了一件绵搭护么？"显然，褡胡不仅有单夹，亦有内絮丝绵的。《元史·舆服志》中还有用银鼠皮制作的"比肩"。

除了半袖的比肩，元人还穿一种无袖的比甲。据《元史》载："又制一衣，前有裳无衽，后长倍于前，亦去领袖，缀以两襻，名曰'比甲'，以便弓马，时皆仿之。"明代比甲演变成无袖对襟、两侧开衩，衣长至膝的式样，如江苏常州博物馆藏湖塘明墓缠枝莲花缎比甲（图 7-1-14）。明代比甲大多为年轻妇女所穿，而且多流行在士庶妻女及奴婢之间。到了清代，这种服装更加流行。明末清初《燕寝怡情》中有身穿比甲的女性形象（图 7-1-15）。稍后，比甲缩短衣身，称为坎肩或马甲。后来的马甲就是在此基础上经过加工改制而成的。

四、女子服饰

元代命妇衣服，一品至三品服浑金，四品、五品服金答子，六品以下惟服销金，并金纱答子。首饰，一品至三品许用金珠宝玉，四品、五品用金玉珍珠，六品以下用金，惟耳环用珠玉。同籍者不限亲疏，期亲虽别簪，并出嫁同。

元代上层女子大多穿貂鼠衣，一般女子则穿羊皮衣、毳毡衣。袍是元代女子衣服中的主类。袍式多宽大，

图 7-1-12 元代褡胡实物

图 7-1-13 元代墓葬壁画中身穿褡胡的女子坐像

图 7-1-14 湖塘明墓缠枝莲花缎比甲（江苏常州博物馆藏）

图 7-1-15 《燕寝怡情》中身穿比甲的女性形象

图 7-1-16 敦煌莫高窟第 332 窟中元代身穿袍服的女供养人

图 7-1-17 元代团窠立鸟织金锦大袖袍

长可及地，宽衣长袖，袖口处窄小，如敦煌莫高窟第332窟元代身穿袍服的供养人服装（图 7-1-16），其实物如元代团窠立鸟织金锦大袖袍（图 7-1-17）。《蒙鞑备录》记载："有大袖衣，如中国鹤氅，宽长曳地，行则两女奴拽之。"《析津志辑佚》也载："其制极宽阔，袖口窄，以紫织金爪，袖口才五寸许，窄即大，其袖两腋摺下，有紫罗带拴合于背，腰上有紫纵系，但行时有女提袍，此袍谓之礼服。"

元代女性习惯在长袖衫外套短袖，如陕西西安曲江池元墓出土的加彩女俑着装（图 7-1-18）。元代短袖实物如内蒙古乌兰察布集宁路元代遗址出土的棕褐色四经绞素罗花鸟绣夹衫（图 7-1-19）。这件夹衫为对襟直领，前襟长 60 厘米，后背长 62 厘米，通长 65.5 厘米。袖为广袖直筒，袖长 43 厘米，袖口宽 54 厘米。夹衫表面采用了平绣针法，结合打籽

针、辫针、戗针、鱼鳞针等针法，刺绣 99 个 5 至 8 厘米的花纹图案。花型均为散点排列，时称为"散搭子"。其题材有凤凰、野兔、双鱼、飞雁以及各种花卉纹样等。其中，最大的花形分布在两肩及胸前部分，一鹤伫立于水中央，一鹤飞翔于祥云之间，相望而呼应。鹤旁衬以水波、荷叶以及野菊、水草、云朵等，显现出一片生机勃勃的景象。衣服上还有撑伞荡舟等人物故事图案，非常引人注目。

除了刺绣工艺，元人还以印金工艺为尚，如中国丝绸博物馆藏元代印金罗长袖衫（图 7-1-20）和短袖衫实物（图 7-1-21）。长袖衫的袖子部位用金箔印有水波地麒麟纹样，领子和门襟处有方搭纹；短袖衫主体是小方搭纹，在其肩部和后背部分别有三角和方形装饰区，其内印有凤穿牡丹纹样。该实物在发现时，半袖原套于长袖之外。

图 7-1-18 加彩女俑（陕西西安曲江池元墓出土）

图 7-1-19 棕褐色四经绞素罗花鸟绣夹衫（内蒙古乌兰察布集宁路元代遗址出土）

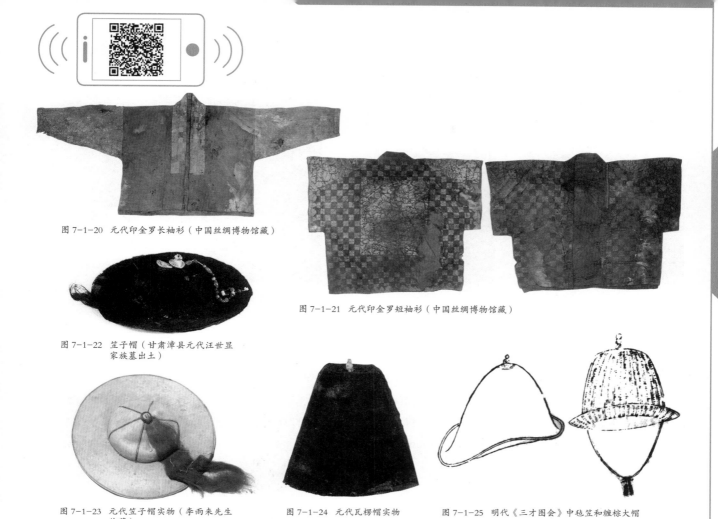

图 7-1-20 元代印金罗长袖衫（中国丝绸博物馆藏）

图 7-1-21 元代印金罗短袖衫（中国丝绸博物馆藏）

图 7-1-22 笠子帽（甘肃漳县元代汪世显家族墓出土）

图 7-1-23 元代笠子帽实物（李雨来先生收藏）

图 7-1-24 元代瓦楞帽实物

图 7-1-25 明代《三才图会》中毡笠和缠棕大帽

五、冬帽夏笠

元代男子公服多用幞头，平民百姓多用巾裹。元代首服有冬帽夏笠的说法。所谓冬帽，如《元世祖出猎图》中元世祖所戴的金答子暖帽。

蒙元时期男子尚戴圆顶的"笠子帽"和方顶的"瓦楞帽"。笠子帽是用四个大小相同的梯形毡片缝成帽身，再加缝帽顶（图7-1-22、图7-1-23）。其式样有三种：宽檐和半球形圆顶；窄檐；四边帽檐向上折起的毡帽。瓦楞帽是用藤篾或牛马尾编结制成。瓦楞帽因帽顶折叠形似瓦楞，因而得名（图7-1-24）。笠子帽和瓦楞帽都是古代北方游牧民族的传统帽饰。嘉靖初，生员戴之，后民间富者亦戴。此外，元明时期还有毡笠和缠棕大帽的使用也较为广泛，如明代《三才图会》中所绘该帽式样（图7-1-25）。

元代皇室的帽子多镶宝石，如元仁宗像中所戴的七重宝顶冠上即有宝石帽顶（图7-1-26）。其品种中红宝石有四种：刺、避者达、昔刺泥、古木兰；绿宝石有三种：助把避、助木刺、撒卜泥。元代蒙古人征服欧亚广大地区，宝石来源除购买之外，还来自掠夺和进贡。

元代和历代王朝一样对各色人等的服饰有详细规定。普通人戴前圆后方的笠帽。青楼掌柜头上戴的头巾必须为绿色，这就是"绿帽子"的来源。

元代蒙古族发式，多为髡发。一般是将头顶部分的头发全部剃光，只在两鬓或前额部分留少量余发作为装饰，有的在耳边披散着鬓发，也有将左右两缕头发修剪整理成各种形状，然后下垂至肩。

蒙古族与女真族同为辫发种族，但蒙古族男子

图7-1-27 《元世祖后像》（台北故宫博物院藏）

图7-1-28 元代织御容中的皇后像（美国纽约大都会艺术博物馆藏）

图7-1-26 头戴七重宝顶冠的元仁宗像

图7-1-29 元代方顶罟罟冠（韩国藏）

无论高低贵贱，其发式皆剃"婆焦"，如汉族小孩留的"三搭头"。其做法：先在头顶正中交叉剃出两道直线，然后再将脑后四分之一头发剃去，正面前额上的一束或剃去或加工修剪成各种形状，有的呈寿桃形、有的呈尖角形，任其自然覆盖于额间，再将左右两侧头发编成辫子，披在肩上。

元代妇女尚云鬟高梳。杨铁崖《古乐府·贫妇谣》有"盘龙有髻不复梳，宝瑟无弦为谁御"。盘龙髻就是高髻的一种，也称为"云盘髻"。此外，元代妇女的发型还有椎髻、低鬟、垂髻等。此外，少女或侍女多梳双髻丫、双垂髻、双垂辫等发式，谢应芳诗云"只有女儿双髻丫"。

六、罟罟冠

元代女子首服以"罟罟冠"最具特色，如台北故宫博物院藏《元世祖后像》（图7-1-27）和美国纽约大都会艺术博物馆藏元代织御容中的皇后像（图7-1-28）。在现实存物中，还有为数很少的罟罟冠实物。罟罟冠上部以羽毛或树枝等物为之；中部呈上宽、下窄的圆筒状；下部是冠筒与头部相连接的部分，早期为兜帽，晚期为抹额等。罟罟冠冠筒内胎材料的使用因生活环境的改变而有所改变，最初用桦树皮，进入中原后以竹为骨架。冠筒外面裱覆的材料及装饰根据戴者的贫富及地位有所区别，贫者裱以褐，富者裱以绡、罗、绢、金帛等，并附以珍珠宝石装饰。其实物如韩国藏元代方顶罟罟冠（图7-1-29）。

关于罟罟冠之名称由来，元人李志常在《长春真人西游记》称"其末如鹅鸭，故名故故"。从元帝后的图像中看，罟罟冠呈圆筒状，宽顶细腰，前面探出，两侧各垂一翅膀状耳饰，顶后翘翠花羽毛数根。从外观上讲，其构造颇为巧妙、细节装饰又很具审美特点，是拟物象形、取法自然的艺术造型观念的例证。在罟罟冠冠筒的顶部有一个"金十字"，用来安装一腕尺多高的翎管。

蒙古族建立元朝进入中原地区后，冠顶的翎管与翎羽便很少使用了，如元帝后像、敦煌莫高窟和安西榆林窟元代壁画里的女供养人所戴的罟罟冠顶已经不见了翎管，较长的翎羽也被冠顶后面较短的"朵朵翎"所取代。这是因为在草原上生活时，高高的翎管和翎羽是识别贵族女性身份的标志，进入中原之后，其功能已被华丽的装饰所取代，因而只留下了象征性的朵朵翎。

七、皮毛服装

从式样上讲，古代裘衣有着非常丰富的变化。一件裘衣还可用其他裘皮做缘边装饰。例如，在古代文献中就有狐青裘豹褎（"褎"同袖）、麛裘青豻褎及羔裘豹饰等裘衣，即用狐青、麛、羔皮为裘，再加用豹、豻皮为缘饰。陈祥道在《礼书》中就具体描绘了中国古代裘衣的式样。此外，在裘衣之领袖上加缘饰的，从《历代帝王图》中的陈文帝像中就能看到（图7-1-30）。

图 7-1-30　传阎立本绘《历代帝王图》
中穿着裘衣的陈文帝

图 7-1-31　山西太原北齐徐显秀
墓壁画中的墓主人
身穿银鼠裘

图 7-1-32 三彩釉袒腹胡人俑（陕西乾县永泰
公主墓出土，陕西历史博物馆藏）

图 7-1-33 袒腹牵驼胡人俑（陕西安唐金乡
县主墓出土）

图 7-1-34 彩绘豹纹裤陶胡人俑（甘肃庆城县赵
子沟村穆泰墓出土）

汉代以前，中国古人往往将裘皮和丝绸并举。同时，是否适宜着裘还要视穿着者的年龄而定，即《礼记·玉藻》所载"童子不裘不帛。"将裘、帛并举，是把裘视作与帛一样只有长者才有福消受的贵重之物。当然，狐白之裘更是名贵至极。其原因不仅在于其稀少的特性，还在于由狐狸身上的白色腋毛制成的裘衣，不仅穿着舒适，而且御寒性能绝佳，即《说苑·反质》所载"狐白之裘温且轻"。相传齐景公时，临淄曾下了一场大雪，身穿狐白之裘的齐景公却一点不觉得寒冷。山西太原北齐（公元 550—557 年）徐显秀墓葬壁画中的墓主人身上就穿了一件白色裘衣（图 7-1-31）。唐代诗人李白《将进酒》中"五花马，千金裘，呼儿将出换美酒"的诗句脍炙人口，尽显豪放，也从侧面反映了裘皮的弥足珍贵。

古人穿裘，开始是一般生活所需，随着社会的变革，裘衣渐渐成为上层人物的专用衣着。至于李白《将进酒》诗中所言价值千金的裘衣，我们尚未见到相关资料。其实，唐人穿裘衣的形象少之又少，倒是胡人俑中尚可见到一些，如陕西乾县永泰公主墓出土的三彩釉袒腹胡人俑（图 7-1-32），头发中分，发辫于脑后，身穿绿色及膝翻领毛皮袍，袒胸露腹，下穿绿色窄腿裤，脚蹬赭色尖头靴。陕西西安唐金乡县主墓出土的袒腹牵驼胡人俑穿着与前者相类似（图 7-1-33）。这类皮衣毛面朝里，保暖性较强。另一件是甘肃庆城县赵子沟村穆泰墓出土的

彩绘豹纹裤陶胡人俑（图 7-1-34）。该陶俑双臂屈肘高举，手握虚拳，斜腰拧胯。从双手伸出的高度看，应是在奋力执牵骆驼缰绳。这是一个极为罕见的古人穿皮裤，尤其是穿豹皮裤的资料，该豹皮裤的色彩和纹样极为生动。

在古代，与狐皮同样珍贵的是貂皮。貂是一种食肉的小动物。明朝宋应星《天工开物》称，制作一件貂皮服装要用六十多只貂，穿上貂皮衣即可"立风雪中而暖于宇下"。据书中记载，明人捕貂一般是用烟把貂熏出来捕捉，也有用木板做成机关，拴上诱饵捕捉。貂皮的贵重还在于貂很难得到。这种小动物主要分布于东北地区。它与人参、乌拉草被称为"东北三宝"。

在华夏民族漫长的穿衣历史的演变中，裘皮服装所起的作用也有着明显的时代和区域痕迹。这是因为汉以后的中原地区丝绸制品的大量应用，使裘皮服装的使用明显减少，而北方寒冷地区的游牧民族却仍旧长期保持着对穿着皮毛服装的喜爱。甚至，皮毛服装逐渐成为"夷狄之服"。由于蒙古族生活在北方寒冷地区，以饲养动物及狩猎为生，裘皮在服装中的使用尤为重要。据《元史·百官志》称，元代政府有专门掌管皮毛的机构——"上都、大都貂鼠软皮等局提领所"，其下属有大都软皮局、斜皮局、上都软皮局、牛皮局及上都斜皮等局。元代大毛类服装用料重银狐、猞猁，小毛类服装用料重银鼠、紫貂。可用作皮料的鼠类有银鼠、青鼠、青

图7-1-35　Valentino 2013秋冬高级女装

图7-1-36　元代青花人物罐"鬼谷子下山"

貂鼠、山鼠、赤鼠、花鼠、火鼠等。《元世祖出猎图》中的世祖就是穿着白色银鼠皮外衣（见图7-1-9）。意大利时装品牌华伦天奴（Valentino）在2013年秋冬女装中就推出与传统工艺类似的皮草时装（图7-1-35）。

八、青花时装

清代龚轼《陶歌》："白釉青花一火成，花从釉里透分明。可参造化先天妙，无极由来太极生。"

元代随着国内外贸易的发展需要，瓷业较宋代又有更大的进步，景德镇窑成功烧制出青花瓷器。青花瓷普遍出现并趋于成熟，产销兴旺，元人蒋祁著《陶计略》中记述："窑火既歇，商争取售，而上者择焉，谓之捡选。交易之际，牙侩主之……运器入河，肩夫执券，次第件具，以凭商筹，谓之非子。"元代青花瓷以景德镇为代表，其制作精美而传世极少，故而异常珍贵。元代青花瓷开辟了由素瓷向彩瓷过渡的新时代，其富丽雄浑、画风豪放，绘画层次繁多，与汉民族传统的审美情趣大相径庭。

2005年，英国伦敦佳士得举行的"中国陶瓷、工艺精品及外销工艺品"拍卖会拍卖了一件绘有"鬼谷子下山"场景的元代青花人物罐（图7-1-36），拍出1568.8万英镑，折合约2.3亿人民币，创下全世界范围内中国古代艺术品拍卖第一高价，在国内外引起广泛关注，成为当年一大盛事。

2005年，意大利设计师罗伯特·卡沃利（Roberto Cavalli）在发布会上推出一款青花瓷丝绸紧身鱼尾长裙晚装和一款青花礼服短裙（图7-1-37）。此时，西方媒体丝毫没有意识到这条长裙即将引爆的流向趋势。直到一段时间之后，维多利亚·贝克汉姆（Victoria Beckham）身着此款青花长裙参加朋友的生日派对。随着媒体报道，这件完美的青花瓷礼服终于走进公众视线（图7-1-38）。青花瓷成为世界时装最具中国特点的设计元素之一。在那以后的几年里，罗伯特·卡沃利（Roberto Cavalli）一直没有放弃对中国元素的尝试（图7-1-39、图7-1-40）。

自罗伯特·卡沃利（Roberto Cavalli）开创青花晚礼服之后，各种青花瓷的时尚品纷至沓来，从服装延续到各种生活制品。西班牙奢侈品罗意威（Loewe）2008年春夏流行发布会展示了"青花瓷"时装，甚至2008年北京奥运会礼仪小姐服装也以青花瓷作为礼服设计元素（图7-1-41）。2009年

图 7-1-37　Roberto Cavalli 2005 高级时装

图 7-1-38　身着青花长裙的
Victoria Beckham

图 7-1-39　Roberto Cavalli
2009 春夏时装

图 7-1-40　Roberto Cavalli 2013 早春时装

春夏，法国时装迪奥（Dior）品牌的青花图纹则出
现在洁白蓬裙内里（图 7-1-42）。其实迪奥（Dior）
这季设计主题为"弗兰德画家和迪奥先生"（Flemish
painters and Monsieur Dior），这种蓝白色的运用，
虽是中世纪欧洲弗兰德地区（现今比利时、荷兰及
卢森堡）的一种传统颜色，但与青花瓷极其相似。
中国设计师郭培在 2010 年秋冬高级定制时装设计
中也采用了这一元素（图 7-1-43）。

图 7-1-41　2008 年北京奥运会
青花瓷礼服

图 7-1-43　郭培设计的
青花瓷礼服

图 7-1-42　Dior2009 春夏高级成衣

　　青花瓷被时尚圈所引用，不仅为其增添各式样貌，更是让青花瓷化作时尚衣物。2010 年，法国知名时装品牌鳄鱼（Lacoste）同中国当代艺术家李晓峰合作。李晓峰用了三个月的时间来绘画、烧制、切割、修整、抛光青花瓷衣网球（Polo）衫，将 317 片碎瓷片拼接在一起，创造出了两件瓷衣雕塑（图 7-1-44）。男款瓷衣背部排列一组碗底隐喻鳄鱼背部脊梁，缠枝牡丹图案象征富贵吉祥，鳄鱼（Lacoste）字母及品牌标识亦被巧妙地融入其中。女款瓷衣着重强调女性曲线美。胸前以蓝白釉色的红瓷作为装饰，图案则选择凤凰和鳄鱼。烧制成青绿色的圆点拼凑成鳄鱼图案。瓷衣正面用釉里红描绘了飞龙的图案，配合青绿色的鳄鱼，背部则充满了蓝白相间的凤凰和水龙图案。

　　进入 2011 年后，白底青花的形式呈现出多元化趋势，普林（Preen）2012 早秋时装系列（图 7-1-45）、让·保罗·高提耶（Jean Paul Gaultier）2012 年春夏时装都结合青花元素进行了时尚诠释。玛丽·卡特兰佐（Mary Katrantzou）2011 年秋冬时装则将青花

图 7-1-44　李晓峰以瓷器碎片拼接的 Polo 衫及数码印花 Polo 衫

的概念扩大到多彩的珐琅（图 7-1-46）。莫尼克·鲁里耶（Monique Lhuillier）2013 春夏时装以大海为主题（图 7-1-47），让服装上的抽象仙鹤、浪花与鱼鳞染上蓝色。而在一向走华丽高贵路线的意大利品牌华伦天奴（Valentino）2013 秋冬时装秀场上，青花瓷元素成为一种更为抽象的色调，或以蓝蕾丝与白底裙层叠呈现，或以泼墨印花缎料出现，或以飘逸轻纱长裙出现，或者以带着异域风的亮缎出现，但依然能感觉到青花瓷的灵秀与柔和（图 7-1-48）。

图 7-1-45　Preen 2012 早秋时装系列

图 7-1-46　Mary Katrantzou 2011 秋冬时装

图 7-1-47　Monique Lhuillier 2013 春夏时装

图 7-1-48　Valentino 2013 秋冬高级成衣

第二节 西方：哥特式时代

与中国元代处于同一时期的是欧洲哥特式时代。哥特式艺术，始于12世纪的法国，盛行于13世纪，至14世纪末期，其风格逐渐大众化，成为国际哥特风格，直至15世纪，由于欧洲文艺复兴时代来临而迅速没落。不过，在北欧地区，这种风格仍延续了相当长的一段时间。哥特式风格是以高耸、阴森、诡异、恐怖为符号，呈现出夸张、不对称、奇特、轻盈、复杂和多装饰的风格式样，被广泛地运用在建筑、雕塑、绘画、文学、音乐、服装等各个艺术领域。"哥特"是英语Goth的音译，原指代西欧日耳曼部族的哥特人。也有人说，Gothic源于德语Gotik，词源是Gott音译"哥特"（意为"上帝"），因此哥特式也可以理解为"接近上帝的"的意思。

十字军东侵以后，随着东西方贸易的加强，欧洲在大量进口东方的丝织物及其他奢侈品的同时，手工业得以发展。到了13世纪，服饰业就被细分为裁剪、缝制、做裘皮、绲边、刺绣、做皮带扣、做首饰、染色、揉制皮革、制鞋、做手套及做发型等许多工种和专业性独立的作坊。这一时期的服装更加豪华多彩，新兴贵族的宫廷生活产生和形成的服装潮流表现出哥特式时代独特的服装文化特征。里卡多·堤西（Riccardo Tisci）设计的纪梵希（Givenchy）2013秋冬女装系列（图7-2-1），在深暗色基调中融合数码印花与图形面料拼接技术，增强了服装不同质地的对比感。此外，圣母玛利亚、玫瑰花图案、绣花薄纱，以及雪纺面料上缝制的五角星图案组合，尖跟靴子上手工缝制的五彩斑斓的蛇形花纹，以及链式手镯上悬挂着富有雕刻感的金属挂牌，都呈现出哥特式样的艺术风格。

图7-2-1　Givenchy 2013秋冬女装

图 7-2-2　哥特式教堂的彩色玻璃

图 7-2-3　Giles 2011 秋冬女装

图 7-2-4　Louis Vuitton　2016 早春女装

图 7-2-5　以哥特式教堂彩色玻璃为灵感的时装夹克

就建筑样式而言，哥特式一反罗马式建筑厚重阴暗的半圆形拱顶，广泛采用线条轻快的尖形拱券，造型挺秀的尖塔，轻盈通透的飞扶壁。修长的立柱或簇柱以及彩色玻璃镶嵌的花窗，造成一种向上升华、神秘天国的幻觉。哥特式教堂窗子很大，几乎占满整个墙面（图 7-2-2）。当时还不能生产纯净的透明玻璃，却能生产含有各种杂质的彩色玻璃。心灵手巧的工匠们用彩色玻璃在整个窗子上镶嵌一幅幅《新约》故事图画，作为"不识字人的圣经"。11 世纪时，彩色玻璃窗以蓝色为主调，有 9 种颜色，都是浓重黝黯的。之后，其逐渐转变为以深红色为主，然后又转变为更富丽而明亮的色调。至 12 世纪，玻璃的颜色有 21 种之多，阳光照耀时，把教堂内部渲染得五彩缤纷，光彩夺目。这斑斓的彩色玻璃无疑也在吸引并激发着时装设计师们灵感（图 7-2-3、图 7-2-4、图 7-2-5）。

一、性别彰显

在哥特式初期，男女服装仍处在无性别区分的宽大筒形阶段。哥特式时代，罗马式的布里奥（Bliaut）被新式外衣科特（Cotte）所取代（图 7-2-6）。科特仍是一种男女同型的服饰。在正式场合或者外出时，人们在科特（Cotte）外罩一件修尔科（Surcot，图 7-2-7）。修尔科（Surcot）是一种装饰性的华丽外衣，变化多样，法国贵族喜欢从意大利进口织锦缎，女子服饰上还通常装饰有毛边。为了行走方便，人们常把前摆提起来，别进腰带。当时还流行一种外衣叫希克拉斯（Cyclas），未婚女子的希克拉斯两侧一直到臀部都不合缝（图 7-2-8）。盛装时，人们还会披上超大的斗篷（图 7-2-9），当时流行的姿态就是用三根手指拉着胸前的带子，拖着长长的斗篷慢慢行走。

图 7-2-6　中世纪绘画中身穿 Cotte 的人物形象、Cotte 实物和款式图

图 7-2-7　中世纪绘画中身穿 Surcot 服装的人物形象

图 7-2-8　中世纪 Cyclas 实物和身穿 Cyclas 女子线描图

图 7-2-9　哥特时期身穿斗篷女子的女子形象

　　尽管在中世纪，由于基督教神学的统治和禁欲主义的盛行，直线裁制的宽大衣袍抹杀了男女性别特征（图 7-2-10），但人们对美的追求始终没有改变。至中世纪末期的 13 至 14 世纪，女装从两个方面开始突破传统禁锢。首先，开大领口，更多地裸露女性性感部位——先是出现了横向扩大（领口为船形），增加颈部裸露，后来又出现纵向深开的 V 型领口，增加胸部裸露（图 7-2-11）。其次，是收紧腰身，以显露女性的腰臀之美。此时，正值欧洲骑士们的铠甲从传统的锁子甲向分体的铁甲转变的时期，按人体结构分块、分段构成的甲胄护促进人们对衣服结构的认识（图 7-2-12）。裁剪匠人从盔甲打造的立体造型技术中得到启发，并将其运用到服装造型的剪裁上。最初收腰时还仅从衣身两侧收，但这并不能解决人体三维之间的起伏和落差，为了使衣服更显露形体，人们使用省道（Dart），非常立体地把人体包装起来（图 7-2-13）。同时，为了夸张裙摆，又插入许多条三角形布，诞生了真正意义上的三维立体服装，开辟了欧洲服装的新纪元。

图 7-2-10　中世纪初期禁欲主义的服装式样

图 7-2-11　中世纪穿深开 V 领服装的女子形象

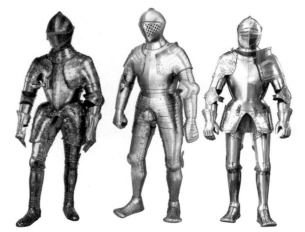

图 7-2-12　欧洲中纪时期盔甲

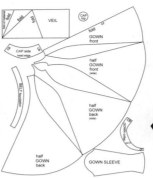

图 7-2-13 *Stefano IV Colonna*　　图 7-2-14 哥特时期格陵兰长袍款式和剪裁图

图 7-2-15　14 世纪身穿 Cote Hardi 的女子

哥特时期女服裁剪变化当以格陵兰长袍最具特点（图 7-2-14）。它是一种上半身贴体合身、下半身宽大的长袍。其左右两侧及前后两面，从袖根到下摆共有 13 片衣片，每件衣片的结构线都不是规整的直线，上端留有棱形的空隙，具有修身造型、增缺减余的作用，即当代服装中普遍采用的省道技术。有了省道，就可以收去平面布料覆合于人体时浮现的余量，使布料更加合乎人体。由于收省，胸部自然隆起而显出女性的曲线美。这种裁剪方法使服装从罗马式时期的收腰意识在 13 世纪得到了发展，也使服装结构由过去的二维空间向三维空间的立体裁剪方向发展。

与直线裁剪的衣服相比，曲线裁剪的衣服放在平面上时是不平整的，也很难折叠，存放时要用衣架悬挂起来，对人体厚度和活动量的表现，是采用在该部位加放松量，以收省、捏褶或归拔等技术手段来表现，袖子的活动量靠袖窿宽窄与袖山高低来调节。同样是对人体的包装，直线裁剪更注重衣物表面色彩、纹饰的变化，而曲线裁剪则更加注重与

人体形状相吻合的一个立体的外壳的塑造，甚至在这个人体的外壳上进行更加夸张的造型变化。

受宗教影响，13 世纪的服装仍旧处在尽可能遮蔽肌肤的阶段，甚至脖颈、下颌也不能外露。随着财富的增加，世俗兴趣的增强，欧洲人的自豪感和人生自由程度都有所提高。人们对人体的表现有了更高的要求。这一切在 14 世纪发生了改变。人们开始裸露肉体，将领口开大，袒露肩部和胸部。这与三维剪裁技术的应用相呼应，人性价值开始彰显，宗教色彩逐渐从服装上退位。这种倾向突出地表现在 14 世纪出现的外衣科塔尔迪（Cote Hardi）上和无袖长袍萨科特（Surcote）上。

科塔尔迪（Cote Hardi）是一种连衣裙式外衣（图 7-2-15）。它源于意大利，14 世纪流行于西欧，运用了省的裁剪方法，使胸腰臀都非常合体贴身，突出女性的曲线美，在前中央处或者腋下置扣、或是系带子。它的领口很大，袒露双肩，是欧洲服饰史上第一次展现出女性美。紧袖口，袖子的肘部垂着不同颜色的装饰布，裙子后长且拖地，男装衣摆在膝盖部位，露出里面的裤子。

萨科特（Surcote）袖窿开得很深，而且前片比后片向里挖得更多，可以看到里面的衣服（图 7-2-16）。它的前胸用宝石做成一排扣子，与穿在里面的科特（Cotte）袖子上的扣子相互呼应（图 7-2-17）。

进入 14 世纪以后，社会性分工促使社会性生产力极大地提高。行会制度的细分化和手工业生产力的提高，通过生产订货的空余时间实现了超过订货的生产量，使商人活动开始活跃起来。为了增加服装的功用性，西方男性开始穿着称之为波尔普万（Pourpoint）的上衣和腿衣相结合的装束。波尔普

图 7-2-16　中世纪绘画中身穿 Surcote 女子形象

图 7-2-17　身穿 Surcote 女子及其款式图

图 7-2-19　中世纪人物画中的 Chausses

图 7-2-18　Pourpoint 实物

万（Pourpoint）原来是穿在武装里面的上身衣服，后来转用为一般上衣（图 7-2-18）。在中世纪初，男女皆穿以丝绸、薄毛织物、细棉布等为材料做成的无裆裤肖斯（Chausses），英语称 Hose。由于男子上衣已缩短至腰上部，肖斯（Chausses）需要用绳子与波尔普万（Pourpoint）的下摆系接固定（图 7-2-19）。这段时期肖斯（Chausses）的左右裤腿是分开的，且流行左右不同色的穿法。有的肖斯（Chausses）保持袜子形状，在脚底还有单独缝合

的皮革底，有的已进化为裤子状，长及脚踝或脚履。从外形上看，肖斯（Chausses）很像今天的长筒袜。伴随着波尔普万（Pourpoint）和肖斯（Chausses）组合形式的出现，男裤女裙的服饰性别差异也开始形成。

14 世纪中叶，更出现了男女衣服造型上的分化，与男子服短上衣和紧身裤组合这种上重下轻的、富有机能性的造型相对，女服上半身紧身合体，下半身的裙子宽大、拖裾，上轻下重，更富装饰性。这些与

图 7-2-20 绘画中身穿吾普朗多的女性形象

吾普朗多的剪裁图

图 7-2-21 男式 Houppelande 人物形象

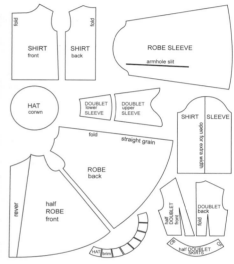

男式 Houppelande 剪裁图

古代的宽衣文化性质完全不同，而是日耳曼窄衣文化的发展。

二、性别遮蔽

14 世纪末期，西欧最后一款男女通用式样的筒形衣吾普朗多（Houppelande）开始流行。最初，这种衣服是作为对当时变短的男服的一种弥补而出现的室内衣，不久被女子采用，并逐渐发展为室外穿的盛装（图 7-2-20）。该款式也在以男性为主角的统治阶级和大商人中流行（图 7-2-21）。无论男女，吾普朗多（Houppelande）的最大特征是不显露体形，只注重衣服外表装饰，这就与同时期的科塔尔迪（Cote Hardi）和波尔普万（Pourpoint）形成强烈的对比，即一方是对肉体的肯定，一方是对肉体的否定，反映出中世纪西欧人在神权统治下，在禁欲主义支配下扭曲的矛盾心态。15 世纪晚期开始，筒形衣完全退出了男装的主流发展，成为女装的专用形式。吾普朗多（Houppelande）的大袖也成为设计师们的设计灵感（图 7-2-22）。

三、哥特式样

哥特式建筑的外观特征是采用锐角的塔和尖顶拱。这一时期的服装受到了这种建筑风格的影响，出现了名为汉宁（Hennin）的尖顶高帽（图 7-2-23）和尖头的鞋（图 7-2-24），以及下半身裙子的从四个方向加进许多三角形布而大大增加，形成许多纵

图 7-2-22　以 Houppelande 为灵感的　　图 7-2-23　具有哥特式建筑外观特征的尖顶帽　　图 7-2-24　具有哥特式建筑外观特征的尖头鞋
　　　　　　时装设计

向的长格，充分显示了垂直线感觉（图 7-2-25）。这与哥特式建筑那向上升腾的垂直线之特征一脉相承。这类服饰的出现使哥特式服装与哥特式建筑从神似到达了形似。此外，这一时期织物与服装富于光泽和鲜明的色调也与哥特式教堂内彩色玻璃有着异曲同工的效果。

　　20 世纪 70 年代末，哥特音乐和哥特摇滚乐（Gothic Rock）催生了现代哥特时尚风，蕾丝衣服、玫瑰、黑长发、苍白皮肤、紧身黑衣、尖皮靴和大量宗教性银饰、黑色皮夹克、黑色紧身牛仔裤、黑色网眼丝袜和黑色太阳镜等元素成为哥特族的服饰标识。20 世纪 90 年代，好莱坞以哥特文学为背景的恐怖电影复兴，如《剪刀手爱德华》《吸血僵尸惊情四百年》（图 7-2-26）等电影大受欢迎。英国设计师亚历山大·麦昆（Alexander McQueen）以《吸

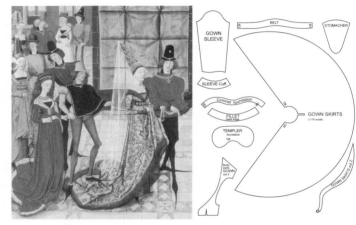

图 7-2-25　哥特风格深 V 领拖地下摆的女袍

血僵尸惊情四百年》中吸血鬼德古拉伯爵的剧装为灵感设计了有大量抽褶堆积、增加服装体积感的暗红色礼服（图 7-2-27）。2001 年，魔幻大片《指环王》在全球获得成功，哥特文化成为全球的时尚热点。

图 7-2-26　《吸血僵尸惊情四百年》海报及剧照

图 7-2-27　Alexander McQueen 以吸血鬼德古拉伯爵剧装为灵感
　　　　　　设计的礼服

图 7-2-28 Gucci 2002 秋冬高级女装

图 7-2-29 Yves Saint Laurent 2008 秋冬高级女成衣

意大利品牌古驰（Gucci）2002 年秋冬女装发布会上（图 7-2-28），在群狼嚎叫及蝙蝠振翅的背景音效中显得低调而颓废，模特们以暗色唇膏、黑色眼影为妆容，佩戴基督教象征的十字架宗教饰物，局部有系带，优雅而又性感。法国时装品牌伊夫·圣·洛朗（Yves Saint Laurent）2008 年秋冬高级女成衣以炫目的黑、白、灰色营造出诡异神秘的哥特风（图 7-2-29），甚至发布会现场也模拟成哥特时期的教堂式样。英国设计师亚历山大·麦昆（Alexander McQueen）2009 年秋冬男装（图 7-2-30），西装革履的造型加入披肩、斗篷、骷髅图案打底衫和皮手套等单品，整体融入了恐怖电影的元素，阴郁的眼神，赋予吸血鬼风格的绅士形象，呈现出一种哥特式美学风格。

从 2000 年开始，哥特次文化之哥特洛丽塔（Gothic Lolita）风格在日本成为时尚（图 7-2-31）。

图 7-2-30 Alexander McQueen 2009 秋冬高级男装

图 7-2-31　哥特洛丽塔风格时装

图 7-2-32　朋克系哥特风时装

其服饰标志是蓬蓬裙、蕾丝花边，同时运用哥特系元素，色调以黑暗风格和哥特忧郁风格为主，在鸢尾花、百合花等欧式传统花纹的基础上增加了骷髅头、玫瑰、十字架、荆棘、符文、芒星、天使、羽翼、圣女等特色图腾。同期，哥特文化又演化出各类次文化，如流行融入朋克风格的哥特系朋克风时尚（图7-2-32）。

四、孕妇外观

在 14 世纪中期，欧洲受到一场具毁灭性影响的瘟疫侵袭，即黑死病。它从中亚地区向西扩散，并在 1346 年出现在黑海地区。它同时向西南方向传播到地中海，然后就在北太平洋沿岸流行，并传至波罗的海。约在 1348 年，黑死病在西班牙开始流行，到了 1349 年，就已经传到英国和爱尔兰，1351 年到瑞典，1353 年到波罗的海地区的国家和俄罗斯。根据今天的估算，当时在欧洲、中东、北非和印度地区，大约有三分之一到二分之一的人口因此而死亡（图 7-2-33）。受此影响，中世纪女裙流行将下摆提起在腹前掖入腰带，这样显得腹部凸起，与妇女怀孕时的样子非常接近。也有人称这种造型和宗教有关，前面的堆褶使腹部凸起好像孕妇，据说这是因对圣母玛利亚的崇拜而造成的流行样式。因玛利亚在未婚嫁时就从圣灵受孕而怀孕基督，所以她有孕时的形象也被看作是圣洁美好的。其形象如弗兰德画家扬·范·艾克所绘《阿诺菲尼夫妇像》中的女子服装式样（图 7-2-34）。从画面上我们可以看到，人物的脚旁有一只象征忠贞的长毛狗；丈夫的木屐和妻子的土耳其平底鞋，强调出画面的亲切之情；床边的木雕是婚姻的象征；窗台上，放着一只苹果，窗下靠背长椅上放着三只苹果，这是多子多孙多福气的象征。

图 7-2-33　欧洲市民正在安葬黑死病死难者

图 7-2-34　《阿诺菲尼夫妇像》

第八章 公元 14—17 世纪服装

第一节 中国：明代

明代：公元 1368—1644 年

　　元朝末年爆发的农民起义，动摇了元朝的统治。明洪武元年（1368 年），朱元璋（图 8-1-1）凭靠农民起义的强势力量，推翻了元朝统治，建立起明朝帝国，定都应天（今南京）。朱元璋在建立了明中央集权的封建帝国后，废除了有近千年历史的丞相制度和有七百多年历史的三省（中书、门下、尚书）制度，由皇帝一人统揽大权。明王朝共历 276 年统治，将国号定为"明"，寓意"光明"。

　　明代疆域最盛时，北达乌第河，东达日本海，西达哈密。15 世纪初，郑和七次下西洋成为中国乃至全世界航海史上的伟大壮举。明代的文化也被后人珍藏，特别是《水浒传》《三国演义》《西游记》等小说作品闻名于世。宋应星、徐光启（图 8-1-2）等科学家的贡献名不虚传。明代还出现了《永乐大典》这一中国历史上规模最大的类书。

　　明朝立国后，明太祖朱元璋采取了一系列恢复生产的措施，如奖励垦荒、减轻赋税、兴修水利、推广棉桑种植等。经过一段时间的休养生息，农业生产得以恢复，人民生活日趋稳定。棉桑种植的发展，为棉纺、丝织提供了充足的原料。虽然这些纺织还是以家庭手工业为主，但在活跃的商品经济的催化下，市场贸易量、需求量逐渐增加，也出现了一些纺织手工作坊。明代在南京的织染都设置局管理，内局以供应御用，外局备作公用。南京设有"神帛堂""供应机房"，苏、杭等府也各有织染局，后又在四川、山西、浙江等处设织染局，并置蓝靛

图 8-1-1　传明太祖朱元璋像　　　　图 8-1-2　明代徐光启像

所于仪征、六合等地种植蓝靛，用以供给染事。永乐、正统年间又分别在歙县、泉州置织染局，主要在江浙的苏、杭、松、嘉、湖五府，所织染的衣料有纻、丝、纱、罗、绫、绸、绢、帛。陕西织造的羊绒，绒细而精者叫作姑绒，极为贵重；山东茧绸以产自椒树者为最佳；松江、青浦生产的细布，有赭黄、大红、真紫等色，纹饰有龙凤、斗牛、麒麟等；浙江慈溪、广东雷州的葛布最为精美，时价也极贵，为缙绅士大夫等常服。中国传统织绣技艺在明代逐渐迈向顶峰，这无疑为中国古代章服衣冠的进一步发展与完备提供了必需的物质前提和保障。

一、衣冠唐制

　　大明帝国对宋之后中国政权长期处于少数民族统治之下形成的习俗、礼仪制度进行调整改制，服饰礼仪更在改制之列，先是洪武元年（1368 年）废止了元代的服饰制度，继而又以明太祖的名义下诏宣布了衣冠悉如唐代形制，恢复汉族礼仪与习俗，

对皇帝冠服、文武百官服饰、内臣服饰、侍仪冠服、士庶冠服、乐工冠服等都做出了详尽规定。

明初服制规定官民器服不得用黄，皇太子以下职官不置冕服。嘉靖七年（1526年），明世宗为了达到在家"虽燕居，宜辨等威"的目的，接受大臣张璁的建议，以"燕弁"为名，寓"深宫独处，以燕安为戒"之意，推出了燕弁冠服，时称"忠靖冠服"。

明代天子之服有六种，一曰衮冕服，二曰通天冠服，三曰皮弁服，四曰武弁服，五曰常服，六曰燕弁服。

衮冕服，祭天地、宗庙、社稷、正旦、冬至、圣节、社稷、先农、册拜时穿用。衮服有十二章纹。玄衣八章，日、月、龙在肩，星辰、山在背，火、华虫、宗彝在袖，每袖各三。其图像如《明世宗画像》（图8-1-3），在北京定陵万历皇帝墓出土的十二章圆领衮服正与前者对应（图8-1-4）。其式样为盘领大袖，窄袖口，在领口右侧钉纽襻一对，在后片的左右腋下部位各钉一个系革带的襻，大小襟的外侧各钉罗带两根，左右腋下又各钉罗带一根，以便系结，在前后片正中自上而下各列三团龙，两袖饰升龙，袍侧摆处；各饰团龙二。

明代皇帝衮冕服的纁裳有四章，织藻、粉米、黼、黻各二，前三幅，后四幅，前后不相属，共腰，有辟积（褶），本色綼裼（缘边）。其实物如北京定陵出土的万历皇帝下裳一件，为黄素罗制，下摆有罗贴边，宽5.5厘米，在裳的前片下部钉有绒绣六章。

图8-1-4　万历皇帝十二章圆领衮服、结构图及纹样（北京定陵出土）

图8-1-3　明世宗画像（南薰殿旧藏）

图 8-1-5 《出警入跸图》（台北故宫博物院藏）

图 8-1-8 明太祖朱元璋像和明宣宗朱瞻基像（南薰殿旧藏）

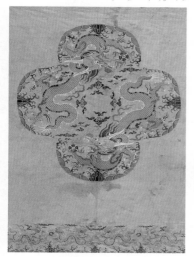

图 8-1-7 明代柿蒂龙纹织成袍服

第三种 a

第三种 b

第一种

第二种

第四种

图 8-1-6 明代龙袍分布式样图

明代皇帝亲征遣将时穿皮弁服（图 8-1-5）。首服弁上锐，色用赤，上十二缝，中缀五彩玉，落落如星状。身上穿绛衣、绛裳、绛𫄧，俱赤色。佩、绶、革带，如常制。佩绶及绛𫄧，俱上系于革带。舄如裳色。

龙纹是中国古代统治阶层最重要的图案纹样。明清时期的龙纹是头如牛头、身如蛇身、角如鹿角、眼如虾眼、鼻如狮鼻、嘴如驴嘴、耳如猫耳、爪如鹰爪、尾如鱼尾。以龙纹装饰的袍服自明代起被广泛应用在皇帝服装上，其龙袍特征主要有以下四种式样（图 8-1-6）。第一种是十二团龙十二章衮服。第二种是四团龙袍，在前胸、后背和两肩各饰团龙纹一个，其中胸背为正龙，两肩为行龙。其式样如明太祖朱元璋像和明宣宗画像中的袍服式样。第三种是柿蒂形龙袍，在盘领周围的两肩和胸背部形成柿蒂形装饰区。该式样又可分为 a 式和 b 式两种：在两肩（行龙）、胸背（正龙或行龙）装饰四条龙和在柿蒂形内装饰两条过肩龙（龙头为正面，居于前胸后背，龙尾向肩部围绕，明代称这种纹案为"喜相逢"式），如明代柿蒂龙纹织成袍服（图 8-1-7）。第四种是过肩通袖龙襕袍，即在第三种 b 式的基础上在袖部和前后襟下摆的装饰有行龙的横襕。明太祖皇帝像和明成祖皇帝像中的人物都是身穿在前后及两肩各织金盘龙一条的盘领窄袖黄袍，腰束玉带，脚穿皮靴的常服（图 8-1-8）。

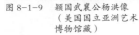

图 8-1-9　颍国武襄公杨洪像
（美国国立亚洲艺术
博物馆藏）

图 8-1-10　明代赤罗朝服
（山东曲阜博物馆藏）

图 8-1-11　陆昶画像
（南京博物院藏）

图 8-1-12　素面绿罗袍公服（八品）

二、朝服公服

洪武二十六年（1393 年），明政府制定了文武官朝服和公服式样。

明代官员在大祀庆成、正旦、冬至、圣节及颁降开读诏赦、进表、传制时穿朝服，头戴梁冠，以冠上梁数为差（图 8-1-9）。赤罗衣，白纱中单，青饰领缘，赤罗裳，青缘，赤罗蔽膝，大带赤、白二色绢，革带，佩绶，白袜黑履，具体式样见表 7。其实物如山东曲阜博物馆藏明代赤罗朝服（图 8-1-10）。

表 7　明代朝服制度

品级	梁冠	腰带	佩绶	服色
一品	七梁	玉带	云凤四色织成花锦	绯色
二品	六梁	犀带	云凤四色织成花锦	绯色
三品	五梁	金带	云鹤花锦	绯色
四品	四梁	金带	云鹤花锦	绯色
五品	三梁	银钑花带	盘雕花锦	青色
六品	二梁	银带	练鹊三色花锦	青色
七品	二梁	银带	练鹊三色花锦	青色
八品	一梁	乌角带	三色花锦	绿色
九品	一梁	乌角带	三色花锦	绿色

明代官员每日早晚朝奏事及侍班、谢恩、见辞时穿公服。在外文武官，每日公座服之。头戴幞头，展角长一尺二寸（杂职官的幞头，最初为垂带，后用展角，与入流官同），身穿盘领袍，袖宽三尺（图8-1-11、图 8-1-12），具体式样见表 8。

表 8　明代公服制度

品级	服色	花纹	尺寸	腰带
一品	绯色	大独科花	花径 5 寸	玉带
二品	绯色	小独科花	花径 3 寸	犀带
三品	绯色	散答花无枝叶	花径 2 寸	金荔枝带
四品	绯色	小杂花纹	花径 1.5 寸	金荔枝带
五品	青色	小杂花纹	花径 1.5 寸	乌角带
六品	青色	小杂花纹	花径 1 寸	乌角带
七品	青色	小杂花纹	花径 1 寸	乌角带
八品	绿色	－	－	乌角带
九品	绿色	－	－	乌角带

三、文武常服

洪武三年（1370 年），明政府制定文武官常服。明官员凡常朝视事、日常生活时，头戴乌纱帽，身穿团领衫（图 8-1-13、图 8-1-14），具体式样见表 9。明代团领衫的胸前、背后各缀一方形补子，故也称补服：文官绣双禽，比翼而飞，以示文明；武官绣兽，或蹲或立，以示威武。一至九品所用禽兽尊卑不一，藉以辨别官品。文官：一品仙鹤（图 8-1-15），二品锦鸡，三品孔雀，四品云雁，五品白鹇，六品鹭鸶，七品鸂鶒，八品黄鹂，九品鹌鹑；武官：一品、二品狮子，三品、四品虎豹，五品熊黑，六品、七品彪，八品犀牛，九品海马；杂职：练鹊；风宪官：獬豸。在文武官员的服装织绣禽兽纹样，源于唐代。武则天当朝期间，曾有过在不同职别的官员袍上绣

图 8-1-13 吕文英、吕纪《竹园寿集图》

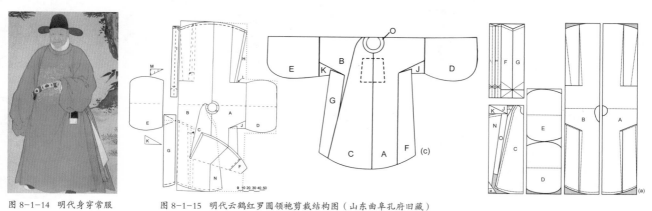

图 8-1-14 明代身穿常服
的沈度像

图 8-1-15 明代云鹤红罗圆领袍剪裁结构图（山东曲阜孔府旧藏）

以各种不同纹样，如文官绣禽、武官绣兽。明清两代补子制作的方法主要有织锦、刺绣、缂丝和画绘（偶尔可见）四种。明代早期的官补尺寸较大，制作精良，而后期因财政见绌，质地日趋粗糙。

表9 明代常服制度

品级	补子		服色	冠	腰带
	文官	武官			
一品	仙鹤	狮子	杂色文绮、绫罗、彩绣		玉带
二品	锦鸡	狮子			花犀带
三品	孔雀	虎豹			金钑花带
四品	云雁	虎豹	杂色文绮、绫罗		素金带
五品	白鹇	熊黑		乌纱帽	银钑花带
六品	鹭鸶	彪			素银带
七品	鸂鶒	彪			素银带
八品	黄鹂	犀牛	杂色文绮、绫罗		乌角带
九品	鹌鹑	海马			乌角带
杂职	练鹊	—	—		—
风宪官	獬豸	—	—		—

明代官服衣袖肥大至极，成为显著特点（图8-1-16）。1969年格蕾夫人（Gres）设计的晚礼服借鉴了这种圆领和大袖的结构，尤其是夸张到极限的大袖口，体现了设计师惊人的造型设计和驾驭力（图8-1-17）。模特头顶束起的发髻更是配合衣袖，将中国元素准确点题。而2013年，Lady Gaga出现在纽约时装周派对上时，虽然是一身西装亮相，但夸张的狮子头和超大的泡泡袖（图8-1-18），造型惊人，引人瞩目。

除补服之外，尚有皇帝特恩授予特定人物的赐服，即一品斗牛、二品飞鱼、三品蟒、四品、五品麒麟，六品、七品虎、彪等纹样袍服。其式样如头戴幞头、身穿蟒服的明代官员王鏊像（图8-1-19）和明代麒麟吉服袍实物（图8-1-20）。

这四种纹样粗看起来无异，仔细辨别却有区别。蟒是四爪的龙形动物。麒麟为传说中的鹿身、牛尾、马蹄、鱼鳞状的仁兽（图8-1-21），性情温和，武而不害百姓，勇而不践踏生灵，猛而不折损树草，与龙、凤、龟并称四灵。鹿、牛、马、鱼皆为中国人的崇拜物或吉祥物，说明了中国人"集美"的思想。斗牛（图8-1-22）的外形与龙、蟒相类，斗牛角为弯曲状，龙为直角。飞鱼的身上有翼和鱼尾的蟒形动物（图8-1-23）。

图 8-1-16 明代官员常服像　　图 8-1-17 1969 年 Gres 夫人设计的晚礼服　　图 8-1-18 Gaga 在纽约时装周派对

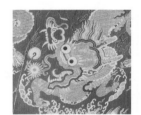

图 8-1-21 麒麟

图 8-1-19 头戴幞头、身穿蟒服的
明代官员王鏊像

图 8-1-20 明代麒麟吉服袍

图 8-1-22 斗牛　　图 8-1-23 飞鱼

四、凤冠霞帔

据《明史》记载，明代永乐三年（1405 年）制定，皇后在受册、谒庙、朝会时头戴九龙四凤冠，身穿翟衣，内套玉色纱中单，佩饰是玉革带、青绮副带一、五彩大绶一、小绶三、玉佩两副，以及青色描金云龙袜、舄，每舄首饰珠五颗。其式样如南薰殿旧藏孝端显皇后像（图 8-1-24）。皇后常服为首服翠叶凤冠，身穿黄色大衫，深青色绣团龙四襟袄子（即褙子）、红色鞠衣，配饰为红线罗大带、黄色织金彩色云龙纹带、玉花彩结绶、以红绿线罗为结、1 朵玉绶花、1 根红线罗系带、两片白玉云样玎珰（佩）、1 个金如意云盖、1 块金方心云板、青袜舄。其形象如南薰殿旧藏孝端显皇后像（图 8-1-25）和明成祖仁孝皇后像（图 8-1-26）。

北京定陵出土的明代凤冠共有四顶，分别是"十二龙九凤冠"（图 8-1-27）、"九龙九凤冠"、

"六龙三凤冠"和"三龙二凤冠"。孝端、孝靖两位皇后各两顶。四顶凤冠制作方法大致相同，只是装饰的龙凤数量不同。十二龙九凤冠，冠上饰十二龙凤，正面顶部饰一龙，中层七龙，下部五凤；背面上部一龙，下部三龙；两侧上下各一凤。龙或昂首升腾，或四足直立，或行走，或奔驰，姿态各异。龙下部是展翅飞翔的翠凤。龙凤均口衔珠宝串饰，龙凤下部饰珠花，每朵中心嵌宝石 1 块或 6、7、9 块不等，每块宝石周围绕珠串一圈或两圈。另外，在龙凤之间饰翠云 90 片，翠叶 74 片。冠口金口圈之上饰珠宝带饰一周，边缘镶以金条，中间嵌宝石 12 块。每块宝石周围饰珍珠 6 颗，宝石之间又以珠花相间隔。博鬓六扇，每扇饰金龙 1 条，珠宝花 2 个，珠花 3 个，边垂珠串饰。全冠共有宝石 121 块，珍珠 3588 颗。凤眼共嵌小红宝石 18 块。

图 8-1-24　身穿大衫的明代孝端显皇后礼服像
（南薰殿旧藏）

图 8-1-25　身穿翟衣的明代孝端显皇后常服像
（南薰殿旧藏）

图 8-1-26　明成祖仁孝皇后像（南薰殿旧藏）

图 8-1-27　明代十二龙九凤冠（北京定陵出土）

珠翠庆云冠
金翟，口衔珠结
珠翠翟
挑珠牌
鬓边珠翠花
珠结

挑心
头箍
金珠翠耳环

霞帔
圭
革带

蹙金绣云霞翟鸟纹
大衫

织金云龙纹

下裳

霞帔坠子

图 8-1-28　明代命妇礼服各部位名称示意图

据《明史》记载，洪武五年定品官命妇冠服（图8-1-28）。

一品礼服：

首服：头饰为松山特髻，翠松 5 株，8 支口衔珠结的金翟。正面 1 支珠翠翟，4 朵珠翠花，3 朵珠翠云喜花，1 枚珠翠飞翟，4 把珠翠梳，1 支金云头连三钗，1 把珠帘梳，金簪二珠梭环 1 双。

服装：衣服为真红大袖衫，深青色霞帔，褙子，质料用纻丝、绫、罗、纱。霞帔上施蹙金绣云霞翟纹，钑花金坠子。褙子上施金绣云翟鸟纹。

一品常服：

首服：头饰用珠翠庆云冠，3 支珠翠翟，1 支口衔珠结的金翟。两朵鬓边珠翠花，1 双小珠翠梳，1 枚金云头连三钗，两把金压鬓双头钗，1 把金脑梳，两支金簪，1 双金脚珠翠佛面环。镯钏都用金。

服装：衣服为长袄、长裙，质料各色纻丝、绫、罗、纱随用。长袄镶紫或绿边，上施蹙金绣云霞翟鸟纹，看带用红、绿、紫，上施蹙金绣云霞翟鸟纹。长裙横竖金绣缠枝花纹。

二品礼服：

除特髻上少 1 支口衔珠结的金翟外，与一品相同。二品常服亦与一品同。

三品礼服：

首服：特髻，上插 6 支口衔珠结金孔雀。1 支正面珠翠孔雀，两支后鬓翠孔雀。

服装：霞帔上施蹙金云霞孔雀纹，钑花金坠子。褙子上施金绣云霞孔雀纹。余同二品。

三品常服：

首服：冠上珠翠孔雀 3 支，口衔珠结金孔雀两支。

服装：长袄，看带或紫或绿，并绣云霞孔雀纹，长裙横竖襕并绣缠枝花纹，余同二品。

四品礼服：

特髻，上插两支金孔雀，此外与三品同。四品常服与三品同。

五品礼服：

首服：特髻，上插 4 支口衔珠结的银镀金鸳鸯。正面 1 支珠翠鸳鸯，3 朵小珠铺翠云喜花，1 枚后鬓翠鸳鸯，1 枚银镀金云头连三钗，1 把小珠帘梳。

服装：霞帔上施绣云霞鸳鸯纹，镀金银钑花坠子。褙子上施云霞鸳鸯纹。余同四品。

五品常服：

首服：冠上插 3 支小珠翠鸳鸯，两支银镀金鸳鸯，挑珠牌。鬓边小珠翠花两朵，1 枚云头连三钗，梳 1 把，压鬓双头钗两支，镀金簪两支，银脚珠翠佛面环 1 双。镯钏皆银镀金。

服装：衣服为镶边绣云霞鸳鸯纹长袄，横竖襕绣缠枝花纹长裙。余同五品。

六品、七品礼服：

首服：特髻，上插翠松 3 株，4 支口衔珠结的银镀金练鹊。正面 1 支银镀金练鹊，小朱翠花 4 朵，后鬓翠梭毬 1 个，翠练鹊两支，翠梳 4 把，银云头连三钗 1 枚，珠缘翠帘梳 1 把，银簪两支。

服装：衣服绫或罗、绸、绢大袖衫，绣云霞练鹊纹霞帔，钑花银坠子。褙子上施云霞练鹊纹，余同五品。

六品、七品常服

首服：冠上饰镀金银练鹊 3 支，又镀金银练鹊两支，挑小珠牌，镯钏皆用银。

服装：衣服为有边长袄，紫或绿绣云霞练鹊文看带，横竖襕绣缠枝花纹长裙。余同五品。

八品、九品礼服

首服：首饰为小珠庆云冠，3 支银间镀金银练鹊，又两支银间镀金银练鹊，挑小珠牌，1 枚银镀金云头连三钗，两支银镀金压鬓双头钗，1 把银镀金脑梳，银镀金簪两支。

服装：大袖衫，霞帔绣缠枝花纹，钑花银坠子，褙子绣摘枝团花纹。及襟侧镶边绣缠枝花长袄。余同七品。

江西南昌华东交通大学校园内明代宁靖王夫人吴氏墓出土的大衫实物的基本形制是对襟、直领、宽摆、大袖。前后身开衩一直到腋下，左右腋下各有纽襻一，领子左右侧也各有纽襻一，前身直领下有纽扣二对，后身底部中间也有纽子一。背后缀三角形衣料一片，其底边长 104 厘米，与后身缝合，高 59 厘米，两条斜边处却留有空隙，以藏霞帔之后端，史料上称之为"兜子"。兜子两侧各有一长约 13 厘米的大纽襻，大纽襻上有一掩纽，平时可覆盖住纽襻（图 8-1-29）。

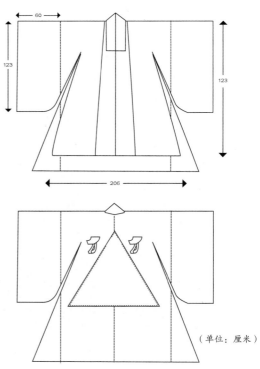

（单位：厘米）

图 8-1-29　大衫实物结构图（江西南昌华东交通大学校园内明代宁靖王夫人吴氏墓出土）

明代是大衫霞帔的定型期，不仅应用更广，等级规定也更为详尽。明代服制在以鸟兽补子来确定文武百官等级的同时，也以霞帔的纹饰和饰件来区分命妇的等级。

洪武元年定品官命妇霞帔：

一品，金绣文霞帔，金珠翠装饰，玉坠子。

二品，金绣云肩大杂花霞帔，金珠翠妆饰，金坠子。

三品，金绣大杂花霞帔，珠翠妆饰，金坠子。

四品，绣小杂花霞帔，珠翠妆饰，金坠子。

五品，销金大杂花霞帔，生色画绢起花妆饰，金坠子。

六品、七品，销金小杂花霞帔，生色画绢起花妆饰，镶金银坠子。

八品、九品，大红素罗霞帔，生色画绢妆饰，银坠子。

江西南昌华东交通大学校园内明代宁靖王夫人吴氏墓出土的霞帔实物（图8-1-30），两条长245厘米、宽13厘米罗带，一端裁成斜边，后缝合（呈尖角），另缝三条横襻，以悬挂帔坠。距罗带尖端120.5厘米处内侧各缝扣襻一，可与大衫领侧的两个纽子相扣。另距上端90厘米处内侧各缝系带。可相互系合在身后，以固定两带间距离。两带以扣襻为中心分为前后两段，前段绣有四只翟鸟，后段绣三只翟鸟。每只翟鸟约长17厘米，展翅，直尾。霞帔坠子实物江西南昌明墓出土的凤纹金帔坠（图8-1-31）。

五、裙式袍服

明代在恢复中原服饰文化的同时，亦或多或少地留下了一些蒙古族特征。

曳撒亦作"曳襒""一撒"。其制为裙袍式袍服，本为从戎轻捷之服，其式当是前代"质孙"服的遗制。以纱、罗、纻、丝为之，大襟右衽、长袖。衣身前后形制不一，后身为整片；前者则分为两截，腰部以上与后片相同，腰部以下两边折有细褶，中间不折，形如马面。两腋或缀以摆。明初用于官吏及内侍。有官者衣色用红，上缀补子；无官者衣色用青，无补。此种曳撒不独内臣服之，外廷亦有。其式样如明代商喜《朱瞻基行乐图》中的人物穿着式样（图8-1-32），至明代晚期，演变为士大夫阶层的常服，礼见宴会均可着之。明人王世贞《觚不觚录》载："衣中断，其上有横摺，而下复竖摺之，若袖长则为曳撒"，江苏南京明墓也有此实物出土。从式样特征而言，曳撒是中原地区深衣式样和元代蒙古族服制特征的混合。

帖里是明代内臣（宦官）所穿的袍服，以纱、罗、纻、丝为之，大襟窄袖，下长过膝。膝下施一横襕，所用颜色有所定制，视职司而别。如明初规定，近侍用红色，缀本等补子；其余宦官用青色，不缀补子。其形象如明代商喜《朱瞻基行乐图》中皇帝所穿服装（图8-1-33），实物如1961年北京南苑苇子坑明墓出土的柿蒂窠过肩蟒妆花罗帖里（图8-1-34），即属曳撒。其前胸、后背、领口周围及两肩，有一柿蒂形过肩蟒，蟒头在袍服前胸部位。

图8-1-30 霞帔（江西南昌华东交通大学校园内明代宁靖王夫人吴氏墓出土）

图8-1-31 明代凤纹金帔坠（江西南昌明墓出土）

图8-1-32 明代商喜《朱瞻基行乐图》中身穿曳撒的人物形象

图8-1-33 明代商喜绘《朱瞻基行乐图》中身穿贴里的皇帝形象

图 8-1-34　柿蒂窠过肩蟒妆花罗帖里（北京南苑苇子坑明墓出土）

图 8-1-35　曳撒式样图（明徐俌墓出土）（南京博物院藏）

图 8-1-36　浅黄色素缎袍（湖北武穴明代义宰张懋夫妇合葬墓出土）

两袖各有一直袖蟒。下摆分为三幅，蟒襕宽 17 厘米，后摆一条长蟒贯穿全幅。万历年间（1573—1620 年），宦官魏忠贤专权揽政，更易服制，于蟒帖里膝襕下再加一襕，称为三襕帖里，两袖上各加两条蟒襕，并另在胸、背等处织绣各式图纹，遍赏于近人亲信。青贴里上亦缀补子，所用颜色一任所好，其制日趋繁杂。魏氏被诛之后，一般不再穿此，唯于礼节性场合穿之。

程子衣以纱、罗、纻、丝为之，大襟宽袖，下长过股，腰间以一道横线分为两截，取上衣下裳之意，是衣长至膝，下摆折裥的裙袍式袍服，亦作"陈子衣"。《明宫史》称为大褶，前后作 36 褶或 38 褶不等。其形制亦与曳撒相似，唯曳撒之褶只于前片，大褶之裥则前后皆有。有官者另在胸背缀以补子。明代刘若愚《酌中志》记载："大褶，前后或三十六，三十八不等，间有缀本等补。"

由于"程子衣"形制宽博，适合于明代士庶洒脱随意和宽松的审美趣味，故多位明代士大夫家常闲居时穿用。相传明代大儒程颐生前常着此服，因以为名。它流行于明代初期，礼见宴会，均可穿着。后因嫌其过于简便，乃以曳撒代之。明代王世贞《觚不觚录》载："腰中间断，以一线道横之，则谓之程子衣。无缝者，别谓之道袍，又曰直掇。此燕居之所常用也。迩年以来，忽谓程子衣、道袍皆过简，而士大夫宴会，必衣曳撒。"其式样如南京博物院藏明徐俌墓出土的曳撒式样图（图 8-1-35）。

在明代士庶男子所穿的便服中，还有一种被称

为襈子的服饰。其式样为圆领或交领，两袖宽博，下长过膝。腰部以下折有细褶襕，形如女裙。尊卑均可著之。明代刘若愚《酌中志》卷十九载："世人所穿襈子，如女裙之制者，神庙亦间尚之。"其式样应如湖北武穴明代义宰张懋夫妇合葬墓出土的浅黄色素缎袍裙实物（图 8-1-36）。

顺褶是一种与襈子相近似的下摆有褶襕的裙袍式服装。只是，其制亦如帖里，可在胸前、背后缀补子。其制始于明代，多用于宦官近侍。明代刘若愚《酌中志》卷十九载："顺褶，如帖里之制。而褶之上不穿细纹，俗谓'马牙褶'，如外廷之襈褶也。间有缀本等补。"所谓马牙褶，即褶襕顺打，如马牙齿相齐而逐次排列之状。

六、直身袍服

直身，也称"长衣""道袍""直缀"，为道士、僧人所着之袍。其为中衣，自宋代开始为士人的居家常服，以素布为之，交领右衽，大袖宽摆（图 8-1-37），也有在衣缘四周镶以黑边的款式（图 8-1-38）。明代时，其为士庶男子闲居、礼见所穿的服装。明代皇帝也穿直身，其色用大红，普通人只准用天青、

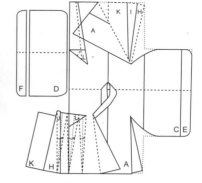

图 8-1-37　明代曾鲸绘《张卿子像》和明代直身实物和剪裁结构图

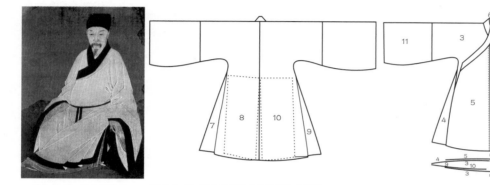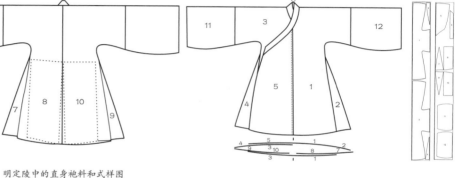

图 8-1-38　明人肖像画　　图 8-1-39　明定陵中的直身袍料和式样图

黑绿、玄青等色，以纱、罗、纻、丝为之，大襟宽袖，下长过膝。明定陵中有直身袍料一匹（图 8-1-39），分前后襟肩通袖、接袖、大襟、衬摆和衣领等十二部分。

直摆是明代士人穿的一种圆领大袖、腋下缀摆的袍服（图 8-1-40），其实物在江苏扬州明墓中有实物出土（图 8-1-41）。明代冯梦龙《警世通言·王安石三难苏学士》载："不多时，相府中有一少年人，年方弱冠，戴缠鬃大帽，穿青绢直摆，俪手洋洋，出来下阶。"

一口钟，亦作"一口中""一口总""一扣衷"，又称"罗汉衣"，是指一种没有袖子、不开衩的长衣。男女都可穿用。其以质地厚实的布帛为之，制为双层，中间或细絮绵。因领口紧窄，下摆宽大，形如覆钟而得名。南北朝时已有，明代时谓"假钟"。明代方以智《通雅》卷三十六载："假钟，今之一口钟也。周弘正著绣假钟，盖今之一口钟也。凡衣腋下安摆，襞积杀缝，两后裾加之。世有取暖者，或取冰纱映素者，皆略去安摆之上襞，直令四围衣

边与后裾之缝相连，如钟然。"其在明清时期尤为流行，不分男女均可着之，多用于冬季（图 8-1-42）。在清代，官员可穿于补服之外，但蟒服外不可穿用。行礼时需脱去一口钟，否则视为非礼。

七、上襦下裙

明代妇女常服主要有衫、袄、褙子、比甲及裙子等。明代女装大体分礼服和常服两种。衣服的基本样式大多仿自唐宋。上襦下裙的服装形式，在明代妇女服饰中仍占一定比例。上襦为交领、长袖短衣，有的还在其胸背部织绣有精美纹样的补子。其式样如北京出土的明中期驼色暗花缎织金鹿纹方补斜襟短棉袄（图 8-1-43）。

明代女裙式样更新，异彩纷呈：从质料上分有绫裙、绵裙、罗裙、绢裙、绸裙、丝裙、纱裙、布裙、麻裙、葛裙等；从工艺上分有画裙、插绣裙、堆纱裙、蹙金裙、细褶裙、合欢裙、凤尾裙等；从色泽上分有茜裙、郁金裙、绿裙、桃裙、紫裙、间色裙、月华裙、青裙、蓝裙、素白裙等，除了诏令严禁的明黄、鸦青和朱红外，裙色尽可随意。

图 8-1-40 身穿直摆的明人形象

图 8-1-41 直摆（江苏扬州明墓出土）

图 8-1-42 缎地盘金龙斗篷

图 8-1-43 明中期驼色暗花缎织金鹿纹方补斜襟短棉袄

图 8-1-44 驼色缠枝莲地凤襕妆花缎裙

图 8-1-45 明代弘治印金膝襕女裙

裙子的颜色在明代初期尚浅淡，虽有纹饰，但并不明显，如驼色缠枝莲地凤襕妆花缎裙（图 8-1-44）。至崇祯初年，裙子多为素白，即使刺绣纹样，也仅在裙幅下边一两寸部位缀以一条花边，作为压脚。裙幅初为六幅，即所谓"裙拖六幅湘江水"；后用八幅，腰间有很多细褶，行动辄如水纹。此外，明代还流行一种源自朝鲜的马尾裙。据明代陆容《菽园杂记》记载："马尾裙始于朝鲜国，流入京师，京师人买服之，未有能织者。初服者，惟富商、贵公子、歌伎而已。以后武臣多服之，京师始有织卖者，于是无贵无贱，服者日盛，至成化末年，朝官多服之者矣。"弘治元年（1488 年），遂有人上书要求朝廷明令禁止穿马尾裙，明孝宗遂命禁止。

明代妇女非常注重裙子长短宽窄以及与上衣的搭配，追求时尚，讲究美观，其千变万化令人目不暇接：弘治年间（1488—1505 年）流行上短下长，衣衫仅掩裙腰，富者用罗缎纱绢，两袖布满金绣，裙则用金彩膝，长垂至足（图 8-1-45）；正德年间（1491—1521 年），上衣渐大，裙褶渐多；嘉靖年间（1522—1566 年），衣衫已长至膝下，去地仅五寸，袖阔四尺余，仅露裙二三寸；同时还流行插绣、堆纱和画裙；万历年间（1573—1620 年），又流行大红地绣绿花裙；至崇祯年间（1628—1644 年），裙色转而趋向淡雅，专用素白纱绢裁制，只在下摆一两寸处刺绣精致花边作压脚；崇祯末年，又流行细褶长裙，追求一种动如水纹的韵致。这种现象在

图 8-1-46 《燕寝怡情》图中身穿水田衣
女性形象

图 8-1-47 Elsa Schiaparelli1939 年设计的水田衣中式对襟袍服

图 8-1-48 Valentino 2013 秋冬女装

图 8-1-49 明代孝靖皇后洒线绣百子女夹衣（北京定陵出土）

以因循守旧为特征的封建社会里是极为罕见的，明代民间服饰的生命力之旺盛，流变性之突出由此可见一斑。

水田衣是明代妇女的服饰。它是一种以各色零碎锦料拼合缝制成的服装，形似僧人所穿的袈裟，因整件服装织料色彩互相交错形如水田而得名。水田衣具有其他服饰所无法具备的特殊效果，简单而别致，所以在明清妇女中间赢得普遍喜爱。据说在唐代就有人用这种方法拼制衣服，王维诗中就有"裁衣学水田"的描述。水田衣的制作，在开始时还比较注意匀称，各种锦缎料都事先裁成长方形，然后再有规律地编排缝制成衣。到了后来就不再那样拘泥，织锦料子大小不一，参差不齐，形状也各不相同，与戏台上的"百衲衣"十分相似，如明清江南画家所绘《燕寝怡情》图册中身穿水田衣的女性形象（图 8-1-46）。1939年，法国女设计师伊尔莎·斯奇培尔莉（Elsa Schiaparelli）曾设计了明代水田衣中式对襟袍服（图 8-1-47）。此外，意大利品牌华伦天奴（Valentino）2013秋冬女装也以水田衣为灵感设计了时装作品（图 8-1-48）。

在《红楼梦》第五十回记载袭人身穿"桃红百子缂丝银鼠袄子"，百子纹样为吉祥图案，寓意多子多福。辛弃疾《稼轩词·鹧鸪天·祝良显家牡丹一本百朵》云："恰如翠幕高堂上，来看红衫百子图。"而百子图案的衣饰，则主要用于新嫁的女子。北京明定陵出土的孝靖皇后的两件洒线绣百子女夹衣（图8-1-49），衣上绣有100个童子，共约40余个场景，有斗蟋蟀、戏金鱼，练武、摔跤、踢毽子、爬树摘果、站凳采桃、放风筝、玩陀螺、放爆竹、捉迷藏等。

明朝初期，云肩多用于宫廷庆祝元旦及朝会的礼乐仪队中的女性歌舞伎（图8-1-50）。随后，云肩普及到社会各个阶层女性，甚至成为青年女性婚嫁时不可或缺的衣饰。大多数云肩由四个云纹组成，称为四合如意式，还有柳叶式、荷花式等，上面都有吉祥纹样，如富贵牡丹、多福多寿、"连年有鱼"等。法国女装品牌香奈儿（Chanel，图8-1-51）和中国设计师郭培（图8-1-52）都曾推出以云肩为灵感的时装。

图 8-1-50 明代云肩实物

八、明代戎服

明代军士有一种叫"胖袄"的服饰，其制为"长齐膝，窄袖，内实以棉花"，颜色为红，所以又称"红胖袄"。骑士多穿对襟，以便乘马。作战所用兜鍪，多用铜铁制造，很少用皮革。将官所穿铠甲，也以铜铁为之，甲片的形状，多为"山"字纹，制作精密，穿着轻便。兵士则穿锁子甲，在腰部以下，还配有铁网裙和网裤，足穿铁网靴。

罩甲是明代最常见的戎服，方领或圆领对襟无袖衣，下长过膝，两侧及后部开裾，方便骑乘。其制始于明武宗时。相传武宗尚武，于宫内组织团营，令宦官练习骑射，以罩甲为戎服。实战罩甲一般在甲身外侧或内侧缀有金属甲片作为保护。仪仗罩甲更注重装饰性，大多只在甲身外侧装饰金属圆钉。绘画、版刻图像反映的式样极多，有短至齐腰部，如明万历刻本《元曲选》插图中总兵提督所穿的罩甲（图8-1-53），由鱼鳞、琐子、柳叶三种不同材料组合而成。罩甲也有长将齐足，下垂丝穗，上绣种种花纹，如明万历刻本《水浒传》插图（图8-1-54）、明刻本《义烈传》插图（图8-1-55）和明人绘《王琼事迹图》（图8-1-56）中的式样。

图 8-1-51 Chanel 2010 秋冬时装　　图 8-1-52 郭培"云肩翘摆"

图 8-1-53 明万历刻本《元曲选》　图 8-1-54 明万历刻本《水浒传》插图
中身穿罩甲的总兵提督

图 8-1-55 明刻本《义烈传》　图 8-1-56 明人绘《王琼事迹图》
插图

图 8-1-57 仙人楼阁金簪（江西南城县明益庄王朱厚烨墓出土）

图 8-1-58 仙人楼阁金簪（江西南城县明益庄王朱厚烨墓出土）

九、亭台楼阁

明代首饰在继承宋元金银首饰的基础上，呈现出两种风格，即民间首饰呈现出朴素、简洁的特征，并充满市井气息；贵族妇女的首饰造型复杂，雍容华贵，宫廷气十足。此时，盛行累丝工艺，造型立体，图案繁复，用材节省，使金银本身变得更为柔和轻盈，并且宜于镶嵌、衬托玉石的魅力而最具时代特点。由累丝工艺制作的亭台楼阁造型的首饰更是引人注目，如江西南城县明益庄王朱厚烨墓出土的仙人楼阁金簪数支。其中一支仙人楼阁金簪（图 8-1-57），两栋立体楼阁，近旁绕以花树，形同一座花园。楼阁平面呈六角形，顶端有宝珠一颗，六面均有隔扇。四门外各有造像一尊，或拱手或抱物。殿内正中，有一人侧卧于床上；左边一栋，有一造像卓然中立，衣带飘扬。另一支两端为尖形（图 8-1-58），中部有宫殿三栋：正中一栋分上下层，每栋亦作三间开，各间之内均有一造像，手中抱一小孩，簪足向背后平伸。其工艺精湛，纹饰显赫奢华，是明代王室奢侈生活的真实写照。

毫无疑问，中式建筑是中国风格设计中的代表，这无疑成为西方时装设计师们的关注。英国已故著名媒体人帽子女王伊莎贝拉·布罗（Isabella Blow）就曾头戴菲利普·崔西（Philip Treacy）设计的中国亭台楼阁造型的帽子而引起轰动（图 8-1-59），首饰设计师菲利普·杜河雷（Philippe Tournaire）还曾设计过亭子戒指（图 8-1-60）。

在此之前，法国时装设计大师克丽斯汀·迪奥

图 8-1-59 头戴亭台楼阁头饰的英国帽子女王

图 8-1-60 Philippe Tournaire 设计的建筑造型戒指

（Christian Dior）曾设计了一件以中国古建筑中常见的石狮为灵感的象牙白山东绸礼服（图 8-1-61）。1980 年，伊夫·圣·洛朗（Yves Saint Laurent）春夏成衣灵感源于中国古代建筑的翘角（图 8-1-62），当时媒体称之为"宝塔肩"。21 世纪，意大利设计师乔治·阿玛尼（Giorgio Armani）在 2009 年春夏高级定制时装中使用"翘肩"造型，辅以门环、流苏、镂空等工艺元素（图 8-1-63）。其中一款以故宫大殿红漆大柱为灵感（图 8-1-64）。中国古建筑中，尤其在北京的宫殿、坛庙、府邸这些古建筑的大门上，都有纵横排列的门钉。这些门钉不仅是装饰品，还体现着封建等级制度。美籍华裔设计师吴季刚（Jason Wu）2012 年秋季手袋系列则是以故宫大门为灵感而巧妙设计（图 8-1-65）。另一位华裔女设计师谭燕玉（Vivienne Tam）2012 年春夏时装中也采用了门钉元素，但轻盈了很多，不见丝毫的

图 8-1-61　Christian Dior 1957 年设计的以中国石狮为灵感的礼服

图 8-1-62　Yves Saint Laurent 1980 年设计的翘肩时装

图 8-1-64　Giorgio Armani 以故宫大殿朱漆大柱为灵感的时装设计

图 8-1-63　Armani 2009 春夏高级定制时装

图 8-1-65　故宫大门与 Jason Wu 2012 秋季女包

图 8-1-66　Vivienne Tam 2012 春夏女装

图 8-1-67　Alexander Mcqueen 2011 度假系列时装与黑色真丝披肩

沉重色彩（图 8-1-66）。而英国设计师亚历山大·麦昆（Alexander Mcqueen）在其 2011 年"度假"系列的黑色礼服和黑色真丝披肩上使用了金色亭台楼阁风景图案，呈现出一种奢华至极的美感（图 8-1-67）。

十、吉祥符号

吉祥符号的出现源于古人对自然的畏惧。先民们对疾病、死亡充满畏惧，内心希望有神灵的庇护，因此吉祥图符应运而生。一些动植物以及图案被约定俗成地作为美好意义的象征或符号，于是这些纹样便包含了相应的吉祥寓意。一些传说中被赋予美好愿望的人物或器物，在现实生活中逐渐演变成了吉祥、幸福的代表符号。它不仅体现出中华民族乐观向上、追求美好事物的精神，还体现出中国传统文化的含蓄。

在明清纹样中，还多用植物、花卉、动物和抽象图案为象征，寓意不同的吉祥喜庆的内涵。植物、花卉纹样如葫芦、葡萄、藤蔓、石榴象征子孙繁衍；灵芝、桃子和菊花象征长寿；牡丹象征富贵；莲花象征清净纯洁；并蒂莲花象征爱情忠贞；梅花、松、竹枝象征文人清高（谓"益者三友"）；玉兰、海棠、牡丹谐音"玉棠富贵"；灵芝、水仙、菊花谐音"灵仙祝寿"；五个葫芦与四个海螺谐音"五湖四海"。谭燕玉（Vivienne Tam）2015 春夏时装秀充满了以印花、刺绣和贴花形式呈现的梅花、兰花、竹叶图案（图 8-1-68）。古驰（Gucci）竹子（Bamboo）系列中的这款手镯由天然竹节和标准纯银打造，竹节坠饰末端衔接着"狐尾"链组成的流苏（图 8-1-69）。1972 年古驰（Gucci）竹节手柄正式推出，

图 8-1-68　Vivienne Tam 2015 春夏时装

图 8-1-69　Gucci 竹节首饰和书包

图 8-1-70 Giorgio Armani 2015 春夏 "竹之韵"

图 8-1-71 梵克雅宝 Nympha 系列——
"莲开并蒂"

图 8-1-72 "一路连科"

图 8-1-73 "麟吐玉书"

所有古驰（Gucci）的竹节手柄都取自于中国或越南高山竹根部，加以特殊的手工烧烤技术而制成。乔治·阿玛尼（Giorgio Armani）2015 春夏 "竹之韵"（图 8-1-70）是一个东方文化主题，宛如沉浸在植物的世界里，柔美的竹子印花韵味十足，汉式袖子、唐式襦裙，近乎透明的轻柔薄纱犹如水彩画般恬静雅致。打结的腰带设计出人意料地突出了飘逸律动的连衣裙腰线，使连衣裙看上去好似一阵清风拂面而过，充满东方文化的气质。

因为 "莲" 与 "连" 谐音，便产生了众多与 "莲" 有关的吉祥符号和图案，如莲花和牡丹花在一起叫 "荣华富贵"，二莲生一藕叫 "并莲同心" "莲开并蒂"（图 8-1-71），鹭鸶和莲花组成 "一路连科"（图 8-1-72）或 "一路荣华"；"麟吐玉书" 寓意祥瑞降临和圣贤诞生（图 8-1-73）；一大一小两只红狮子的帽筒叫 "太狮少狮"，与 "太师少师" 谐音，象征富贵和权势（图 8-1-74）；柿子树与柏树合植叫 "百事如意"；花瓶中插如意称 "平安如意"；万年青和灵芝在一起的为 "万事如意"；童子持如意骑大象的称 "吉祥如意"；盒子与荷花在一起的是 "和合如意"（图 8-1-75）；瓶中插月季花是 "四季平安"；鸡立石上称 "室上大吉"（图 8-1-76）；马上蹲坐着一只猴子称 "马上封侯"（图 8-1-77）；喜鹊落在梅枝上称 "喜上眉梢"（图 8-1-78）；蝙蝠倒着画，称 "福到"（图 8-1-79）。

图 8-1-74 "太狮少狮"

图 8-1-76 "室上大吉"

图 8-1-75 "和合如意"

图 8-1-77 "马上封侯"

图 8-1-78　Vivienne Tam 2015 春夏时装　　　图 8-1-79　Vivienne Tam 2012 春夏时装上的"福到"

图 8-1-80　Dries Van Noten 2015 秋冬时装

　　明清时期，四合如意云纹是最常见和典型的丝绸纹样。四合如意云纹以一个单体如意形为基本元素，上下左右四个方向斗合形成一个非常完整的四合如意形，然后在其边缘延展出飞云或流云等辅助装饰纹样，象征吉祥如意。德赖斯·范·诺顿（Dries Van Noten）2015 年秋冬，将不同的四合如意云纹色彩表情进行时装设计（图 8-1-80）。

　　在借鉴传统吉祥纹样进行服饰设计时，要对所用图案的历史语境与文化内涵进行全面和深入地了解，否则就会触碰到一些区域性的文化禁忌。例如，2014 年耐克公司推出的热销款天津喷（Air

Foamposite One Tianjin）的鞋面上印着天津杨柳青年画的"莲年有余"的经典图案，鞋舌上莲花图案以及鞋底的粉色莲花配色进一步烘托年画主题。虽然其出发点是想突出民俗与传统文化，但由于与中国传统的"仙桥荷花寿鞋"极为相似而引起争议（图8-1-81）。

　　在 2011 年第 64 届戛纳开幕式上，一位女艺人一袭"仙鹤装"亮相红毯，引起国内外媒体的巨大反响（图 8-1-82）。"仙鹤装"以西式礼服为款式，以中国红为底，上绣展翅仙鹤，间缀梅兰竹菊四君子绣纹。在中国传统文化中，仙鹤和菊花象征长寿及富运长久。明清时期的仙鹤纹样曾经比较普遍，如故宫博物院藏清光绪宝蓝缎绣平金云鹤夹褂（图8-1-83）。平金绣鹤喙、腿，头顶的红色冠羽用套针和施毛针，身体的羽毛采用刻鳞针。羽毛中部用浅灰色丝线晕色，真实地将仙鹤羽毛表现出来，仿佛是用羽毛黏制而成。仙鹤的尾羽并没有写实地采用黑色，而是用偏绿的宝蓝色绣制，用金线构边。其制作精湛至极。在当代时装设计中，以仙鹤为图案的例子并不少见，如仙鹤花卉时装夹克（图 8-1-84）。但出于法国文化立场来考虑，仙鹤曾是恶鸟的象征，容易引起歧义，因此，时装设计者在开始设计服饰图案之前，对于该图案的历史含义和语境要慎重、周详地考虑。

图 8-1-81 2014 年耐克公司推出的热销款天津喷篮球鞋

图 8-1-82 身穿仙鹤装的国际明星

图 8-1-83 清光绪宝蓝缎绣平金云鹤夹褂
（故宫博物院藏）

图 8-1-84 仙鹤花卉时装夹克

第二节 西方：文艺复兴

14 到 17 世纪，西欧国家发生了伟大的资产阶级文化运动——文艺复兴运动（Renaissance）。中世纪的十字军东侵，打开了东西方的商路，意大利的佛罗伦萨、威尼斯、热那亚成了当时的贸易中心城市。资本主义的发展、新兴资产阶级财富的增加，使社会风气大为改观。许多知识分子以希腊、罗马的古典文化为武器，向封建意识形态展开斗争。神的权威被人性所替代，人的价值和尊严得到肯定。教会的禁欲主义让位给对人世间享受的追求（图8-2-1），教会的蒙昧主义和神秘主义被尊重知识、崇尚理性所替代。这个时期造就了一大批对当时和后世都有很大影响的思想家、科学家和艺术家，诗人但丁（图 8-2-2）的《神曲》揭开了文艺复兴的序幕，列奥纳多·达·芬奇（图 8-2-3）、米开朗基罗（图 8-2-4）、拉斐尔（图 8-2-5）和莎士比亚（图8-2-6）等天才艺术家都为世人留下了不朽之作。

文艺复兴时期的服饰最显著的特点是服装由若干外形明确的独立部件组成。受欧洲各国国力消长和文化重心移动等因素的影响，文艺复兴时期的服装文化可大体分为三个阶段：意大利风时代、德意志风时代、西班牙风时代。

一、意大利风时代（1450—1510 年）

意大利是文艺复兴的发祥地，早在 14 世纪哥特艺术风格在西欧各国盛行期间，佛罗伦萨的艺术

图8-2-1 文艺复兴时期纵情享乐的人们

图8-2-2 诗人但丁

图8-2-3 列奥纳多·达·芬奇

图8-2-4 米开朗基罗

图8-2-5 拉斐尔

图8-2-6 莎士比亚

家们就在实力雄厚的梅迪契家族（Medici）的支持下研究罗马艺术，开创注重人性的新艺术。此时建筑设计师以圆拱顶、矩形门窗、水平线的线条取代了哥特式建筑尖拱顶、彩色玻璃窗和垂直线的感觉，使建筑更接近人间生活，。

意大利的威尼斯、佛罗伦萨、米兰、热那亚、卢卡等城市都有高度发达的纺织作坊，可以大量生产天鹅绒、织锦缎和织金锦等华贵面料。为了尽量展开这些精美面料，服装造型出现了宽大平坦的平面。15世纪中叶还延续细长造型的男女装，到16世纪开始向横宽方向发展，男装变得雄大，女装变得浑圆。

文艺复兴时期，女服造型重心放在下半身，上轻下重，头饰小巧，一般都不戴帽子，头发向后梳，颈后挽髻，露出额头。女服是在腰部有接缝的连衣裙罗布（Robe），领口开得很大，呈V型，也

有一字形，袒露的胸口上装饰着珍珠项链，高腰身，衣长及地，袖子一段一段扎起来有如莲藕，在上臂、前臂和肘部有许多裂口（图8-2-7）。内衣外露既丰富了服装配色，也解决了人体运动。此时，袖子开始独立剪裁和制作，可以在服装上自由摘卸。为了收腰，女裙以腰围线为界，上下分别裁制，然后再缝合或用带子连接在一起。尽管此时的罗布（Robe）在裁制构成上是二部式，而观念上却仍处在一部式阶段。由于裙子越来越宽敞肥大，这就要求女性们增加身体高度以保持人体视觉比例的协调，于是女士们流行穿高底鞋乔品（Chopin，图8-2-8）。虽然这些高底鞋并不露在外面，但鞋上都刺绣了精美的花卉纹样。

在文艺复兴意大利风时期，男装的重心放在上身，宽大的上衣波尔普万（Pourpoint）和紧身的下衣肖斯（Chausses）组合（图8-2-9）。波尔普万

图 8-2-7　文艺复兴风格女装

图 8-2-8　文艺复兴时期流行的高底鞋——乔品

图 8-2-9　文艺复兴意大利风时期的上衣 Pourpoint 和裤子 Chausses

（Pourpoint）原意指"绗缝的衣服"，其式样为前开前合，以扣子固定是波尔普万（Pourpoint）的显著特点。绗缝是波尔普万（Pourpoint）的另一特点，两层布中夹上羊毛或麻屑填充物，再用倒针法绗缝，线迹成为装饰纹样。其裁剪结构分为内外两片（图8-2-10）。自 14 世纪中叶起，一直到 17 世纪中叶，波尔普万（Pourpoint）作为男子的主要上衣延续了整整三个世纪之久。受西班牙式影响，意大利风时期的波尔普万（Pourpoint）出现高立领，内衣的领子也随之变高，并且有褶饰（图8-2-11）。衣长及臀，系腰带，前开式，用扣子闭合衣襟，腰部收细，袖子为紧身长袖，从肘到袖口用一排扣子固定。外出时一般身穿齐膝的大袍子和斗篷（图8-2-12）。

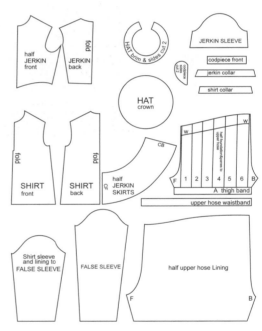

图 8-2-10　Pourpoint 的裁剪图

图 8-2-11　立领有褶饰的内衣和 Pourpoint

图 8-2-12　外出时穿大袍子和斗篷

图 8-2-13　身穿斯拉修装饰手法的萨克森公爵夫妻

二、德意志风时代（1510—1550 年）

德意志风时代的主要特色是露出里面的异色里子、白色内衣和缀饰有各色宝石、珍珠的裂口、剪口斯拉修（Slash）装饰。它首先在德国发展和流行，错落有致的满身裂口，是文艺复兴时期最具时代特色的服装装饰（图 8-2-13）。据说，斯拉修（Slash）装饰是源自德国士兵刀剑的划痕，男士们为了炫耀自己的英武而做出的一种人为装，但到后来，这种装饰工艺用在女装上时候也很多（图 8-2-14）。有时，这些开口会出现在袖子上（图 8-2-15、图 8-2-16）。

这时带裙身的茄肯（Jerkin，图 8-2-17）取代了波尔普万（Pourpoint），立领很高且有普利兹褶，这是后来大褶饰领的先兆。男子在紧腿裤肖斯的外面，再增加鼓胀的短裤布里齐兹（Breeches）和阴茎套科多佩斯（Cod Piece，图 8-2-18）。这种装饰在欧洲非常流行。外出时，人们会在外面畅怀套衣身宽大、可拆卸袖子、毛皮里子或毛皮边饰的披肩。男子常在大帽里面再戴一顶软帽。

德国女服初期模仿意大利，方形低领口，后领口缩小，变成高领，这是后来大褶饰领的先兆，袖子上有斯拉修装饰（图 8-2-19）。女子上身腰很细，袖根部极其肥大，在细腰的下面收许多纵褶，使裙子在造型上形成鲜明的体积对比（图 8-2-20）。女子的大帽子上绣有花纹，饰有珠宝或鸵鸟羽毛，帽边有斯拉修装饰。

图 8-2-14　装饰 Slash 的女装

图 8-2-15　袖子上有开口的《法国国王弗朗索瓦一世像》

图 8-2-16　袖子上有开口的文艺复兴意大利风时期的女装

图 8-2-17　德意志风时期的茄肯

图 8-2-18　德意志风时期男子和奥地利蒂罗尔的菲迪南科多佩斯

图 8-2-19　袖子上有斯拉修装饰的女装

图 8-2-20 文艺复兴德意志风女服

图 8-2-21 亨利八世肖像

德意志风时期，人们还没有形成卫生观念，据说他们每年洗两次澡，因此，修米兹很脏，贵族夫人们在脸上涂很厚的粉和胭脂。为了掩饰身体的异味，香水应运而生，各种化妆品制造业也蓬勃兴起。法国国王亨利三世时，男人也使用化妆品和香水，睡觉时也戴面罩和手套。男女都时兴在头发上撒紫罗兰香粉。

三、西班牙风时代（1550—1620 年）

16 世纪是西班牙的世纪。西班牙拥有举世闻名的无敌舰队，西班牙国王强制性地向欧洲各国推行西班牙服装，企图使人们顺应西班牙意志。国力强大的西班牙这时成为欧洲的流行中心。

西班牙服装的外观特征是大量使用填充物（图8-2-21）。波尔普万（Pourpoint）的肩部、胸部和腹部，以及袖子都塞进填充物使之膨起，甚至短裤和阴茎套也使用了填充物（图 8-2-22），并装饰得格外引人注目。斯拉修（Slash）装饰也还有保留。外出时在波尔普万（Pourpoint）外穿长及臀或膝的大翻领袍葛翁（Gown）和常有毛皮边饰的曼特。常在伸胳膊的地方装饰有假袖子。西班牙风时代用料极为奢华，此时流行在黑色底上用金银线刺绣华美的纹样，天鹅绒、织金缎、织银缎备受宠爱，织物纹样也复杂化，拜占庭、萨拉森、波斯、中国风格的纹饰都在西欧贵族服饰中出现。除了复杂的纹样和精美的刺绣，贵族们甚至毫不吝惜地缀满宝石和珍珠，有时由于衣服被装饰得过于沉重，致使着装者步履维艰，出现连做弥撒时都无法下跪的窘境（图 8-2-23）。

图 8-2-22 文艺复兴西班牙风时期的男服裤子

图 8-2-23 文艺复兴西班牙风时期的男女服装

图 8-2-24 《伊丽莎白一世肖像》

西班牙风时，封建贵族的傲慢与奢靡心态回复
到女装上。先前的袒胸式大领口被高达耳根的拉夫
（Ruff）领替代，因为女性迷恋于高傲的贵族风度，
而使头部失去了活动的自由（图 8-2-24）。此时，
塞满了填充物的袖子变得有些僵硬，为了便于缝制，
与衣身分离单独制作，每次穿时用细带连接。于是，
女服也与男服一样，出现了掩饰袖根接缝的肩饰。
袖子成为一种可以更换搭配不同服装的可变元素，
甚至，还成为一种礼品赠送友人。此时，还有一种
极为特殊的带有垂饰的式样。外套的袖子从肩部打
开，露出里面的面料，在肘部固定，袖子长长垂至
地面（图 8-2-25）。

西班牙风时期的女服盛行使用紧身胸衣苛尔·佩
凯（Corps Pique，图 8-2-26）和裙撑法勤盖尔
（Farthingale）。此时的紧身胸衣已经具有了完备的形
制，成为一种塑造女性胸腰部位立体造型的独立部
件。当时的英国女王伊丽莎白一世（1558—1603 年）
曾一度极力倡导束腰，影响了当时女性的时尚。文
艺复兴时期的女服以细腰阔裙的装束美而著称。刚
刚从上下一体、无腰身和性别差异服饰盛行的中世
纪走出的女性们，为了突出身体的曲线美，通过紧
身胸衣和裙撑的组合对比来完成细腰身的造型。

此时，西班牙的时尚一直影响着英国时尚，即
使在两国交战的情况下也依然如此。西班牙贵族发
明的法勤盖尔（Farthingale），从 16 世纪下半叶

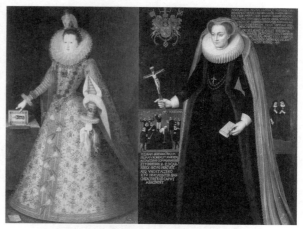

图 8-2-25 文艺复兴西班牙风时期带有垂饰的女服

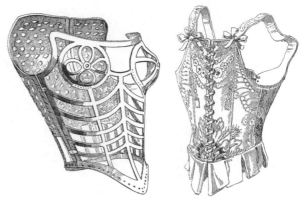

图 8-2-26 文艺复兴西班牙风时期的紧身胸衣

到 17 世纪一直引领着欧洲时尚。这是一种在亚麻
布上缝进鲸鱼轮骨或藤条的吊钟形裙撑。当时，
不用做体力活的贵族女性都穿着西班牙法勤盖尔
（Farthingale）。接着法国人又用马尾织物、铁丝
和填充物做成了轮胎状的裙撑附加物威尔·法勤盖
尔（Wheel Farthingale，图 8-2-27）。西班牙裙撑

造型如吊钟形，附加了法式裙撑后使裙子从臀部看上去像个圆环，裙子的布料从女人腰间的撑环外缘垂直坠下（图 8-2-28 ~ 图 8-2-30）。两种式样同时存在于欧洲这个时期（图 8-2-31）。

由于此时前开形罗布（Robe）流行（图 8-2-32），女性服装胸前连接处的装饰显得格外重要，这就产生了掩盖紧身胸衣苛尔·佩凯（Corps Pique）的装

饰性三角胸衣斯塔玛克（Stomacker，图 8-2-33）。在 16 世纪中叶，为了强调女性的细腰，斯塔玛克（Stomacker）在前腰部接缝处呈锐形下垂，并从其顶点向下 A 字型打开，露出里面的衬裙。因此，衬裙必须与外面的罗布在用色和用料上取得协调，常使用厚地塔夫绸、织金锦等豪华面料，还常装饰有宝石和精美的刺绣。

图 8-2-27　文艺复兴时期的裙撑 Wheel Farthingale

图 8-2-28　身穿西班牙风时期女装的贵族女性

图 8-2-29 《宫廷舞会》

图 8-2-30 《宫女》

图 8-2-31 法国式裙撑（右图）和西班牙裙撑（左图）

图 8-2-33 装饰性胸布 Stomacker

图 8-2-32 文艺复兴西班牙风时期的前开形女裙

德国风时期已见端倪的内衣高领领缘，到西班牙风时代，完全脱离内衣，成为一种独立制作、可以摘卸的拉夫领（Ruff，图 8-2-34）。当时的一些漫画也有表现人们穿戴拉夫领（Ruff）的情景（图 8-2-35）。法国的博物馆里还有当时拉夫领（Ruff）的实物（图 8-2-36）。可以说，拉夫领（Ruff）是欧洲 16 世纪到 17 世纪时期服装最显著的特征（图 8-2-37）。当时服装设计也有一些以突出拉夫领（Ruff）元素为特点的时装作品（图 8-2-38）。

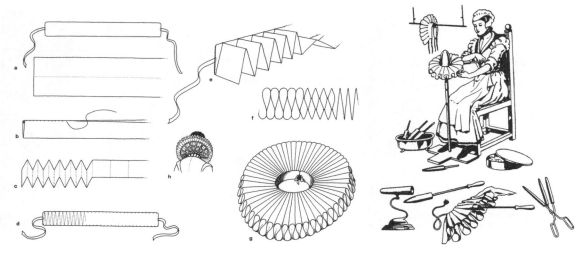

图 8-2-34 文艺复兴西班牙风时期 Ruff 领的制作过程

图 8-2-35 文艺复兴时期 Ruff 领漫画

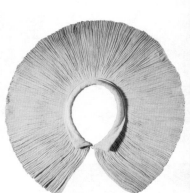

图 8-2-36 文艺复兴西班牙风时期
Ruff 领实物

图 8-2-37 文艺复兴西班牙风时期的男子

图 8-2-38 Christian Lacroix 2009 春夏、Givenchy 2008 春夏、sharif hamza 以 Ruff 领为灵感的时装设计

第九章 公元 17—19 世纪服装

第一节 中国：清代

清代：公元 1616—1911 年

清朝（1616—1911 年）是中国以满族为主要统治阶级的最后一个封建王朝。1616 年，努尔哈赤（图 9-1-1）征服建州女真各部后建立了后金政权。1636 年改国号为清。1644 年，顺治帝（图 9-1-2）福临入主中原。至 1911 年辛亥革命宣告清王朝灭亡，清王朝统治共计 295 年。

满族是金人的后裔，同属女真族。满族入关后，清政府统一国家疆域，加强内地与边疆的政治联系，密切各民族经济、文化交流。经顺治、康熙帝励精图治，清王朝统治者逐步扫清叛乱，采取有利于社会安定、经济发展的积极措施。社会生产得到了积极的发展，社会秩序日趋安定。由此出现了一个国家统一、政权巩固、社会安定、经济文化都比较繁荣的时期——"康（熙）乾（隆）盛世"。当时的手工业与商业取得了长足的发展，手工艺术品制作十分发达，商品经济对百姓生活的影响逐渐具体化。

清朝政权的建立，带进了满族的着装习俗。在清朝建国之初，清政府颁发了"剃发令"，强令其统治下的全国各民族改剃满族发型，实行"留头不留发，留发不留头"。由于各族人民的强烈反对，在执行上变通为"十降十不降"制度。如"生降死不降"，指男子生前要穿满人衣装，死后可服明朝衣冠入葬；"老降少不降"，指儿童可穿明代或之前的传统服饰；"男降女不降"，指女子并未被要求改换服饰；"妓降优不降"指娼妓穿着清廷要求穿着的衣服，演员扮演古人时则不受服饰限制；"官降民不降"，指官员在服饰上要求严格，但一般民间尤其是广大农村地区，仍可穿着明朝衣冠。这似乎是清朝初建时在服饰问题上与民间达成的一种"协议"，其实也是朝代交替变更期间服饰民俗演化的必然现象。

清代服饰制度，反映了清代社会政治制度的特点。它既借鉴汉族服饰中的某些元素，如以中国传统的十二章纹作礼服和朝服上的纹饰，以绣有禽兽的补子作为文武官员职别的标识，又不失其本民族的传统礼仪和服饰习俗。

一、朝服龙袍

在清代服饰中，最重要的当属皇帝和后妃们穿的朝服和吉服。

清代以前，祭服和朝服不论君臣皆分制，并根据不同祭祀礼节的轻重，选择不同等级的祭服。到

图 9-1-1　清太祖努尔哈赤朝服像

图 9-1-2　清世祖顺治朝服像

了清代，惟有皇帝才有祭服，其余人员朝、祭合一，这是清代冠服制度区别于其他朝代的地方。

清代皇帝朝服系统有朝冠、朝服、朝珠和朝带，以及套在朝服外的端罩（冬季之服）和衮服（百官穿补服）等。

清皇帝冬朝冠（图9-1-3）上缀朱纬，帽檐顶饰金累丝缕空金云龙嵌东珠三层宝顶，每层贯东珠各一颗，皆承以金龙四，余东珠如其数，上衔大珍珠一颗，在檐下左右各垂带，交系于颐下。

清皇帝夏朝冠（图9-1-4），夏织玉草或藤竹丝为之，外裱以罗，石青片金缘两层，里用红片金或红纱，上缀朱纬，前缀金累丝镂空金佛，饰东珠十五，后缀金累丝镂空舍林，金累丝镂空金云龙嵌东珠三层宝顶，饰东珠七颗，顶如冬制，在檐下左右各垂带，交系于颐下。

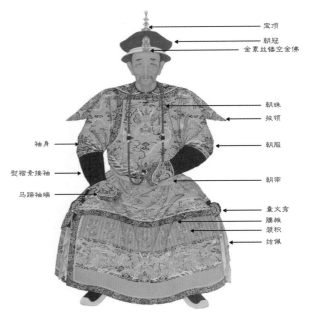

图9-1-5　清代皇帝朝服名称示意图

图9-1-6　清代皇帝朝服（蓝、黄、红和月色）

图9-1-3　清皇帝冬朝冠　　　　图9-1-4　清皇帝夏朝冠

清代皇帝朝服由披领和上衣下裳相连的袍裙组成，是清代皇帝登基、大婚、万寿圣节、元旦、冬至、祭天、祭地等重大典礼和祭祀活动时所穿的礼服（图9-1-5、图9-1-6）。其色以黄为主，南郊祈谷、雩祭（求雨）用蓝，朝日用红，夕月用月色（浅蓝色）。

清代皇帝冬朝服一（图9-1-7），两肩和前胸、后背各绣正龙一条，列十二章纹，间以五色云下平水江崖。下裳襞积绣行龙六条间以五色云，下平水江崖。下裳其余部位和披领全表以紫貂，马蹄袖端表以薰貂，自十一月初一至次年正月十五穿着。

清代皇帝冬朝服二（图9-1-8），上衣两肩及前胸后背饰正龙各一，腰帷行龙五、衽正龙一，襞积前后身团龙各九，裳正龙二、行龙四，披领行龙二，袖端正龙各一；列十二章纹，间以五色云，下幅为八宝平水，披领、袖端、下裳侧摆和下摆用石青色织金缎或织金绸镶边，再加镶海龙裘皮边。质地用织成妆花缎或以缎、绸刺绣及缂丝。

清代皇帝夏朝服（图9-1-9），有明黄、蓝、月白三色。其制一种，披领及袖所用之色，整衣形式和花纹皆与冬朝服之第二式相同，惟其袍边均沿片金缘，且据气温变化有缎、纱材质，以及单、夹之分。其裁剪结构如图9-1-10所示。

衮服是清代皇帝祭祭天、祈谷、祈雨等场合套在朝服外面的外褂（图9-1-11）。其形制为圆领对襟，长与坐齐，袖与肘齐，石青色面，石青色扣鼻，五颗鎏金圆纽子。其织、绣或缂丝五爪正面金龙四团为纹，前胸、后背、两肩各一，左肩日、右肩月，

图 9-1-7　清代皇帝冬朝服一

图 9-1-8　清代皇帝冬朝服二

图 9-1-9　清代皇帝夏朝服

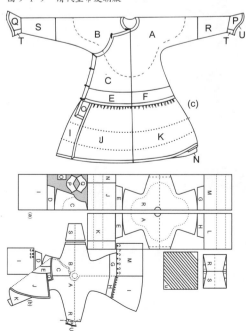

图 9-1-10　清代皇帝夏朝服裁剪结构图

团龙间以五色云，下海水江崖。其实物如清朝皇帝溥仪衮服像（图 9-1-12）。清代皇子所穿衮服只少日月纹，称为"龙褂"。王公大臣和百官则无衮服，以补服替代。

端罩，亦称"褡胡"，是一种皇帝、诸王、高级官员等人在冬季时替代衮服、补褂套穿在朝袍、吉服袍等袍服外的一种翻毛外褂（图 9-1-13）。其所用材料各有定制，以黑狐（亦称元狐或玄狐）为贵。其形制似裘衣，长毛外向，圆领对襟，两袖手齐，下长过膝，左右衩微高，各缀一飘带。衬里则用软缎为之。文职四品及武职三品以下官吏，则无端罩。

清代皇帝吉服系统有吉服冠、吉服、吉服珠和吉服带。

清朝皇帝龙袍绣有九条龙（有一只是被绣在衣襟里面）。从正面或背面看，只能看到五条龙，九五之数象征帝王九五之尊的地位。除了龙纹，其

图 9-1-11　《皇朝礼器图式》中的清代皇帝衮服

图 9-1-12　身穿衮服的清朝皇帝溥仪

图 9-1-13　清代端罩（故宫博物院藏）

上还有五彩祥云、蝙蝠、十二章纹等吉祥纹样（图9-1-14）。另外，龙袍的下摆，斜向排列着许多弯曲的线条，名谓"水脚"。水脚之上，还有许多波浪翻滚的水浪，水浪之上，又立有山石宝物，俗称"海水江涯"，它除了表示"绵延不断"的吉祥含意之外，还有"一统山河"和"万世升平"的寓意。由于吉祥寓意和完美造型，"海水江涯"纹样被广泛运用在当代时装设计上，如2008年北京奥运会运输司机制服、2014年北京APEC各国领导人着装和纽约华裔女设计师谭燕玉（Vivienne Tam）2015春夏时装上，起到了很好的装饰效果（图9-1-15）。

《雍正帝读书像》中的雍正皇帝穿的就是明黄色缂丝刺绣龙袍（图9-1-16）。除了黄色、月白等色，清代龙袍也选红色系配色，如清代暗红色盘金绣龙袍（图9-1-17）。设计师拉尔夫·劳伦（Ralph Lauren）曾推出以此件服装为灵感的龙纹西装（图9-1-18）。

与皇帝朝服系统相对的是后妃们的朝袍系统。清代皇太后、皇后、亲王、郡王福晋（满语"夫人"之意）及品官夫人等命妇的冠服与男服大体类似，只是冠饰略有不同。

皇太后、皇后朝冠，皆顶有3层，各贯1颗大

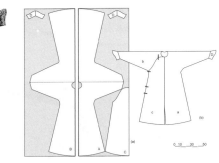

图 9-1-14　清代皇帝缂丝十二章纹刺绣龙袍

2008年北京奥运会运输司机制服　　2014年北京APEC各国领导人着装　　Vivienne Tam 2015 春夏成衣

图 9-1-15　海上江崖纹样的时装设计

图 9-1-16　《雍正帝读书像》　　图 9-1-17　暗红色盘金绣龙袍　　图 9-1-18　Ralph Lauren 龙纹西装

东珠，各以金凤1只承接，每只金凤上饰东珠3颗、珍珠17颗。冠体冬用熏貂（图9-1-19），夏用青绒（图9-1-20），上缀红色帽纬，冠周缀7只金凤，各饰9颗东珠，猫眼石1颗，21颗珍珠。后饰一只金翟，其上饰猫眼石1颗，珍珠16颗。翟尾垂珠，共5行，每行大珍珠1颗。中间金衔青金石结1个，结上饰东珠、珍珠各6颗，末缀珊瑚。冠后护领垂两条明黄色条带，末端缀宝石。皇后以下的皇族妇女及命妇的冠饰，依次递减。嫔朝冠承以金翟，以青缎为带。郡王福晋以下将金凤改为金孔雀，也以数目多少及不同质量的珠宝区分等级。

清代皇太后、皇后、皇贵妃、贵妃、妃、嫔的冬朝袍皆为三式（图9-1-21）：

第一式（图9-1-22），皇太后、皇后朝袍皆用明黄色，披领及袖皆用石青色，袍边和肩上下襟朝褂处饰片金缘，冬天则饰貂缘，肩上下襟朝褂处亦加缘。胸背部各饰正龙1条，下摆前后各饰升龙两条（3条龙呈品字型）。袖端饰正龙1条。披领饰行龙两条，两袖接袖（在综袖上，只有女袍有）饰行龙各两条。中无襞积。间饰五色云纹，下幅八宝平水。

第二式（图9-1-23），披领及袖皆石青色，夏用片金缘，冬用片金加海龙缘，袍边和肩上下襟朝褂处亦加缘。胸背柿蒂形纹样装饰区内前后饰正龙各1条，两肩行龙各1条，腰帷（象征上衣下裳）饰行龙4条（前后各两条），其下有襞积（与皇帝朝袍区别在于襞积上无龙纹装饰），膝襕饰行龙8条（袍身前后各4条）。与皇太后、皇后朝袍第一式不同，该式袍身下摆去除了八宝平水纹装饰。

第三式（图9-1-24），披领及袖皆石青色，领袖为片金加海龙缘，夏为片金缘。中无襞积。其裾左右后三开。其余皆与冬朝服第一式相同。

二、清代皇太后、皇后夏朝袍

按《大清会典》规定，清朝只有七品命妇以上才有夏朝袍。皇太后、皇后、皇贵妃、贵妃、妃、嫔的夏朝袍皆为两种，其余命妇只有一种。

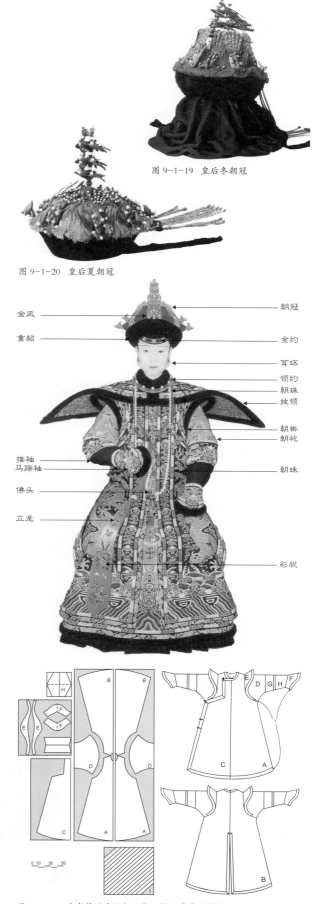

图9-1-19 皇后冬朝冠

图9-1-20 皇后夏朝冠

金凤　　　　　　　　　朝冠

熏貂　　　　　　　　　金约

　　　　　　　　　　　耳环

　　　　　　　　　　　领约
　　　　　　　　　　　朝珠
　　　　　　　　　　　披领

　　　　　　　　　　　朝褂
　　　　　　　　　　　朝袍

接袖　　　　　　　　　朝珠
马蹄袖

佛头

立龙

　　　　　　　　　　　彩帨

0 10 30 50

图9-1-21 清孝贤纯皇后朝服像及朝服剪裁结构图

图 9-1-22　清代皇太后冬朝袍第一式　　　　图 9-1-23　清代皇太后冬朝袍第二式　　　　图 9-1-24　清代皇太后冬朝袍第三式

第一式，除其袍边及肩上下袭朝褂处均镶片金缘外，其制皆如冬朝袍第二式。

第二式，除其袍边及肩上下袭朝褂处均镶片金缘外，其制皆如冬朝袍第三式。

朝服外面要套朝褂。太皇太后、皇太后、皇后、皇贵妃朝褂，有三种款式，均为石青色。

皇太后、皇后朝褂其式样为圆领、对襟、左右开衩、平袖，长与袍同，石青色。按其织绣纹样的装饰效果，可分为三种式样：

第一式（图 9-1-25），绣文前后立龙各二，自胸围线下通襞积（褶裥），四层相间，一层、三层分别织绣正龙前后各两条，二层、四层分别织绣下为万福万寿文（即蝙蝠口衔彩带系金万字和金团寿字纹样），各层均以彩云相间。

第二式（图 9-1-26），在褂上部织绣半圆形（内填织绣正龙两条，前后各1条）纹饰，其下腰帷织绣行龙4条，中有襞积无纹。下幅行龙8条。三个装饰部位下面均有寿山纹，平水江崖。

第三式（图 9-1-27），在褂前后织绣立龙各两条，中间没有襞积。下幅八宝平水。间饰五彩云蝠。

朝裙是清代后妃至七品命妇于朝会、祭祀之时穿在朝袍里面的礼裙，均以缎为面料。皇太后至三平命妇的朝裙有冬、夏之制。皇后、皇太后、皇贵妃朝裙款式为右衽背心与大摆斜褶裙相连的连衣裙，在腰线有襞积，后腰缀有系带两根可以系扎腰部。贵妃、妃、嫔、皇子福晋朝裙膝以上用红缎。民公夫人、一品命妇朝裙，冬以片金加海龙缘，上用红缎面料，下用石青行蟒妆花缎面料。夏缎或纱随所用。

三、清代皇太后、皇后朝裙

皇太后、皇后冬朝裙用片金加海龙缘，其上部均以红色织金寿字缎，下部用石青色五彩行龙妆花缎，用料皆正幅，有襞积。其实物如石青色寸蟒妆花缎金版嵌珠石夹朝裙（图 9-1-28）。皇太后、皇后夏朝裙以纱为之，除裙边沿片金缘外，余制皆如冬朝裙之制（图 9-1-29）。

图 9-1-25　清代皇太后朝褂第一式　　　　图 9-1-26　清代皇太后朝褂第二式　　　　图 9-1-27　清代皇太后朝褂第三式

图 9-1-28　石青色寸蟒妆花缎金版嵌珠石夹朝裙　　图 9-1-29　清代皇太后朝裙
　　　　　（故宫博物院藏）

图 9-1-30　清代皇后龙褂第一式和第二式

图 9-1-31　清代皇后身穿龙褂像　　图 9-1-32　Chloe 1930 年作品

　　清代皇太后、皇后龙褂是圆领对襟、紧身平袖、左右开衩、长与袍同的服装。龙褂只能由皇太后、皇后、皇贵妃、贵妃、妃、嫔穿着。皇太后、皇后龙褂有两种（图9-1-30），其余人为一种。皇子福晋、亲王福晋、郡王福晋、固伦公主所穿就叫吉服褂而不叫龙褂。其着装效果如身穿龙褂的清代皇后像（图9-1-31）。法国时尚品牌蔻依（Chloe，图9-1-32）和艾尔玛诺·谢尔维诺（Ermanno Scervino，图9-1-33）都曾推出过以此为灵感的设计作品。

　　清代朝服、龙袍成为中国风格的代表，被众多的外国设计师所关注。1934 年上映的电影《莱姆豪斯蓝调》中，特拉维斯·班通（Travis Banton）为黄柳霜设计的龙纹修身晚礼服集中展现了 20 世纪 40 年代银幕丽人们独特的美式魅力（图9-1-34）。21 世纪，罗伯特·卡沃利（Roberto Cavalli）2003 春夏推出含饰有中国龙纹图案的立领时装作品（图9-1-35）。2004 年，汤姆·福特（Tom Ford）在担任伊夫·圣·洛朗（Yves Saint Laurent）品牌创意总监的最后一场发布上，选择了以清代龙袍为设计元素（图9-1-36），向伊夫·圣·洛朗（Yves Saint Laurent）1977 年的中国风高级定制服装致敬，推出了全新改良旗袍式龙袍系列。整个系列中由嘉玛·沃德（Gemma Ward）演绎的那一身雪青色龙纹旗袍礼服，采用的是东方的面料、东方的图腾、东方的色彩，搭配的却是完全西化的剪裁，胸口镂空的设计把旗袍的性感特质发挥到了极致，淡雅的色彩又保留了中国文化行云流水的韵味。

图 9-1-33　Ermanno Scervino 2008 春夏时装

图 9-1-34　1934 年《莱姆豪斯蓝调》中的龙纹晚礼服

图 9-1-37　2006 年中国南航公司第四套空姐制服

图 9-1-35　Roberto Cavalli 2003 春夏时装

图 9-1-36　Yves Saint Laurent 2004 秋冬时装

2006 年，中国南航公司聘请法国设计师设计了第四套空姐制服。新制服在设计上充分体现了东方文化，整体采用了天青蓝色和玫粉红色，利用清代宫廷服饰中的立水纹（剑海纹）元素作为裙子上的设计元素，展现出具有国际竞争力的世界级航空公司的新风采（图 9-1-37）。

2010 年秋冬，法国设计师让·保罗·高提耶（Jean Paul Gaultier）以 21 个少数民族作为灵感而设计的精彩系列当中，有一双用中国皇帝龙袍图样为设计的靴子，颠覆了一般我们对于龙袍样式"只能穿在身上，而非踩在脚底下"的既定印象（图 9-1-38）。2010 年，由中国设计师许建树（Laurence Xu）设计的龙袍礼服一炮走红（图 9-1-39）。根据许建树的说法，这身造型结合了龙图腾与西方礼服的轮廓，呈现出具有张力的反差感，同时也符合西方时尚强调人体曲线的概念。

图 9-1-38 Jean Paul Gaultier 2010 秋冬系列中的龙纹靴　　图 9-1-39 许建树设计的龙袍礼服

图 9-1-40 Ralph Lauren 2011 秋冬时装

　　2011 年秋冬，美国设计师拉尔夫·劳伦（Ralph Lauren）推出了清宫主题的成衣系列（图 9-1-40），腾龙、祥云、游鹤、剑海等清宫服饰纹样，贴身流畅的剪裁，深绿、黑、暗红等深沉庄重且具有明亮光泽的绸缎、丝绒，玉石珠宝、深 V 领口、高开衩旗袍裙和单肩剪裁等细节使该系列时装设计既有浓郁中国味，又充满时代气息，不会偏离时尚圈主流。

　　清代龙纹大致有坐龙、升龙、行龙、降龙和团龙等图案构造。龙纹在清代成为皇帝、后妃们的专属服饰纹样。也可以说，装饰有龙纹的服装是清代服装中最具特点的内容。谭燕玉（Vivienne Tam）2011 秋冬成衣设计以龙纹为主题（图 9-1-41），其方法有两种：一是试图以黑色中和龙形图纹；二是不完整地呈现龙形，仅仅是截取其局部姿态。有结构的领子延伸至肩部形成雕塑般的龙翼，衬衫褶边交错的云朵刺绣，以及极具东方色彩的刺绣和镂空针织鳞甲等都流露出中国文化博大精深的艺术魅力。同年，英国设计师亚历山大·麦昆（Alexander Mcqueen）2011 早春系列以金属铆钉模拟龙鳞，其效果华丽至极（图 9-1-42）。

　　比利时品牌德赖斯·范诺顿（Dries Van Noten）2012 秋冬时装设计是针对英国维多利亚博物馆收藏的清宫龙袍进行二次设计（图 9-1-43）。德赖斯·范诺顿（Dries Van Noten）将清宫龙袍放平，用高清数码拍照技术获取龙袍纹样，再重新组合龙袍大身的龙纹和立水纹样，或单独使用立水纹样，或强调龙纹与立水纹的对比，甚至还利用清代女裙流行的襕干纹样切割龙袍纹理，使其呈现出既熟悉又陌生的效果。此时，中国设计师也开始运用清宫服饰主题进行时装设计，2012 年许建树在伦敦的个人服装秀（图 9-1-44）、设计师郭培（图 9-1-45）和时装品牌思凡参加 2013 巴黎 WHO'S NEXT 展会，都展示了"龙袍"时装（图 9-1-46）。同样以龙图腾大展奢华贵气的，还有以印花见长的意大利品牌璞琪（Emilio Pucci）。在 2013 春夏时装设计中，璞琪（Emilio Pucci）舍弃了龙纹繁复的鳞纹，以类似书法的质感，将龙的身躯一气呵成描绘出来，让人印象深刻（图 9-1-47）。

　　除了服装之外，亦有许多饰品也以龙纹为设计元素。古驰（Gucci）上海龙包的白色帆布上有鲜红

图 9-1-41　Vivienne Tam 2011 秋冬成衣

图 9-1-43　Dries Van Noten 2012 秋冬时装

图 9-1-42　Alexander Mcqueen 2011
　　　　　早春时装

图 9-1-44　许建树 2012 年高级时装

图 9-1-46　思凡 2013 年时装

图 9-1-45　郭培时装作品

图 9-1-47　Emilio Pucci 2013 春夏时装

图 9-1-48　Gucci 上海龙包

图 9-1-49　Chanel 火红色皮革珠片龙甲手包

图 9-1-50　Versace 龙纹手提包

图 9-1-51　《曾国藩像》

图 9-1-52　一品仙鹤暗花罗补服

图 9-1-53　身穿补服头戴凉帽的清代男子

的双龙形图腾（图 9-1-48），香奈儿（Chanel）龙甲手包以中国龙为设计灵感，用火红色皮革珠片拼出龙甲形式（图 9-1-49），范思哲（Versace）龙纹手提包（图 9-1-50）有爬满金龙的富丽设计。

四、补服霞帔

清代普通官员穿补服，圆领、对襟、平袖、袖与肘齐，衣长至膝，门襟有 5 颗纽扣（图 9-1-51）。

补服服色无品级差别，乾隆时期至清末年间为石青色。清代补子比明代略有缩小，且只用单只立禽，前后成对，但前片一般是对开的，后片则整片织在一起。亲王、郡王、贝勒、贝子等皇室成员用圆形补子；固伦额驸、镇国公、辅国公、和硕额驸、民公、侯、伯、子、男、以至各级品官，均用方形补子。文官补子纹样：一品仙鹤（图 9-1-52），二品锦鸡、三品孔雀，四品云雁，五品白鹇，六品鹭鸶，七品鸂鶒，八品鹌鹑，九品练鹊。武官补子纹样：一品麒麟，二品狮，三品豹，四品虎，五品熊，六品彪，八品、七品犀牛，九品海马。与明代单独穿用的圆领大袖补服不同，清代的补服是穿在吉服袍

外。当皇帝穿衮服、皇子穿龙褂时，王公大臣和百官穿补服相衬配，故有"外褂"之称（图 9-1-53）。根据清代制度，在每年盛夏三伏期间，可以不穿补服，被称作"免褂期"。

明清两代命妇（一般为官吏之母、妻）亦备有霞帔，主要穿着于庆典朝会或吉庆场合。其形制为帔身阔如背心，有后片和衣领，下施彩色流苏，在胸背正中缀与其丈夫官位相应的补子，显示身份（图9-1-54）。武官之母、妻霞帔上的补子用鸟纹而不用兽纹，如武一品男补子织绣麒麟，而武一品母、妻补子则织绣仙鹤，意思是女性贤淑，不宜尚武。此外，清代时期的平民妇女在出嫁之日可将霞帔作为礼服与凤冠一起穿戴。女补尺寸比男补略小，以示男尊女卑。补子元素也是当代时装设计师的借鉴元素，如比利时品牌马丁·马吉拉（Maison Martin Margiela）2014 秋冬时装（图 9-1-55）和时装设计师谢海平身穿用补子纹样装饰的石青色衬衣（图9-1-56）。

图 9-1-54 清代霞帔

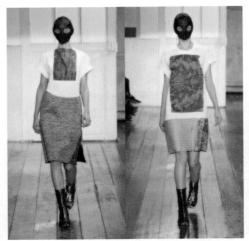

图 9-1-55 Maison Martin Margiela 2014 秋冬时装

图 9-1-56 时装设计师谢海平身穿用补子纹样装饰的石青色衬衣

五、马褂坎肩

清代百官礼服，有袍有褂。

常服褂即对襟平袖，长至膝下的外褂，皇帝及百官均穿石青色，花纹不限，不缀补子，如《康熙帝读书像》中的服装式样（图 9-1-57）。

清代常服袍为圆领右衽大襟，窄袖，马蹄袖端。清代皇帝、宗室所穿常服袍的腰部以下，都有开衩：前后各一，长二尺余；左右各一，长一尺余，故名"四衩袍"，其形象如《玄烨便服写字像》（图 9-1-58）。官吏士人两开衩。

行袍是清代文武官员出行时所穿长袍（图 9-1-59）。其式样为右衽大襟，窄袖，马蹄袖端，四开裾，其右侧衣裾裁短一尺以便跨腿乘骑及开步射猎，故又称"缺襟袍"。凡臣工扈行、行围人员都可服之。文武官员出差时穿行袍谒客，外套对襟大袖马褂即可。

马褂为清代时男子穿在长袍外，衣长及腰，袖长及肘，两侧及后中缝开衩的短褂（图 9-1-60）。其衣襟式样主要有对襟、大襟和琵琶襟三种。其袖口平直，无马蹄袖。女子马褂有挽袖（袖长于手）和舒袖（袖短于手）两种式样（图 9-1-61）。马褂本为满族人骑马时穿的服装，由于便于骑马，故名"马褂"。清代赵翼《陔余丛考》载："马褂，马上所服也。"后传到民间，不分男女贵贱，都以此作为装束，逐渐变成一种礼服。

清代马褂中等级最高和最具荣耀感的是黄马褂（图 9-1-62）。法国设计师朗雯（Lanvin）1936 年曾以此为灵感创作了金色清朝坎肩时装作品（图 9-1-63）。能穿黄马褂的有三种人：一是皇帝巡行扈从大臣，穿明黄色马褂（正黄旗官员用金黄色），叫"职任褂子"；二是皇帝行围（狩猎）和阅兵时射箭或获猎物最多者可穿，叫"行围褂子"；三是治国、战功者可穿，叫"武功褂子"。其前两者黄马褂用黑纽襻，平时不能穿用。后者用黄纽襻，穿时随意。此外，黄马褂也有"赏给"与"赏穿"之分。"赏给"是只限赏赐之服，"赏穿"则可按时自做服用，不限于赏赐的一件。到清代中晚期，得此荣耀者为数较多。

坎肩，也称马甲、背心，是无领、无袖的上衣，可套在长袍外起装饰作用（图 9-1-64）。清代坎肩用料、做工十分讲究，尤其是女性使用的坎肩（图 9-1-65）。其衣襟式样有对襟、右襟和最具特色的

图 9-1-57 《康熙帝读书像》

图 9-1-58 《玄烨便服写字像》

图 9-1-59 清代缺襟袍

图 9-1-60 身穿马褂的清代官员 李鸿章

图 9-1-61 身穿马褂的清代官员 及命妇

图 9-1-62 清代明黄缎棉马褂

图 9-1-64 月白色缎织暗花梅竹灵芝 紧身坎肩

图 9-1-65 身穿坎肩的清宫女眷合影

图 9-1-63 Lanvin 1936 年设计 金色清朝坎肩时装

图 9-1-66 清代一字襟坎肩

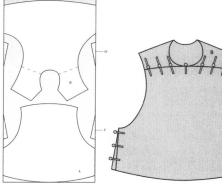

图 9-1-67 清末月绿色缂丝云鹤纹夹坎肩

图 9-1-68 Tom Ford 2013 秋冬时装

图 9-1-69 Etro 2013 春夏时装

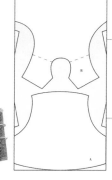

图 9-1-70 清光绪青缎地彩绣花蝶褂

"巴图鲁"（满语"勇士"的意思）一字襟坎肩（图 9-1-66），前襟上装有排扣，两边腋下也有纽扣。当时在京师八旗子弟中甚为流行。清代对襟坎肩实物如清末月绿色缂丝云鹤纹夹坎肩（图 9-1-67），身长 70 厘米、肩宽 40 厘米、下幅宽 80 厘米。前胸及开裾处饰如意云头五朵，通身镶青色云鹤纹缂金宽边及朵花绦。西方也有许多设计师借鉴清代大襟式样进行了时装设计（图 9-1-68、图 9-1-69）。

清代还有一种无袖的褂襕，亦称背夹，冬季贵妇着旗装时穿在袍外。其实物如清光绪青缎地彩绣花蝶褂（图 9-1-70），长 148 厘米，立领，右衽，左右开裾，有库金、彩绣、中绦三道缘，褂面绣菊花、海棠花、兰花，彩蝶翩翩。

清代男子不分长幼，一年四季都要戴帽，这可能与满族的习俗有关。清代官服中的礼冠，名目繁多，用于祭祀庆典的为朝冠；常朝礼见的为吉服冠；燕居时为常服冠；出行时为行冠，下雨时为雨冠等。

每种冠制都分冬夏两种，冬天所戴之冠称暖帽，夏天所戴叫凉帽。暖帽用于冬季的圆形帽，四周帽檐反折向上约二寸宽。

皇帝、皇子、亲王、镇国公等人夏朝冠和冬朝冠形制大体相同，仅冠顶镂花金座的层数和东珠饰物的数目依品级递减而已（图9-1-71）。女冬朝冠皆以薰貂，其上缀朱纬，长于帽檐，其后皆有护领，并垂绦两条，其冠顶和饰物及垂绦的颜色因等差而异。

在阅兵等场合，清代统治阶层还身穿戎装，头戴用铁和皮革制成表面髹漆的盔帽。盔帽前后左右各有一梁，额前正中突出一块遮眉，其上有舞擎、覆碗和盔盘。盔盘上竖缨枪、雕翎和獭尾装饰的铁或铜管。盔帽的后部垂石青等色的丝绸护领、护颈及护耳。其上缀以铜或铁泡钉并绣有纹样。其形象如意大利画家郎世宁所绘身穿大阅甲、头戴盔帽的乾隆皇帝像（图9-1-72）。

文武官员的朝冠式样大致相同，品级的区别，主要在于冠顶镂花金座上的顶珠、顶珠下的花翎和毛皮质料（冬朝冠）不同。

清朝官员朝冠的顶子分为三层，上为尖型宝石，中为球形宝珠，下为金属底座，用所饰的珍珠（东珠）的数目加以区别。亲王冠顶装饰有十颗东珠，亲王世子九颗，郡王八颗，贝勒七颗，贝子六颗，镇国公五颗，辅国公以及民公四颗，侯爵三颗，伯爵两颗。除了清代冠帽上奢华的顶珠外，还用金累丝制作成精巧的缕空纹样承载上面的顶珠。

一品以下官员则只能用宝石装饰。宝石的质料、颜色依官品而定：一品官员顶珠用红宝石，二品用珊瑚，三品用蓝宝石，四品用青金石，五品用水晶石，六品用砗磲，七品用素金，八品用阴文镂花金，九品用阳文镂花金。雍正八年（1730年），更定官员冠顶制度，以颜色相同的玻璃代替了宝石。至乾隆以后，这些冠顶的顶珠，基本上都用透明或不透明的玻璃，称作亮顶、涅顶，如称一品为亮红顶，二品为涅红顶，三品为亮蓝顶，四品为涅蓝顶，五品为亮白顶，六品为涅白顶，七品为素金顶（黄铜）。

冠帽顶珠下有一两寸长短的翎管（图9-1-73），用玉、翠或珐琅、花瓷制成，用以安插翎枝。清代首服上的花翎有蓝翎、花翎之别。蓝翎由鹖羽制成，蓝色，羽长而无眼，较花翎等级低。花翎为带有"目晕"的孔雀翎。"目晕"也被俗称为"眼"，因此花翎又分为单眼、双眼、三眼，其中以三眼者最为尊贵（图9-1-74）。

顺治十八年（1661年）曾对花翎做出规定，即亲王、郡王、贝勒以及宗室等一律不许戴花翎，贝子以下可以戴。清制规定：贝子戴三眼花翎；国公、和硕额驸戴双眼花翎；内大臣，一、二、三、四等侍卫、前锋、护军各统领等均戴一眼花翎（图9-1-75）。

图9-1-71　清代嫔妃冠顶的凤鸟和清代皇帝朝冠顶珠

图9-1-72　清代皇帝盔帽和身穿大阅甲的乾隆皇帝像（意大利画家郎世宁绘）

图9-1-73清代翠玉翎管

图 9-1-74 三眼、双眼、单眼花翎（故宫博物院藏）　图 9-1-75 清代一眼花翎冬行服冠和头戴一眼花翎的官员形象

按照清朝的规定，清初时亲王、郡王、贝勒本来是不用戴花翎的。乾隆年间，许多人以兼任内大臣等职务请求准戴花翎。此后亲王、郡王、贝勒开始佩戴三眼花翎。有资格佩戴花翎的亲贵们，想要正式佩戴上花翎，还需要在十岁时经过骑、射两项考试，考试合格后方可戴上花翎。但后来，花翎赏赐渐多，不仅亲贵大臣可以戴用花翎，有显赫军功者也可以戴用了，考试也就取消了。

清初，花翎极为贵重，唯有功勋及蒙特恩的人方得赏戴。据有关史料可知，乾隆至清末被赐三眼花翎的大臣只有傅恒、福康安、和琳、长龄、禧恩、李鸿章、徐桐七人。据《啸亭续录》记载，被赐双眼花翎的约二十人，在当时是至高无上的荣耀。当官员因事被降职或革职留任，若把顶戴的花翎拿下，表示解除他的一切职务。康熙年间，福建水师提督施琅因平定台湾立了大功，被康熙帝赏封"世袭罔替"的靖海侯。但施琅却恳切要求"赐戴花翎"，可见花翎的尊贵地位。自此，花翎被清朝统治者赏赐给有特别贡献的官员。乾隆帝曾宣称：花翎可"特赏军营奋勇出力之员"，并规定，"如有建立大功，著有劳绩，理应戴用（花翎）者"。

清中叶以后，花翎逐渐贬值。道光、咸丰后，国家财政匮乏，为开辟财源，公开卖官鬻爵，只要捐者肯出钱，就可以捐到一定品级的官衔，翎枝也开始标价出售。最初，广东专营对外贸易的商人伍崇耀、潘仕成捐输十数万金，朝廷嘉奖其戴用花翎。以后，海疆军兴，捐翎之风更盛，花翎实银一万两，

图 9-1-76 有红丝绳穗子装饰的清代瓜皮帽

蓝翎五千两。清末时期，花翎逐渐贬值，身份象征也大打折扣。

六、辫发凉帽

清代的普通百姓最常戴的便帽是"六合一统帽"，民间俗称"瓜皮帽"。这种帽子由六瓣缝合而成，上尖下宽，呈瓜棱形，帽为软胎，可折叠放于怀中，在帽子顶部有一红丝线或黑丝线编的结子。为区别前后，帽檐正中钉有一块明显的标志叫作"帽正"。贵族富绅多用珍珠、翡翠、猫儿眼等名贵珠玉宝石，一般人就用银片、料器之类。咸丰年间（1851—1861 年），"帽正"已为一般人所不取，为图方便，帽顶又作尖形。有的八旗子弟为求美观，还在帽疙瘩上挂一缕一尺多长的被称为"红缦"的红丝绳穗子（图 9-1-76）。

一般市贩、农民所戴的毡帽，也沿袭前代式样。冬天人们多戴风帽，又称"观音兜"，因与观音菩萨所戴相似而得名。

除了男人的发辫、女性的小脚，清代官兵们头戴的凉帽几乎成为中国传统服饰在西方人眼中的形象代言（图 9-1-77）。凉帽为无檐，形如圆锥，俗称喇叭式（图 9-1-78），材料多由藤、竹制成，外

裹绫罗，多用白色，也有用湖色、黄色等。其上缀区别官职的红缨顶珠。

　　法国时装设计大师伊夫·圣·洛朗（Yves Saint Laurent）在1977年开始尝试将中式元素运用到时装设计中。虽然伊夫·圣·洛朗（Yves Saint Laurent）从未到过中国，但凭着丰富想象力，他创作了19世纪的清宫时装设计系列作品——凉帽、马褂、中式立领、对襟、盘口、朝服、塔肩上装和刺绣，喜庆的大红和大绿，当然还有设计师最爱的

黑色。这些作品是西方设计师首次系列化的中式时装设计（图9-1-79）。21世纪，仍有西方设计师尝试以清代凉帽、马褂为灵感元素进行时装设计，如设计师阿尔伯特·菲尔蒂（Alberta Ferretti，图9-1-80）2011春夏作品、乔治·阿玛尼（Giorgio Armani，图9-1-81）2005春夏时装作品和英国时装品牌KTZ（全称Kokon To Zai，日文含义"东西合璧"）2015春夏时装作品（图9-1-82）。

图9-1-77　清人佚名《万树圆赐宴图》局部

图9-1-78　清代凉帽

图9-1-79　Yves Saint Laurent 1977年中国风格时装

图 9-1-80　Alberta Ferretti 2011 春夏时装

图 9-1-81　Giorgio Armani 2005 春夏时装

图 9-1-82　KTZ 2015 春夏时装

红缎绣仙鹤九团女夹袍

图 9-1-83　红缎绣喜相逢九团女夹袍

图 9-1-84　身穿旗袍的慈禧像

七、女子常服

清代女服有满、汉两种式样。满族妇女一般穿一体式的长袍（图 9-1-83），汉族妇女以二部式的上衣下裙为主。清中期以后也相互仿效，相互融合。汉族妇女在康熙、雍正时期还保留明代款式，时兴小袖衣和长裙；乾隆以后，上衣渐肥渐短，袖口日宽，花样翻新；到晚清时，都市妇女已去裙着裤，衣上镶花边、滚牙子，服装的高低贵贱大都显现于此。

氅衣是清代内廷后妃穿在衬衣外面的常服。清代内廷最初的氅衣并没有过于繁缛的镶边，后来受江南民间"十八镶"影响逐渐复杂化。氅衣用料为棉、夹、缎、纱，随时节而变化。其形制为直身，身长至掩足，只露出旗鞋的高底，圆领，捻襟右衽，左右开裾至腋下，顶端都有用绦带、绣边盘饰的如意云头，形成左右对称的形式。氅衣袖子为双挽舒袖，袖端日常穿用时呈折叠状，袖长及肘，也可以拆下钉线穿用。袖口内加饰绣工精美的可替换袖头，方便拆换。衣边、袖端则装饰多种各色华美的绣边、绦边、滚边、狗牙边等，尤其是清代同治、光绪年间，这种繁缛的镶边装饰更是多达数层。作为清晚期宫中后妃便服，氅衣改变了满族传统服饰长袍窄袖的样式，迎合了道光、咸丰以后的晚清宫廷追求豪华铺张、安逸享乐的风尚（图 9-1-84）。清晚期紫纱地缂丝百蝶散花纹氅衣为紫色纱面，全衣用三晕或四晕的缂丝织两两相对的蝴蝶和或单或双的折枝橘子花纹。这种花纹名称为"百蝶散花"，是慈禧时期比较流行的纹样（图 9-1-85）。清末，氅衣与满

图9-1-85　清晚期紫纱地缂丝百蝶散花纹氅衣　　　图9-1-86　身穿旗袍的清代女子画像和照片

族服饰特点鲜明的袍服相融合，并逐渐演变成旗袍（图9-1-86）。

满族贵族妇女便服一般以长袍式样的衬衣为主（图9-1-87）。衬衣多穿于氅衣或马褂内，也可单独穿用。妇女下身多穿裙子，颜色以红为贵。清代裙子的样式，初期尚保存明代特征，有凤尾裙及月华裙等。清末，普通妇女还流行穿裤，一为满裆裤，一为套裤。其材料多用绸缎，上绣各种花纹。

清代末年的满汉妇女服装的样式、装饰及审美趣味已趋于相同。普通汉族女性，日常大多为上衣下裳，或上衣下裤。颜色以红为贵，裙则以黑为尚。与洛可可纤细、华丽、繁复的风格颇为相近，清末女装装饰繁华至极，刺绣、镶滚等技艺达到顶峰，早期三镶五滚，后来发展愈发繁阔，发展为十八镶滚。

八、套裤式样

清代妇女在袍服或裙子里面穿直管状的膝裤（图9-1-88），也称"套裤"。这是一种裤腿上下垂直，呈直筒状，上端裁制成尖角状，和腰部相连，穿时可以露出臀部及大腿外侧的服装。清人李静山《增补都门杂咏》诗云："英雄盖世古来稀，那像如今套裤肥？举鼎拔山何足论，居然粗腿有三围。"除了套裤，清代女子还穿开裆裤，如红云纹暗花绸五彩绣花鸟纹女开裆裤。其裤腰为白色，象征白头偕老。穿着长裤时，多用彩色长汗巾在腰间系扎，垂露衣外，以为装饰（图9-1-89）。清代套裤所用质料有缎、纱、绸、呢等，也有做成夹裤或在夹裤中蓄以絮棉的，后者多用于冬季。妇女所穿的套裤，裤管下脚常镶有花边，所用布帛色彩也较鲜艳。

图9-1-87　清晚期明黄缎彩绣折枝玉兰花蝶衬衣

图 9-1-88　荷蝶绣暗花绸膝裤

图 9-1-89（a）　红云纹暗花绸五彩绣花鸟纹女开裆裤

图 9-1-89（b）　清代膝裤

九、肚兜抹胸

肚兜又称抹胸，是中国古代妇女贴身内衣，因不施于背，仅覆于胸腹而名。清代肚兜，一般做成菱形。上有带，穿时套在颈间，腰部另有两条带子束在背后，下面呈倒三角形，上角裁成凹状半圆形，顶部和侧面尖点固定系带（图9-1-90）。下角有的呈尖形，有的呈圆弧形。肚兜的布料以丝品居多，颜色有白、红、蓝、浅绿、浅黄、黑色等。肚兜上有各类精美的图案，其主题纹样多是中国民间传说或一些民俗典故，如"连生贵子""麒麟送子""喜鹊登梅""鸳鸯戏水""凤穿牡丹""连年有余""刘海戏金蟾"等趋吉避凶、吉祥幸福的图案。

十、马面女裙

裙子在清代，不仅成了宫廷贵族小姐的日常装束，而且成了普通人家姑娘的日常服装。

虽然妇女都穿旗袍，但汉族妇女却仍把裙子作为礼服。每逢婚丧喜庆大典，或亲朋拜访时，妇女们一定要在长裤外面套一条长裙，否则就会被认为失礼或不够隆重。清代女裙，颜色以红为贵，丧夫寡居者只能穿黑裙。

清代末期，裙的变化较大，其形式趋向简化，裙门装饰减少。清代裙子的基本形制是马面裙，所谓"马面"是指裙前后有两个长方形的外裙门。"马面"一词，最早可见于明代刘若愚《明宫史》关于"曳撒"的记载："其制后襟不断，而两旁有摆，前襟两截，而下有马面褶，两旁有耳。"马面裙由两片相同的裙片组成，穿着时需要将裙腰上的扣子或绳系好。裙的两侧打褶裥，由两边向中间压褶，

图 9-1-90　清代肚兜

称"顺风褶"。裙腰多用白色布，取白头偕老之意。

清代前期，马面裙裙门图案复杂，有龙纹、凤纹、海水江崖、亭台楼阁、云纹和蝴蝶花卉图案等（图9-1-91、图9-1-92）。这些图案在形式上呈现出适合纹样的特征，即图案底端适合裙门的四方形状，而上端则灵活多变。裙门的四周（腰头部分除外）皆有缘饰，从一条到多条不等。清末，裙门结构仍然存在，但是图案逐渐消失，最后仅剩缘饰。比利时设计师德赖斯·范诺顿（Dries Van Noten）将清代马面裙元素，尤其是裙身的襕干纹样应用于2012秋冬时装设计，以剪切、拼接工艺将清代女裙短袄打印到丝绸、绉绸织物上，平衡了丝绸的柔软、军队卡其布的粗糙、灰色法兰绒的坚固，将清代传统服装转化成普通人可以接近的时装（图9-1-93）。美国时尚女装 DV Mode 杂志刊登的德赖斯·范诺顿（Dries Van Noten）中国风时装海报图亦是精彩至极（图9-1-94）。

图 9-1-91　清代大红色三蓝绣花蝶图马面裙

图 9-1-92　绿缎地彩绣四龙八凤纹马面裙

图 9-1-93　Dries Van Noten 2012 秋冬成衣

图 9-1-94　*DV Mode* 杂志上的 Dries Van Noten 中国风时装海报

图 9-1-95 银红暗花绸彩绣花鸟纹
鱼鳞百褶裙

图 9-1-96 以鱼鳞百褶裙为
灵感的时装设计

图 9-1-97 清代马面襕干裙

图 9-1-98 彩色缎地绣龙凤纹凤尾裙

图 9-1-99 清代五彩云纹暗花绸彩绣百褶凤尾裙

马面裙两侧的褶如果打了又细又密的细裥，则称为"百褶裙"。为了使这些细裥不走形，以一定的方式用细线衍缝交叉串联固定褶裥，穿着者行走时，裥部形似鱼鳞鳞甲，故称"鱼鳞百褶裙"（图9-1-95），流行于清同治（1862—1875年）年间，俗谓"时样裙"。西方时装设计师亦有利用鱼鳞百褶裙的时装设计作品（图9-1-96）。《清代北京竹枝词·时样裙》载："凤尾如何久不闻？皮绵单袷费纷纭。而今无论何时节，都着鱼鳞百褶裙。"

有的裙子装饰各种飘带，末端系以金银铃铛，走起路来可产生清脆美妙的声音，故名"叮当裙"，或称"响铃裙"。

清末，马面裙的侧裥逐渐被"襕干"装饰物代替，因此，这种马面裙又称为"襕干裙"。其形式与百褶裙相同，两侧打大褶，每褶裥镶襕干边（图9-1-97）。裙门及下摆镶大边，色与襕干相同。清代时期流行镶滚，从而使市场上出现了专售花边襕干的商号。镶滚花饰费工耗时，结实耐久。

凤尾裙是一种由彩色条布接于腰部而成的条状女裙（图9-1-98）。这些布条在末端裁成尖角，形似凤尾而得名。其中两条较阔，余均做成狭条。每条绣以不同花纹，两边镶滚金线，或缀以花边。背部则以彩条固定，上缀裙腰。穿着时须配以衬裙。多用于富贵之家的年轻女子，士庶妇女出嫁时亦多着之。因其造型与凤尾相似，故名，流行于清康熙至乾隆年间。清代李斗《扬州画舫录》卷九载："裙式以缎裁剪作条，每条绣花，两畔镶以金线，碎逗成裙，谓之凤尾。"清代中叶以后，由于百褶裙逐渐流行，其制渐衰。

凤尾裙因布条之间空隙较大，其长度亦不同，不能单独穿着，常作为附属服饰围系于马面裙之外（图9-1-99）。装饰与马面裙有对应之处，前后有类似于裙门的平幅，平幅上也绣有龙凤图案。各布条上皆有绣花，有的还在凤尾下端缀有小铃铛。清代末年出现了将凤尾裙缝于马面裙之外的形制，两者合二为一，故称凤尾马面裙。

明朝末年，裙幅增至十幅，腰间的褶皱越来越密，每褶各用一色，轻描淡绘，色极淡雅，风动如月华，因此得名"月华裙"。其制始于明末，流行于清初，多用于士庶阶层的年轻妇女。清代叶梦珠《阅世编》卷八载："数年以来，始用浅色画裙。有十幅者，腰间每褶各用一色，色皆淡雅，前后正幅，轻描细绘，风动色如月华，飘扬绚烂，因以为名。然而守礼之家，亦不甚效之。"

十一、旗发扁方

汉族妇女的发髻首饰，在清初大体沿用明代式样，普通女性简单地将头发绾至头顶盘髻。清代中后期，发式逐渐增多，有的模仿满族宫女发式，将头发分为两把，俗称"叉子头"；也有的在脑后垂下一绺头发，修成两个尖角，名"燕尾式"；后来还流行过圆髻、平髻、如意髻、苏州厥、巴巴头、连环髻、麻花等式样。此外还有许多假髻，如蝴蝶、罗汉、双飞燕、八面观音等。满族未婚女子或蓄发在额前挽小抓髻，或梳一条辫子垂于脑后；普通已婚妇女多绾髻，有绾至头顶的大盘头，额前发髻髭松的髭头，还有梳架子头，在头顶左右横梳两个平髻的如意头（似如意横于脑后）、发髻梳成扁平状的一字头（图9-1-100）。清代上层妇女一般留"两把头"。清末女性的发髻越梳越高，上套一顶形似扇形冠，被称作"旗头"，即俗称"大拉翅"（图9-1-101）。

满族妇女梳"两把头"或是"大拉翅"时插饰一种名为扁方的大簪（图9-1-102、图9-1-103）。扁方有玉制，也有用青素缎、青绒蒙裹而成，俗称"钿子"，佩戴时固定在发髻之上便可，上面还常

绣有各种花纹图案，镶珠宝或插饰各种花朵、缀挂长长的缨穗。其作用是装饰并绾束发髻。在北方民间，扁方也有很小的。如遇丧事，妻子为丈夫戴孝，放下两把头，将头发集拢于头顶束起，分两把编成两条辫子，辫梢不系头绳，任头发松乱，头顶上插一个三寸或四寸长的白骨小扁方。如果儿媳为公婆戴孝，则要横插一个白银或白铜的小扁方。

图 9-1-100　梳"一字头"的清代满族妇女

图 9-1-101　梳"旗头"的清代婉容、文绣等人的合影

图 9-1-102　清代白玉荷叶莲花扁方

图 9-1-103　清代玳瑁镶珠石珊瑚松鼠葡萄扁方

图9-1-104 如意云纹黄朝靴
（山东曲阜孔府藏）

图9-1-105 湖色缎绣兰花镶嵌宝石花马蹄底女鞋

图9-1-106 晚清紫缎钉绫凤戏牡丹花盆底女棉鞋

图9-1-107 詹天佑穿着官服照片

十二、花盆鞋底

清代男子便服穿鞋，公服穿靴（图9-1-104）。靴多为尖头，黑缎制作。清制规定，只有官员穿朝服才许用方头靴。

妇女穿一种高木底绣花鞋，鞋底中部低者为5～10厘米，高者可达14～16厘米，更有甚者高达25厘米。鞋底下小上大、似花盆的被称为"花盆底"（图9-1-105、图9-1-106）；鞋底下大上小的称为"马蹄底"，还有"龙鱼底""四闪底"等，都是根据鞋子的形状命名，不管如何千变万化，其高跟都是镶嵌在脚心部位，总称叫"旗鞋"。鞋面多为缎制，绣有花样，鞋底涂白粉，富贵人家妇女还在鞋跟周围镶嵌宝石。这种鞋底极为坚固，往往鞋已破毁，而底仍可再用。新妇及年轻妇女穿着较多，一般小姑娘至十三四岁时开始用高底。老年妇女的旗鞋多以平木为底，称"平底鞋"。清代后期，着长袍穿花盆底鞋已成为宫中礼服。穿上花盆底鞋可使女子身体增高、比例修长，尤其是走路时，女子双手还拿一块漂亮的手帕前后摆动以保持身体平衡，显得姿态优美、端庄文雅。

清朝统治者入主中原后，起初极力反对汉人的缠足风俗，一再下令禁止女子缠足。但此时缠足之风已是难以停止了，到康熙七年（1668年）只好罢禁。也正因为此，妇女缠足在清代可谓到了登峰造极的地步，社会各阶层的女子，不论贫富贵贱，都纷纷缠足。缠足严重影响了脚的正常发育，对女性身心的伤害是言语不足以描述的。

十三、打牲乌拉

由于民族爱好和生存的需要，满族人对裘皮非常喜爱。由此带来了整个清代社会持续不断的尚裘之风。除了清代皇帝祭天时穿的皮制端罩外，皇族和官员们的冬季服装也都有毛锋朝外的裘皮镶拼服装（图9-1-107）。

清代最为贵重的裘皮是紫貂皮。清朝的时候专门有一个机构叫"打牲乌拉"，这个机构的职责就是专门为皇帝猎取貂皮。此外，《红楼梦》里有多处关于貂皮的描写，王熙凤在冬天的打扮一般就是"带者紫貂昭君套，石青缂丝灰鼠披风"，可见貂皮是大户人家显示富贵的一种重要服饰（图9-1-108）。按照清代的典章制度，紫貂是皇帝的专用品，其余人非赐不得用，甚至皇后也是如此。皇后、亲王和贝勒等只能用熏貂。

在清代礼仪服装制度中，统治阶层服装使用裘皮种类、位置、多少以及所配丝绸的种类、色彩等都有具体规定。甚至，裘皮服饰的"换季"替换也有明确的规定。据《清史稿·舆服志》记载："康熙元年，定军民人……天马、银鼠不得服用。汉举人、官生、贡生、监生、生员除狼皮外，例亦如之。军民胥吏不得用狼狐等皮。有以貂皮为帽者，并禁之。"

在清代，将毛露出来的裘衣俗称"出锋裘"。这种裘衣在周代甲骨文中称为"裘之制毛在外"。不露毛的裘衣称"藏锋裘"，而将袖缘、襟缘等部位将毛露出来的装饰方法称为"出锋"。清代从事毛皮服饰的专门匠人被称为"毛毛匠"。康乾盛世，中国经济持续发展，刺激了裘皮服装的需求量。自

图 9-1-108　月白缂丝凤梅花灰鼠皮衬衣

康熙初年从宫中流行开来，到后来连商贾买卖人也都赶时髦，以穿出锋裘为荣。其影响不但波及北方，甚至连相对温暖的江南、岭南地区的官绅士民也都穿出锋裘。

在明清时期，贵族女性头上戴的抹额也有用貂鼠、狐狸、水獭等皮毛制成，如《扬州画舫录》中多次提到的"貂覆额"、清代董含《三冈识略》也称："仕宦家或辫发螺髻，珠宝错落，乌靴秃秃，貂皮抹额，闺阁风流，不堪寓目，而彼自以为逢时之制也。"由于毛茸茸的兽皮暖额围勒在额部，宛如兔子蹲伏，因此，貂皮抹额又被形象地称之为卧兔。故宫博物院收藏的《胤禛妃行乐图》中的五个戴抹额的胤禛嫔妃中，有两个戴"卧兔"的形象（图9-1-109）。

除了缝制皮衣的工艺非常繁复，中国古人对取毛的部位也有许多讲究（图9-1-110）。清宫《穿戴档》中有"黑狐""青""貂皮腿""狐小腿""黑狐大腿"等名目，用于不同服饰。《清稗类钞》中更是列出了"紫貂膝""貂耳绒""貂爪仁""猞猁脊"等名目。

到了晚清、民国时期，裘皮在民间使用也很多。虽然昂贵，但在各大城市都有专门出售毛皮的商店。20世纪30年代，上海人就非常习惯使用狐狸皮做成的围脖和用来暖手的手筒。同时，裘皮服饰慢慢地从晚清时期的皮袍子等衣服转变成具有很多西方风格的裘皮大衣、围脖等。上海一些服装商店不仅有着中国传统的"毛毛匠"，也开始学起了国外的毛皮加工技术。

十四、纽扣与钮扣

清代纽扣形制已较为完备，形成纽、扣和襻三部分结构。纽是指由织物编结而成的球形小结；扣是指可扣解纽的环形套；襻是指纽和扣延续于衣身之上的部分。与前代不同，清代时期的纽襻已全部露在服饰的外面，有"一字"和"盘花"两种类型。从使用的普遍性讲，前者较后者多。前者长度一般为 4 ~ 6 厘米。纽、扣和襻通常与使用服装本身的面料相同。清代顾张思《土风录》卷三载："衣纽之牝者曰纽襻。"其制作方法：先将织物按45°斜向裁成长条，一般宽度约为 2 厘米，具体宽度根据织物的厚薄调整；然后将斜布条的两边毛缝分别卷到内侧，再用本色线将两边褡裢缝合在一起，为了使襻条结实饱满，有的还内衬粗线。

钮扣在明代已比较常见，如北京定陵出土的明万历鎏金蜂赶菊钮扣（图9-1-111）、嵌宝蝶恋花金钮扣（图9-1-112）。从造型上讲，该时期的钮扣以左右二件为配对，一为钮，一为扣，多以金银或玉石之类为原料。明代一些文学著作及插图中亦可见钮扣的描述和形象。如《金瓶梅词话》第十四回描写潘金莲穿的香色潞绸雁衔芦花样对衿袄儿上有"溜金蜂赶菊钮扣儿"，明代歌谣《挂枝儿·佳期》中的"金扣含羞解，银灯带欢笑。"四川博物馆收藏的明代仇实父的画上，有一少女肩背的四合云"云肩"就用钮扣扣之。衣作加领，围在颈上，领有钮扣。

图 9-1-109 《胤禛妃行乐图》中的
胤禛嫔妃像

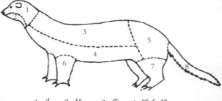

1.头 2.颊 3.背 4.腑和臁
5.臀 6、7.腿 8.尾

图 9-1-110 毛皮取皮部位示意图

图 9-1-111 明代鎏金蜂赶菊钮扣（北京定陵出土）

图 9-1-112 明代嵌宝蝶恋花金钮扣（北京定陵出土）

清代粉红碧玺钮扣

清代铜镀金蝙蝠纹钮扣

清代缂红白珠团寿纹钮扣

清翠玉珠宝钮扣

图 9-1-113 清代钮扣实物

清代乾隆以后的钮扣，工艺日趋精巧，外形更
为丰富，如莲蓬形、瓜形和钱币形等形状。但球形
钮头在清代一直居主要地位，广泛用于袍、褂、坎肩。
受西方影响，清代甚至出现了用于巴图鲁坎肩的平
钮。清人樊彬《津门小令》载："津门好，纨绔少
年场。袍色军机真裤缎，袋名侍卫小烟囊，洋纽镜
同光。"后注："巴图鲁坎肩必用平面洋纽。"从
"平面洋纽"的"洋"字可推知，平钮非中国传统
的钮扣形状，应由西方传入。此外，钮扣的大小不
一，大的如榛子，小的如豆粒，有素面的，也有镂
刻或镂雕各种纹饰的，如盘龙纹、飞凤纹、折枝花卉、
飞禽走兽、福禄寿喜纹等，式样丰富（图9-1-113）。
在使用上，这些钮扣的纹样往往与服饰相配，如结

婚穿"囍"字袍，配"囍"字纹钮；寿日穿"寿"
字衣，配"寿"字钮或"万寿"字钮；若穿花卉纹衣，
则配以花卉纹钮。

清代钮扣的材质有铜扣、鎏金扣、镀银扣、金扣、
银扣、玉扣、螺纹扣、烧蓝扣、料扣等。贵重的还
有白玉佛手扣、包金珍珠扣、三镶翡翠扣、嵌金玛
瑙扣以及珊瑚扣、蜜蜡扣、琥珀扣等，甚至还有钻
石纽扣、重皮钮扣。从结构上讲，清代钮扣的钮是
一个独立的部件。它的固定形制有钉入式和活套式
两种。钉入式是指襻条穿过钮环把钮固定在衣服上；
活套式是指可以将钮自由安装或取下的式样。

第二节 西方：巴洛克、洛可可等

一、巴洛克

17世纪的欧洲极为动荡，王权与各大小贵族、
新兴资产阶级与封建君主势力，民众与资产阶级，
代表旧宗教势力的天主教与代表革新派的新教之
间，展开了激烈的斗争。以德国为战场，几乎欧洲
所有的国家都参加了举世闻名的30年战争（1618—
1648年）。

图 9-2-1 绘画中的巴洛克时期剧院

荷兰率先建立了第一个资本主义国家，英国经过一个世纪的反复斗争，也终于步入资本主义社会，法国则进一步强化了中央集权的专制政体。在这种社会变革、动荡不安、民不聊生的环境下，那些王公贵族们却过着穷奢极欲的生活，追求豪华，讲究排场成了表现权势的社会性、政治性需求，大兴土木，建造宫殿和花园，举办大型游园会、宴会，听音乐、观剧（图 9-2-1），赞助艺术创作，有权有势的男士们要么去玩弄权术，搞政治阴谋，要么去追求时髦的贵夫人，相当忙碌。

16 世纪末期，西班牙因殖民地政策的失败和无敌舰队的覆灭而国力渐衰，原属西班牙领地的尼德兰经过长期的革命战争，终于在 1609 年摆脱西班牙的统治，建立了欧洲第一个资本主义国家——荷兰共和国。独立后的荷兰，资本主义经济发展很快，制造工业的发达和对外贸易的繁盛给荷兰带来了巨大财富，使其成为 17 世纪前半叶欧洲的强国，取代西班牙掌握了服装流行的话语权。从 16 世纪以来就打下稳固的政治、经济基础的法国波旁王朝，在 17 世纪下半叶，由于"太阳王"路易十四推行绝对主义的中央集权制和重商经济政策，使法国国力得以发展，成为欧洲新的时装中心，从此，法国时装与法语、法国菜一起，成为人们追求的一种时髦。17 世纪的巴洛克风服装是以男性为中心，以路易十四的宫廷为舞台展开的奇特装束（图 9-2-2）。

巴洛克式教堂中一般大量使用壁画和雕刻，并在壁画中运用透视法来扩大视觉空间（图 9-2-3）。如在墙上绘出辽阔的自然景物，再配上边框，使人产生从窗户中向外观景的错觉；或在天顶画上白云蓝天，天使在画面中飞翔；或画奔马从远而近，像要闯进大厅（图9-2-4）。在建筑中还大量使用人像柱、半身像等，并尽可能与建筑融合，让建筑与壁画、雕刻共同构成教堂内难以捉摸的变幻空间。

图 9-2-3 巴洛克时期纺织面料图案   巴洛克时期建筑室内装饰纹样

图 9-2-2 巴洛克时期建筑室内装饰人物

巴洛克一词本义是指一种形状不规则的珍珠，后指一种生气勃勃，有动态感，气氛紧张，注重光和光的效果，擅长表现各种强烈的感情色彩和无穷感的艺术风格。在当时，巴洛克具有贬义，古典主义者认为它的华丽、炫耀的风格是对文艺复兴风格的贬低，但现在，人们已经公认，巴洛克是欧洲一种伟大的艺术风格。

巴洛克艺术产生于16世纪下半叶，盛期是17世纪，进入18世纪，除北欧和中欧地区外，逐渐衰落。巴洛克艺术最早产生于意大利。它无疑与反宗教改革有关，罗马是当时教会势力的中心，所以它在罗马兴起就不足为奇了。可以说，巴洛克艺术虽不是宗教发明的，但它是为教会服务，被宗教利用的，教会是它最强有力的支柱。概括地讲，巴洛克艺术有如下的一些特点：一是它有豪华的特色，既有宗教的特色又有享乐主义的色彩；二是它属于一种激情的艺术，打破理性的宁静和谐，具有浓郁的浪漫主义色彩，非常强调艺术家的丰富想象力；三是它极力强调运动，运动与变化可以说是巴洛克艺术的灵魂；四是它很关注作品的空间感和立体感；五是它的综合性，巴洛克艺术强调艺术形式的综合手段，例如在建筑上重视建筑与雕刻、绘画的综合，此外，巴洛克艺术也吸收了文学、戏剧、音乐等领域里的一些因素；六是它有着浓重的宗教色彩，宗教题材在巴洛克艺术中占有主导的地位；七是大多数巴洛克的艺术家有远离生活和时代的倾向，如在一些天顶画中，人的形象变得微不足道，如同是一些图案花纹。

文艺复兴时期，西方服装才被分成不同的部件，而17世纪的巴洛克样式则把这些部件完整地连接在一起，形成一种流动的、统一的基调，部件与部件间的界线消失了，整体感增强了，表现出强有力的、跃动的外形特色。

文艺复兴时期，人们看重男装的庄重感和体积感。到了巴洛克时期，社会上层男性们追求的是富有教养、风流举止和游戏般的情调，纤细和装饰性的女性式样成为男装的主导风格。因此，服装史学

图9-2-4　巴洛克风格绘画作品

家习惯将巴洛克时期称作是"男装女性化"时代。

巴洛克时期的服装可大体上分为两个历史阶段，即荷兰风时代和法国风时代。

（一）荷兰风时代（1620—1650年）

荷兰风时期的服装是巴洛克艺术风格融入法国宫廷文化而产生的，具体表现为配色艳丽，造型强调曲线优美，装饰弯曲回旋，使人感到活泼奔放、富丽华美，但有矫揉造作之感。服饰上用华丽的纽扣装饰、丝带缠绕、蝴蝶结，以及花纹围绕的边饰。

17世纪上半叶的荷兰样式从1600年前后开始就逐步把西班牙风时代那被分解的衣服部件组合起来，从僵硬向柔和，从锐角向钝角，从紧缚向宽松方向变化。荷兰风格时期的上衣肩部已不见文艺复兴时期的横宽和衬垫效果，取而代之的是自然舒适。男子夹衣的腰线上移并收腰，腰带多以饰带的形式出现。胸和后背有开缝装饰，袖紧身，袖口饰有花边。男女服式抛弃了轮状皱领、填充物、紧身胸衣和裙撑，使服装变得相对舒适而柔和（图9-2-5、图9-2-6）。

由于17世纪30年代战争的影响，便于活动的骑士服成为时髦，束缚身体的填充物被取代，服装造型变得宽松。此时的波尔普万（Pourpoint）变长，盖住臀部，胸前和袖子仍有纵向的斯拉修（Slash），袖口翻折过来的克夫用白色蕾丝装饰。男子们穿着的紧身裤被一种半截裤所取代，裤长及膝，并且在膝上用吊袜带或缎带扎口，装饰有蝴蝶结，这种半

图 9-2-5 《亨利利齐伯爵肖像》

图 9-2-6 巴洛克荷兰风时期的人物着装

截裤叫做克尤罗特（Culotte，图 9-2-7）。后来到了 1640 年，出现了长裤（长及腿肚子的筒形裤），这是西洋服饰史上首次出现长裤（图 9-2-8）。男服的另一特色是水桶型的长筒靴，靴口大，装饰有蕾丝边饰。贵族男士们为了追求骑士风度，常在右肩上斜挂佩刀，头戴装饰有羽毛的宽檐帽子，长而松散的头发、胡子和胡子尖，以及甩在一个肩膀上的斗篷。这些都是时尚的"三个火枪手的模样"。

荷兰风的三个特征是长发（Longlook）、蕾丝（Lace）、皮革（Leather）流行的时代，即"三 L"时代。

以新教思想为精神支柱的荷兰资产阶级，主张简朴美德，反对过去贵族们的纤细、轻巧、华丽、繁复的装饰样式。女服由僵硬感变得柔和自然，除了和男性服装一样的披肩领之外，开始出现大胆的袒胸样式，从西班牙的极端夸张的人工美造型恢复到那种胖乎乎的自然美的外形上来。虽然在荷兰风时期，拉夫（Ruff）领仍然在使用，但已经开始被大翻领拉巴（Rabat）逐渐取代（图 9-2-9）。领子分为缝合式和带系式，带系式是将领子用两条细带系在脖子上，让大领子披在肩上。人们在领子和袖口处大量使用蕾丝（Lace）也是这个时期显著的特点（图 9-2-10）。女性穿裙子都是穿两条或三条，分为里裙和外裙，面料轻薄，外出的时候会将外裙前面打开，故意露出里面的裙子（图 9-2-11）。

图 9-2-7 荷兰风时期的男子服饰

图 9-2-8 荷兰风时期穿长裤的男子

图 9-2-9 巴洛克荷兰风时期女装的大翻领

图 9-2-10 大量使用蕾丝装饰的荷兰风时期的女装

图 9-2-11 巴洛克荷兰风时期着装女子

（二）法国风时代（1650—1715 年）

17 世纪中叶，从波旁王朝专制下兴盛起来的法国取代了荷兰作为欧洲商业中心的地位。自路易十四开始，法国渐渐成为西方世界的中心。路易十四（1661—1715 年）推行重商政策，鼓励对外贸易，积极发展工业，把蕾丝、双面挂毯及其他织物产业作为国家企业加以保护和奖励，形成法国服装产业的基础；调整国家税收；改善交通；扩大殖民地等，使法国在政治、经济、军事上得到发展。

路易十四自称"太阳王"（图 9-2-12）。他挥霍无度，大肆举办宫廷聚会（图 9-2-13），喜欢用穷奢极欲来显示他的无上权威。同时，受此氛围的影响，法国贵族阶层也沉迷于宫廷时尚和礼仪，无心政治纠葛和权术阴谋。这正是路易十四施政手段的"潜台词"。指导人们吃穿住，装着巴黎最新时装的"潘多拉"盒子每月从巴黎运往欧洲各大城市，从这个时候起，巴黎成为欧洲乃至世界时装的发源地。

法国风男装变化最明显，本来高腰线长衣摆的上衣波尔普万（Pourpoint）极度缩短，小立领，前开身，门襟上密密麻麻地缝缀着一排扣子，从右肩斜下佩挂绶带表示身份（图 9-2-14）。需要指出，绶带是巴洛克样式中最具特色的一种装饰。它的出现是因为这个时期政府不停颁布的奢侈禁令，如禁止进口织金锦、蕾丝、天鹅绒，禁止使用金银丝织物、华美刺绣、缎子、绲边等。为了在不违反奢侈禁令的前提下装饰自己，人们变通性地使用绶带，其直接后果是绶带装饰的泛滥。1661 年出现了以绶带的

使用量来看身份的高低的风气。这是法国风前期，一度朝着装饰过剩的女性化方向发展，甚至，此时还流行一种裙裤形式的半截裤（图 9-2-15）。

到了 17 世纪 60 年代以后，男装再次出现市民性的贵族服，即由鸠斯特科尔（Justaucorpr）、贝斯特（Veste）和克尤罗特（Culotte）组成的男子套装。

文艺复兴法国风时期，17 世纪 60 年代后，鸠斯特科尔（Justaucorpr）意为紧身合体的衣服。由衣长及膝的宽大衣卡索克（Casaque）演变而来。卡索克（Casaque）本来是军服，17 世纪 60 至 70 年代被用作男子服，衣身宽松，分有袖和无袖两种。后来逐渐从背缝和两侧缝收腰，并在两侧收褶、后背缝中下处开衩（Center Vents，森塔·本次）。收褶是为了使下摆张开，开衩是为了骑马时方便。这与中国唐代开始流行的缺胯袍的后背缝开衩功能类似。

到了 17 世纪 80 年代，鸠斯特科尔（Justaucorpr）腰身更加合体，形成了 19 世纪中叶以前的男服基本造型（图 9-2-16）。除收腰和扇形扩张下摆外，鸠斯特科尔（Justaucorpr）的口袋位置也很低，整个造型重心向下移。袖子也是越靠近袖口越大，袖口上还有一对翻折上来的袖克夫。无领，前门襟密密麻麻排列着一排扣子，还装饰有金缠子丝绸纽。金缠子主要用于前门襟边饰和那一排排的扣眼和扣襻装饰，背缝的森塔·本次（Center Vents）上，两侧摆的开楔上和口袋边上也有这种装饰。鸠斯特科尔（Justaucorpr）用料有天鹅绒或织锦缎，再加上金银线刺绣，十分豪华。虽然有许多扣子，但着装

《路易十四戎装像》

《路易十四像》

《路易十四家庭像》

图 9-2-12 绘画中的路易十四像

63 岁时着加冕服的路易十四全身像

图 9-2-13 路易十四大肆举办宫廷聚会

图 9-2-14 17 世纪 Justaucorpr

图 9-2-15　法国风时期的男子

图 9-2-16　17 世纪绘画中身穿 Justaucorpr 的人物形象及实物

时一般都不扣，极个别时候，偶尔在腹部扣上一两个，这恐怕就是今天西服上的扣子一般不扣或只扣腹部的第一粒扣的原因。扣子在这里纯粹是一种装饰，其材料也非常华贵，有金、银、珠宝等。

由于鸠斯特科尔（Justaucorpr）衣襟是敞开的，所以领饰显得格外重要。在朗幕拉布流行期间，就曾使用取对裥的蕾丝做的领饰——克拉巴特（Cravate），这被认为是现在的领带的直接始祖。有时候，边缘也用蕾丝或者刺绣装饰。其系法是把克拉巴特（Cravate）在脖子上轻轻系一下，然后把垂下来的部分拧几圈塞进衬衣里或鸠斯特科尔（Justaucorpr）上边第六个扣眼里或者用别针固定在衣服上。

鸠斯特科尔（Justaucorpr）里面穿的是贝斯特（Veste）。贝斯特（Veste）早期是长袖短身，后来为了配合鸠斯特科尔（Justaucorpr），衣身变长，收腰身，前门襟也有很多扣子。后来，贝斯特（Veste）演化成无袖的背心，衣长逐渐变短，成为现代西式背心的始祖。

法国风时代的女装也在悄然转变，虽然说这个时期女性并不是时代的主流。流动的衣褶，变换的线条，缎带、蕾丝、刺绣、饰纽等多种装饰在罗布上竞相争艳。

巴洛克时期，女服仍尚好纤腰凸臀，依然采用了紧身衣形态，而裙撑则一度被淘汰。女服上半身盛行使用紧身胸衣苛尔·巴莱耐（Corps Baleine）的紧身胸衣（图 9-2-17）。它使得 16 世纪的上身细长造型重新流行。这一时期的紧身衣在腰部嵌入了许多鲸须，缝线从腰向胸呈放射状扇形张开。

此时女服的领口开得很大，袖子变短，露出小臂，整个袖子呈灯笼型。领子和袖口上装饰花瓣状多层蕾丝装饰（图 9-2-18）。穿裙子至少要有两条，外裙通常在腰围处有多褶，长长垂至地面（图 9-2-19）。到了 17 世纪 80 年代，女服中出现臀垫，它使得女性臀部造型越来越膨胀大。在日常穿着时，上层社会女子一般把外裙卷起集中堆在后面，垂下来形成拖裾，衬裙显露出来，形成层层叠叠的美感。这种夸张后臀部的"巴斯尔"样式在西洋服装史上第一

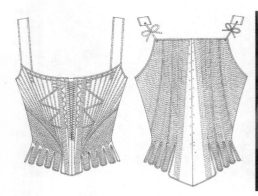
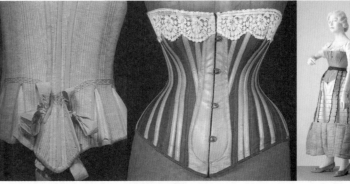

图 9-2-17 巴洛克法国风时期的紧身胸衣

图 9-2-18 巴洛克法国风时期的女装

图 9-2-19 巴洛克法国风时期的女装

次出现，后来到了 18 世纪至 19 世纪末亦反复出现。

2012 年春夏，巴洛克风潮成为时尚潮流——镀金浮雕压花、镶金边的大尺寸照片和插画、丝绸、锦缎和天鹅绒等材质大量运用、长至曳地的绸缎质感礼服、金色洛可可式的蜗旋刺绣等，以层叠的雕塑式印花搭配极具空间感的线条勾勒出繁复、华美的意境，明亮浓重的色彩让奢华气息扑面而来，复合面料独有的质感则为系列服装带来丰富的层次（图 9-2-20 ~ 图 9-2-25）。

二、洛可可

18 世纪西欧各国自然科学日渐发达，哲学家从过去假设上帝存在进而推论所有事物的工作，转换为依据实验和观察的理性方法去推论世间的万象。工业日益发达，民主思潮高涨，加之产业革命的发展与法国大革命的爆发，这些客观形势的转变，对于当时艺术的发展有非常大的影响。

巴洛克艺术尽管有呆板的礼仪，有形式上的骄矜和夸张，但它毕竟是一个阳刚的时期。紧随其后的洛可可艺术，是大约自路易十四逝世（1715 年）时开始，风格更为讲究、矫饰、纤细和柔弱。"洛可可"一词源自法国字汇"Rocaille"，由此演变而来，其意思是指岩状的装饰，基本是一种强调 C 型的漩涡状花纹及反曲线的装饰风格（图 9-2-26）。这种风格流行于路易十五时代，又称"路易十五样式"（图 9-2-27）。

图 9-2-20　某国际服装品牌 2012 秋冬时装

图 9-2-21　Balmain 2012 秋冬时装

图 9-2-22　Stella McCartney 2012 秋冬时装

图 9-2-24 Alexander McQueen 2010 秋冬时装

图 9-2-23　River Island 时装

图 9-2-25　Trendiano 圣诞限量巴洛克建筑拼接套头卫衣

图 9-2-26　洛可可是强调C型的漩涡状花纹及
反曲线的装饰风格

图 9-2-27　洛可可时期装饰和家具

（一）东方风格（Chinoiserie）

中国和西方各国曾通过丝绸之路进行丝绸贸易和文化交流。除了纺织材料本身，中国的花机和花本纺织技术，更是对欧洲影响甚重。与中国不同，古代西方织机因为使用竖机，而不能使用较多的综片，也不能利用脚踏控制经线的提升或间丝，织不出结构较为复杂的织物。直到六七世纪，西方才得到中国的花机和花本的构造方法，而改用中国式的水平织机，开始织出较复杂的提花织物。这种影响一直持续到法国雅卡尔提花机和现在世界各国通用的龙头机。

17世纪末至18世纪末正值清朝康乾盛世，中国成了欧洲人梦想中的乐土，出于好奇心理，中国纺织品、工艺品风靡欧洲——东方的富丽色彩、奢华设计、园林格调，迷倒了不少凡尔赛宫的贵族。那时，景德镇陶瓷受到欧洲众多王侯的珍爱，被视为"东方的魔玻璃"，成为上流社会显示财富的奢侈品，包括举行中国式宴会、观看中国皮影戏、养中国金鱼等也都成为高雅品位的象征（图9-2-28）。

17世纪下半叶至18世纪初期，欧亚大陆东端的中国与西端的法国，各自引领着东方与西方文化与艺术发展的风潮。此时中国的君主是清圣祖康熙大帝，法国的君主是太阳王路易十四。当时分居两地的君王经由法国耶稣会士架起的无形桥梁，有了间接的接触。透过传教士们的推介，路易十四对康熙皇帝有了比较清晰的认识，法国朝野人士也兴起对中国文化与艺术的好奇与模仿。在传教士的讲授下，康熙皇帝认识了西方的科学、艺术与文化，并推而广之，使得当时清朝臣民中不乏潜心西学之士。

自新航路开辟后，欧洲和中国都极为活跃。从1580年到1590年，中国每年运往印度的丝货为3000担，1636年达到6000担，到了18世纪三四十年代，欧洲每年的丝绸进口量多达75000余匹。利益驱动下，许多本土欧洲丝绸也开始绘制龙、凤、花鸟等中国传统图案，并注明"中国制造"，假冒中国原装进口。为了更好地进行仿造，欧洲丝织厂的丝绸画师甚至人手一本《中国图谱》。连路易十四在凡尔赛宫举行盛大舞会，也曾身穿中国服装，坐一顶八人大轿出场。西方设计师们从东方的花朵、竹子、孔雀、窗子格等图案上寻找灵感，甚至因此创造出"Chinoiserie"这个词，用来形容当时流行的艺术风格——中国风。欧洲的中国风尚在18世纪中叶时达到顶峰，直到19世纪以后才逐渐消退。

布歇绘制的《中国花园》（图9-2-29）、《中国捕鱼风光》（图9-2-30）、《中国皇帝上朝》（图9-2-31）和《中国集市》（图9-2-32）画面上出现了大量写实的中国人物和青花瓷、花篮、团扇、伞等中国物品。贵族们争相收购这些画，买不到的，便把那些以这四幅画为蓝本，用毛和丝编织的挂毯抢购一空。布歇并没有来过中国，画中的形象有的是合乎事实的，有的则纯粹出自他的臆想。当时东

Tsarskoye Selo 地区亚历山大公园的中国村庄

图9-2-28　17世纪末至18世纪末欧洲的中国风尚

洛可可时期身穿中式服装的西方女性画像

《持象牙扇女士画像》中的英国女性

图 9-2-29 《中国花园》

图 9-2-30 《中国捕鱼风光》

图 9-2-31 《中国皇帝上朝》

图 9-2-32 《中国集市》

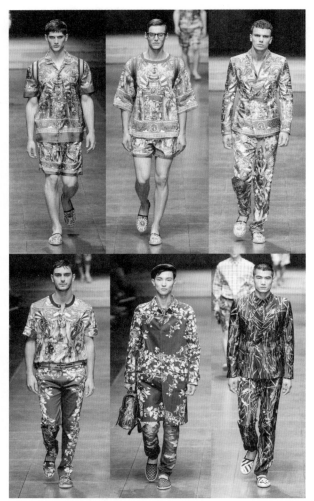

图 9-2-33 某国际服装品牌 2016 春夏男装

印度公司和中国有频繁的商务活动，该公司把丰富的商品从东方带到了欧洲，布歇在巴黎可以轻易买到中国的物品，凭想象组合成一幅幅符合东方情调的画面。此后，又有许多到过中国的传教士画了许多关于中国的图画。把布歇的中国组画放到整个 18 世纪欧洲社会痴迷于"中国风"的大背景中来考察，布歇的作品也就不足为怪了。某国际服装品牌 2016 春夏男装系列以意大利西西里首府巴勒莫（Palermo）的卡西那中国公馆为灵感，清代背景的中国文化代表性的孔雀、木偶、龙、骏马、宝塔、灯笼、官吏充斥在品牌标志性的印花里，充满了西方角度的东方情愫（图 9-2-33）。

这个时期的一个标志是 18 世纪初欧洲瓷器使用的普及。原先，人们一直是用笨重的银制餐具饮食，用大块的石头创作巨大的雕塑，而到了洛可可时期则是用易碎的瓷器来做餐具和小巧玲珑的瓷塑

图9-2-35 洛可可时期的中式瓷器

图9-2-34 中式风格室内布局

图9-2-36 表现洛可可时期西方室内人物生活场面

像。它的形成过程受到中国庭院设计、室内装饰（图9-2-34）、丝织品、服饰、瓷器（图9-2-35）、漆器等艺术的影响，又称"法国—中国式样"，有人称洛可可风格为"中国装饰"。随着数码印花技术的日渐成熟，青花瓷元素逐渐摆脱繁复的刺绣工艺的制约，其制作成本也大大下降，渐渐展现出其亲民一面。

洛可可艺术风格表现在服饰上，则是追求服装面料的质地柔软，花纹图案小巧，而且面料的色彩趋于明快淡雅和浓重柔和并进。尽管一些欧洲国家屡次禁止印花棉布和丝绸的进口来保护本国纺织工业的发展，但因此而导致货物稀少更助长了人们穿着的欲望，所以一时用印花棉布和丝绸做成的长袍、短衫成为最时髦的服装，为洛可可风格在服饰上的发展打下了坚实的基础。

进入18世纪的洛可可时期，巴洛克那种男性的力度被女性的纤细和优美所取代，在富丽堂皇的、甜美的波旁王朝贵族趣味中，窄衣文化在服饰的人工美方面达到登峰造极的地步。洛可可女装放弃了西班牙钟式裙那种几何形状的严谨，保留了宽大的髋部和紧身的胸衣变得爱卖弄风情，有褶裥、荷叶边、随意的花边和隆起的衬裙，在一条颜色不同的衬裙外面，套钟形的长裙，大多在前面打褶裥，身后拖着裙裾。如果说巴洛克风尚是男人的世界，洛可可则是以沙龙为舞台展开的女性优雅样式。女性们作为供男性观赏和追求的"艺术品"和"宠物"。这种氛围使女装对外表形式美的追求发展到了登峰造极的地步，服装的每一个细节都精致化，最有品味的女性穿着是"既暴露又优雅"（图9-2-36）。

（二）瓦托罗布

洛可可风格在绘画方面最突出的代表画家是华托、布歇、弗拉戈纳尔和夏尔丹等人。从时间段来讲，华托是奥尔良公爵摄政时期的画家；布歇是路易十五与蓬帕杜夫人时期，即洛可可顶峰时期的画家。

让·安东尼·华托（Jean-Antoine Watteau，1684—1721年）的绘画作品大多色调轻柔、形象妩媚，带有一种贵族阶层清高、典雅、朦胧的意境，详细地描绘了当时沙龙的气氛和贵妇们的衣着时尚。由于这时的活动主要以室内活动为主，过去不能穿在正式场合的宽松便服，得以成为白天的常服（访问服和散步服）流行起来。在华托的作品中经常描绘这种领口开得很大，在背部有箱形褶的宽松袋状裙（图9-2-37），所以这种裙子又被称为华托式罗布（Watteau Robe）或华托式袍（Watteau gown），也有人将其称为麻袋背（Sack Back）。后来由于这种优雅的样式主要为路易王朝宫廷及其周围的贵夫人，特别是路易十五的情妇蓬巴杜侯爵夫人喜欢穿用，所以也称作法国式罗布（Robe à la polonaise，图9-2-38）。即便是几个世纪之后，人们也经常能够见到以华托式罗布（Watteau Robe）为灵感的时装式样（图9-2-39）。

（三）布歇

华托死后，布歇（Francois Boucher）成为另一位洛可可风格的绘画大师，他创作的作品最能体现洛可可的浪漫和轻松的特点。布歇则很善于借助古代神话故事的外衣表现贵族、新兴资产阶级的浪漫情调和情爱内容。在他的代表作《蓬帕杜夫人》中，布歇把洛可可风格发挥到了极致，无论从作品的风格，还是从作品中蓬帕杜夫人这个人物的着装上，都显现出这种奢丽纤秀、华贵妩媚的贵族气息和风貌。

洛可可艺术风格的倡导者是蓬帕杜夫人（1721—1764年，Marquise de Pompadour），她出生于巴黎的一个金融投机商家庭，后成为路易十五的情人，接着成为国王的私人秘书，路易十五封她为蓬帕杜侯爵夫人（图9-2-40）。她是一个引起争议的历史人物。她曾经是一位拥有铁腕的女强人，不仅参与军事、外交事务，还以文化"保护人"身份，影响到路易十五的统治和法国的艺术。在蓬帕杜夫人的倡导下，产生了洛可可艺术风格，使17世纪有盛世气象的雕刻风格，被18世纪这位贵妇纤纤细手摩挲得分外柔美媚人了。布歇在作品中把蓬帕杜夫人当作花来描绘，她年轻美貌，身着华丽盛装，斜坐在幔帐和花丛前，体态娇弱，正是印证了洛可可宫廷艺术追求的那种"优雅、美丽、柔和、娇媚、

享乐"的效果。蓬帕杜夫人服饰的每一个部分都成为那个时代贵妇们竞相追逐的时尚目标。再加上她凭借特殊的身份，掌控着以宫廷画家布歇为首的御用画家为她服务，因此洛可可画派为其首创了莲巴杜领——宽底型领口，经久不衰，打破了原有宫廷女装中宽和折中的弯曲式领口，服饰发型华美富丽，局部装饰及整体搭配生动活泼又不失优雅庄重，风格飘逸秀丽，被当时的人们尊崇为法国时装的象征。

洛可可服装的显著特点是柔媚细腻、纤弱柔和，这使整个服装风格趋于柔美化、繁复化。其色彩常用白色、金色、粉红、粉绿、淡黄等娇嫩的颜色。自然形态在服饰上的体现就是大量自然花卉为主题的染织面料。当时主要采用的花卉是蔷薇和兰花，在处理上采用写实的花卉，再用茎蔓把花卉相互连接起来，形成蔓延的动感，表现出人们对自然的崇尚。刺绣工艺增添了贵族气质和浪漫气息。花朵在洛可可服饰上的运用除了表现在面料的图案上，还表现在大量运用天然或人造花朵对服装进行装饰。因此，人们常把洛可可风格的女装比喻成"盛大的花篮"，在这个花篮里除了鲜花、蕾丝，还有蝴蝶结和缎带。它不仅运用在女装中，还大量频繁地出现在男装中。鲜花题材的运用，使洛可可装饰艺术充满了女性惬意的轻松感，处处体现着新兴资产阶级上升阶段强调满足自身感官愉悦的审美趣味（图9-2-41）。

洛可可服装在装饰上也极其纤弱柔和，多处使用金线、彩绘、蕾丝、穗子等装饰手法。在室内装饰风格的影响下，法国式罗布衣袖比早期更加合身，袖口制作更是不同寻常，精细而复杂，并且带有边饰。褶边这种装饰常用于衣身边饰或者一些特殊的部位，比如前胸、裙边等。华托式罗布中带翼的袖口被细丝褶边所取代。这种褶边通常是两层，上面镶有穗子、金属饰边和五彩的蕾丝。袖子下边露出内衣袖口双层或三层褶边。褶边由细而宽，边缘装饰有蕾丝，这就是当时最迷人的"荷叶边皱褶袖"的经典造型。荷叶边是指将条形的面料一侧抽缩或捏褶，另一侧形成凹凸有致的波形边饰，宽窄根据

《爱的宣言》（1731 年）

《聚会》

《拉尔森画店》

图 9-2-37　华托绘画作品中表现的 Watteau Robe 式样

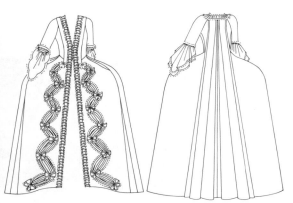

洛可可时期的 Watteau Robe 实物与结构图

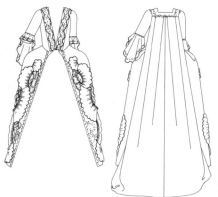

洛可可时期的 Watteau Robe 结构图和实物局部

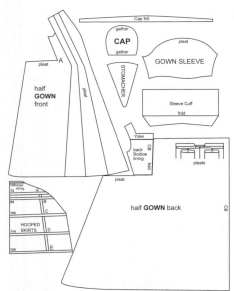
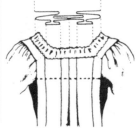
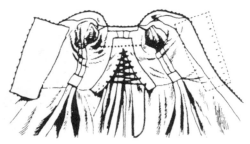

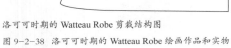

洛可可时期的 Watteau Robe 剪裁结构图

图 9-2-38 洛可可时期的 Watteau Robe 绘画作品和实物

Yves Saint Laurent 时装

某国际服装品牌 1955 年时装

图 9-2-39 以洛可可时期华托式罗布为灵感设计的时装

图 9-2-40 蓬帕杜夫人画像

图 9-2-41 洛可可女装中大量装饰鲜花

具体装饰部位的需要而有所不同。荷叶边这种装饰在洛可可服饰中常用在裙服的袖口、罩裙前开缝的边缘以及内裙的底摆（图 9-2-42）。荷叶边和褶边所形成的波浪形边缘轮廓线以及锯齿凸凹的外观效果，使衣边不再平直单调，而是层次起伏、轻盈飘逸，极具女性特征。

（四）裙撑造型

在路易十五时代，一百多年前的裙撑又一次出现。裙撑帕尼艾（Pannier）初期为钟形，后来越变越大，逐渐变成椭圆形，前后扁平、左右宽大。

帕尼艾（Pannier）外层面积的增大给表层的装饰创造了更多的机会。前部敞开的罩裙以及裙子层次繁多是西方近代女装的重点。在外裙下通常有内裙、衬裙和底裙。层层叠叠的裙子以它细腻精致、变化丰富的装饰形成层叠的视觉效果，成为 18 世纪追求矫饰和享乐的象征（图 9-2-43）。这种立体饰褶、服装面料的缝缀再造增加了服装在视觉上的浮雕感、立体感。1780 年，出现臀垫巴斯尔样式取代裙撑，而后臀部又一次膨胀起来，这种前腹稍平、后臀翘起的裙型称为巴斯尔样式。

（五）波兰式罗布

路易十六时代是洛可可风结束、新古典主义服饰样式兴起的转换期。18 世纪中意大利那不勒斯两大古城的发掘，引起人们对古代文化的关注。其开

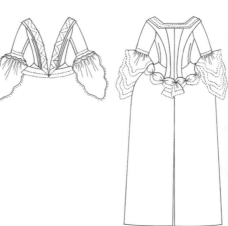

图 9-2-42 洛可可服装结构图和袖口局部

图 9-2-44　波兰式罗布

图 9-2-43　洛可克时期的 Pannier 裙撑

图 9-2-45　托马斯·庚斯博罗《安德鲁夫妇》

始从洛可可"优美但轻薄"的文化向"朴素、高尚、平静而伟大"的古典文化转移，此倾向被称为新古典主义。

1776 年，受波兰服装影响，出现了波兰式罗布（Robe à la polonaise，图 9-2-44）。其特征是裙子部分在后侧分两处像幕布或当时的窗帘似的向上提起，臀部出现三个柔和膨起的团。为了把裙子束起，罗布的后腰内侧装着两条细绳，在表面同样的地方装饰着扣子或缎带，细绳从里面垂落，经裙摆向上把裙子捆束起来，绳端挂在或系在表面的扣子上。还有的在内侧裙摆处装上带环，绳穿过此环向上把裙子提起来后系上，外表也同样形成裙子被卷起来的形状。此时，还流行英国式罗布，去掉巨大的裙撑，腰身下移，靠褶裥将裙子撑开，更加简洁、质朴，体现出英国的自然主义倾向（图 9-2-45）。

卡拉科（Caraco）是吸收男服的机能性形式的女夹克。它上半身紧身合体，下摆呈波浪形外张，衣长及臀，有长袖和七分袖之分。

（六）穿高跟鞋的男子

在男装方面，样式已经定型，是现代西装的原型，1760 年后男装改变的重点：一为男性外套逐渐变成直线条，常伴随前短后长的设计。二为男性外套出现领子的设计。三为袖子变成贴合手臂。四为背心长度变短、无袖及有翻领的设计。

男装发展路线：阿比（Habit a la francaise）→夫若克（Frock）→基莱（Gilet）→克尤罗特（Culotte）→领饰。

鸠斯特科尔（Justaucorpr）改称阿比（Habit a la francaise），造型同前，收腰，下摆向外张，呈波浪状，为使臀部外张，在衣摆里加马尾衬和硬麻布或插入鲸须（图 9-2-46）。后中缝和两侧缝在下摆都有开衩，一般无领或装小立领。为了使臀部身外张，在衣摆里面加进马尾衬和硬麻布或鲸须。前门襟有一排以宝石等昂贵材质做成的扣子。其造型极其丰富，嵌入的图案也极具装饰性。

1715 年以后，阿比（Habit a la francaise）的用

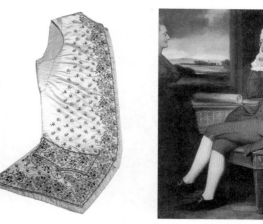

图 9-2-47 18 世纪的 Habit a la francaise 和 Veste 的穿搭

图 9-2-48 18 世纪的男装

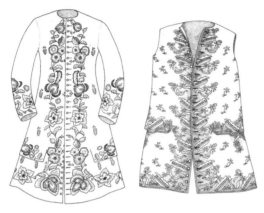

图 9-2-46 18 世纪的 Habit a la francaise 和 Veste

料和色调比以前柔和多了，大量使用浅色的缎子，门襟上的金缠子（扣子）装饰也省略了。由于阿比（Habit a la francaise）变得朴素，穿在里面的贝斯特（Veste）就装饰得豪华起来，用料有织锦、丝绸及毛织物，上面有金线或金缠子的刺绣，衣长一般比阿比（Habit a la francaise）短两英寸左右（图9-2-47）。在 17 世纪后半叶到 18 世纪初，贝斯特（Veste）改称基莱（Gilet）。衬衣袖口装饰有需丝

或细布做的飞边褶饰，从阿比的袖口露出来。下半身的克尤罗采用斜丝裁剪，做得十分紧身，据说紧得连腿部的肌肉都清晰可见，不用系腰带，也不用吊裤带（图 9-2-48）。1715 年以后，其多用亮色的缎子，长度仍到膝部稍下一点，裤口用三四粒扣子固定。

18 世纪中叶，英国进入产业革命，男装也开始了新变革。男上衣去掉多余的量，衣摆不那么向外张，缓解紧束的腰身，这种上衣称夫若克（Frock）。其最大特点是门襟自腰围线起斜着裁向后下方。它的用料仍是丝绸，常有印花或条纹图案。当时男性服饰突出阴柔之美，男士的鞋子上饰有"缎带""蔷薇花"造型并且男子普遍穿高跟鞋。高跟鞋最早起源于意大利，后来传到欧洲其他地方。而法国最早见到的高跟鞋是由凯瑟琳·德·美第奇自意大利启程与奥尔良公爵（后来成为法王亨利二世）结婚时带入法国的。直至今日，洛可可仍是时尚流行中最为常见的设计元素（图 9-2-49、图 9-2-50）。

图 9-2-49 Dior 2007 秋冬女装

图 9-2-50　某国际服装品牌 2012 秋冬女装

三、新古典主义时代（1789—1825 年）

从女服样式变迁而言，研究者一般把 19 世纪女装分为以下 5 个时期：新古典主义时期、浪漫主义时期、克里诺林时期、巴斯尔时期、S 型时期，直到 20 世纪 20 年代的霍布尔裙式样，因此，也被称为"样式模仿的世纪"（图 9-2-51）。

新古典主义兴起是以 1748 年庞贝城的发掘为契机，德国学者温克尔曼美学思想的传播，引起了人们对古典主义的兴趣。法国统治阶级梦想恢复古希腊、古罗马帝国时代宏伟自然的艺术典范风格。与此同时，1789 年法国大革命前夕，资产阶级为取得革命的胜利，在意识形态领域高举反封建反宗教神权、争取人类理想胜利的旗帜，号召和组织人民大众为资产阶级革命而献身。为取得这一革命斗争的彻底胜利，要在人们的心理上注入为革命献身的勇气，古代希腊罗马的英雄成了资产阶级所推崇的偶像。资产阶级革命家利用这些古代英雄，号召人民大众为真理而献身。就在这样的历史环境下，产生了借用古代艺术形式和古代英雄主义题材，大造资产阶级革命舆论的新古典主义。法国大革命从政治上摧毁了路易王朝的封建专制制度，革命后的法国人民在思想上接受了这种新古典主义思潮，形成了与洛可可时代截然不同的服装样式。

以自由、平等为口号的法国大革命的风暴，一夜之间改变了文艺复兴以来三百年间形成的贵族生活方式，一扫路易宫廷登峰造极的奢华风气和贵族特权，摒弃了繁复的人工装饰。革命后的男女装最显著的变化即简朴志向和古典风尚，人们以健康、自然的古希腊服装为典范，追求古典的、自然的人类纯粹形态。当时服装的色和形，成了区分赞成革命的市民派和反革命的王党派的标志。

追求古典、自然、纯粹形态的"帝政风格"秉承于传统的古希腊美学，结构均匀、比例优美。没有特别强调突出的身体部位，整体呈收腰的圆柱形，重视一种优雅的气质。新古典主义女装借鉴古希腊服装的特点，流行一种白色细棉布材质，简练朴素，领口有褶边，方形或鸡心形的坦胸衬裙式修米兹（Chemise）连衣裙（图 9-2-52）。其造型特点是把腰线提高到乳房底下，用拉绳或腰带控制松紧，有很短的泡泡袖，裸露手臂（图 9-2-53），加上长及肘部以上的长手套。裙摆很长，柔和、优美的垂褶自高腰身处一直垂到地上，而且这种长裙越来越长，以至女士们行走时不得不用手提着裙子，这种优雅的姿态也成为流行时尚。

为了御寒，此时流行一种用开士米、薄毛织物、白色丝绸或薄地织金锦制成的披肩肖尔（Shawl，

克里诺林金字塔箍裙　　巴斯尔样式　　S型式样　　霍布尔裙式样

图 9-2-51　1985-1910 年西方女装形态变化

图 9-2-54　新古典主义时期流行的披肩

图 9-2-52　新古典主义时期的服装 Chemise dress

图 9-2-53　新古典主义时期的衬裙式连衣裙

图 9-2-54）。它颜色鲜艳，围巾四角镶有细边和横贯围巾的长饰边，上面装饰着刺绣纹样。同时，与袒胸衬裙式修米兹（Chemise）连衣裙相搭配的服装是一种来自男服，叫作斯潘塞（Spencer）的短外套（图 9-2-55）。它类似西班牙斗牛士穿的短夹克，衣长仅高达腰部，长袖。此外，还有一种剪裁合体、有罩领英国式骑马装外衣也是天气寒冷时的外衣。这种外衣门襟排列着一排扣子，装饰有金缠子丝绸纽（图 9-2-56）。

到了帝政时期，修米兹（Chemise）流行白兰瓜形的短帕夫袖（Puff，图 9-2-57），也称帝政帕夫（Empire Puff），还有一种叫作玛姆留克（Mameluk）的袖子，是用细缎带把宽松的长袖分段扎成数个泡状的袖子（图 9-2-58）。短短泡泡袖主要用作仪礼服、宫廷宴会服；玛姆留克（Mameluk）长袖则主

要用于外出服或家庭内的便服。另外，裙子流行两种颜色重叠穿用。外面的长罩裙会自腰围以下展开，露出里面的修米兹（Chemise）颜色（图 9-2-59、图 9-2-60）。此外，还有一种固定在腰部或肩部的披肩。此时的女帽造型也相对简单了许多（图 9-2-61）。婚纱品牌珍妮·帕克汉（Jenny Packham）于 2015 春夏推出了系列新古典主义风格的时装作品（图 9-2-62）。此外，拉夫·西蒙（Raf Simons）设计的迪奥（Dior）2015 秋冬时装中也有修米兹（Chemise）式样（图 9-2-63）。

让·奥古斯特·多米尼克·安格尔（Jean Auguste Dominique Ingres，1780—1867 年）是法国新古典主义著名画家，曾担任拿破仑的首席画师。在 76 岁高龄时，安格尔创作的名作《泉》，进一步反映了画家对古典美诠释。1996 春夏，三宅一生（Issey

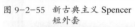

图 9-2-55　新古典主义 Spencer　　图 9-2-56　英国式骑马装　　图 9-2-58　帝政时期分段扎成数个泡泡状的袖子
　　　　　　短外套　　　　　　　　　　　　　外衣

图 9-2-57　帝政时期有帝政帕夫袖的女裙

图 9-2-59　帝政时期女装外面的长罩裙会自腰围以下展开，露出里面的 Chemise 颜色

图 9-2-60　《约瑟芬皇后》

图 9-2-61　帽架上的女帽和 19 世纪早期女帽

图 9-2-62　Jenny Packham Bridal 2015 春夏时装

图 9-2-63　Dior 2015 秋冬时装

Miyake）与艺术家合作的"客席艺术家"（Pleats Please Guest Artist Series）系，三宅一生邀请森村泰昌再创作了安格尔（Ingres）《泉》，并将其应用在自己时装上（图 9-2-64），取得了惊人的效果。

四、浪漫主义时代（1825—1850 年）

浪漫主义是开始于 18 世纪西欧的艺术、文学及文化运动，发生于 1790 年工业革命开始的前后。

浪漫主义注重以强烈的情感作为美学经验的来源，并且开始强调如不安及惊恐等情绪，以及人在遭遇到大自然的壮丽时所表现出的敬畏。

拿破仑帝国覆灭后，一直到 1830 年法国的七月革命这段时间，以法国为首，欧洲所有国家的反动势力卷土重来。后来经 1848 年的六月革命，法国又于 1852 年进入拿破仑三世的第二帝政时代，权力重新回到旧贵族手中。由于长期战争，法国财

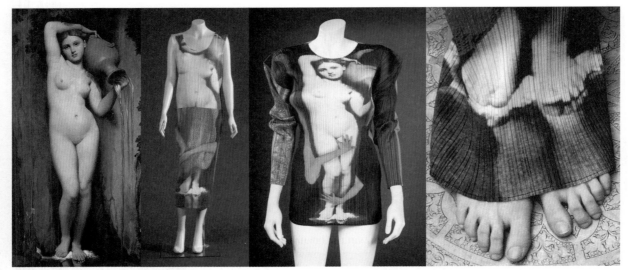

图 9-2-64 Issey Miyake 1996 春夏

政极度贫乏，人们心底弥漫着不安情绪，逃避现实，憧憬富有诗意的空想的境界，倾向于主观的情绪和好伤感的精神状态，强调感情的优越，反对古典主义，以中世纪文化的复活为理想。这种思潮无论在文学、艺术还是在服装上都有明显表现。特别是女性，为了强调女性特征和教养，社交界的女士们经常随身带着药瓶，手里拿着手帕斯文地擦拭眼泪或文雅地遮在嘴上，故作纤弱、婀娜的娇态，好象久病未愈，弱不禁风。与之相应地，女性服装也创造出一种充满幻想色彩的典雅气氛。

浪漫主义时期的服装强调腰身与夸张裙摆。从1822年前后开始，腰线逐渐自高腰身位置下降，一直到1830年降到自然位置，腰又被紧身胸衣勒细，袖根部极度膨大化，裙摆向外扩张，成为X型。裙子上出现很多褶襞，其量感通过在里面穿数条衬裙不断加剧。1825年，裙摆变大，逐渐发展成吊钟状，1830年以后，裙子的体积越发增大，衬裙数量常达

五六条之多。19世纪40年代初，还产生了用马鬃编成的钟形裙撑。1836—1837年，裙子表面的装饰也越来越多，裙长又一次长及地面。由于裙子的膨大化，因此，文艺复兴时期，以及17、18世纪曾出现过的罩裙在前面A字形打开，露出里面的异色衬裙的现象又重新登场。

为了使腰显得细，肩部不断向横宽方向扩张，袖根部被极度夸张，甚至在袖根部使用了鲸须、金属丝做撑垫或用羽毛做填充物。低领的衣服多采用帕夫短袖（图9-2-65），高领的衣服多采用羊腿袖（图9-2-66），有的上面还有斯拉修装饰。这一时期的领子有两种极端形态：一种是高领口，上常有精饰，有时还采用16世纪的拉夫领，也有像荷兰风时代的大披肩领一样，重叠几层的有蕾丝边饰的披肩领（图9-2-67）；另一种是大胆的低领口，低领口上常加有很大的翻领或重叠数层的飞边、蕾丝边饰（图9-2-68）。1830年，还流行女子穿骑马服（图9-2-69）。

图 9-2-65 19世纪20年代的帕夫袖

图 9-2-66 19世纪40年代的羊腿袖

图 9-2-67 拉夫领和大披肩领

图 9-2-68 低领口上常加有很大的翻领或重叠数层的飞边、蕾丝边饰

图 9-2-69　19 世纪 30 年代
的女子的骑马服

图 9-2-70　浪漫主义时期的女性帽子

在 19 世纪 20 年代，当浓丽的色彩与繁杂的装饰爱好再度展现在服装风尚里，华丽繁复的帽子上装饰着羽毛和蕾丝（图 9-2-70）。扇子的装饰风又重新受到关注。社会上弥漫着乡愁的思绪，使得昔日传统富丽的装饰手法重现于扇子（图 9-2-71），以迎合此时维多利亚时代的繁华品味；譬如具有蕾丝风格的扇子，在当时被视为非常适合于搭配蕾丝剪裁的晚礼服，甚至珍珠与玳瑁外壳也被广泛应用到扇骨与扇背的装饰，因为它们可以被雕琢与镂空来作为装饰。

西洋扇子分很多种，有晚上用的和白天用的，婚礼用的和舞会用的，送殡用的、广告用的和当纪念品用的扇子。扇子用各种珍贵材料制成，扇骨用金子、象牙、龟甲、珠母制作，扇面用真皮、纸张、绸缎、花边和羽毛制成，上面往往还装饰有珍贵的金属和宝石，直到 20 世纪初，扇子在西方使用相当普遍，并成为女性不可或缺的贴身携带物。在参加舞会等社交场合时，扇子是表达其个人情感的方式。

扇语：一边移动扇面，一边不时露出玉颜，并用深情的目光注视对方，意为"我喜欢你"；用扇面遮脸，仅对对方露出双眸，意为"小心，有人在窥视我们"；收起扇面，持扇点击胸口，意为"我在苦苦恋着你"；用扇子触碰前额，意为"我记着你"；满脸愠色，急速收起扇子，意为"我还没有心上人"；在胸前缓缓摇动扇子，意为"别盯我，我已订婚了"；把扇子搁在鬓角，朝天望着，意为"我日夜思念着你"；如发现心上人不忠，或看到他正与另一少女聊天，则用扇子点击鼻尖，意为"我看这事要崩了"；打开扇子，并立刻收拢，用它指着某个地方，意为"亲爱的，在那儿等我，马上就来"。

图 9-2-71　浪漫主义时期的女性扇子

五、克里诺林时代（1850—1870 年）

拿破仑三世执政的第二帝政时期，一方面复辟第一帝政的风习，一方面推崇路易十六时代的华丽样式的风格特征。理想的上流女子是纤弱并带点伤愁，面色白皙，小巧玲珑，文雅可爱，供男性欣赏的"洋娃娃"，这使女装再次回到洛可可趣味，故

图 9-2-72　克里诺林裙撑

被称为"新洛可可时期",又因女装上大量使用裙撑克里诺林(Crinoline),又称作Crinoline时代(图9-2-72)。

19世纪50年代,紧身胸衣仍是不可缺少的整形用具,以强调腰肢的纤细。同时,撑箍衬裙克里诺林(Crinoline)再度流行起来。最初的克里诺林(Crinoline)是藤条或鲸骨制的,裙撑支在平纹布衬裙的罩中。后来美国裙撑被普遍接受,这种裙撑由钟表发条钢,外缠胶皮而成。与过去多层粗布垫相比,撑箍裙衬在轻便的同时,也使女性的腰部更为苗条(图9-2-73)。撑箍裙庞大的体积常常使穿着者生活不便,即使是宽敞的舞厅和客厅也很容易变得拥挤不堪。当时欧洲关于克里诺林(Crinoline)裙撑的讽刺漫画有很多精彩的表现(图9-2-74)。撑裙容易着火,公共场合烧伤死亡使妇女对撑裙的偏爱有所收敛。而拿破仑三世的妻子欧仁妮也不赞成女士们穿着撑裙出席她的盛大集会,这使得撑裙克里诺林(Crinoline)逐渐退出时尚舞台。

此时,女装的领子延续上个时代的高领口和低领口,高领口上有刺绣了花纹的领子,一般前开襟,有一排或两排扣子,女装上使用扣子来固定衣服是从这个时代开始的(图9-2-75)。其可以看出女装有向男装靠拢的倾向。低领口一般为四角形或V型的大开领,领口装饰着蕾丝。

由于裙撑的再次复活,罩在外面的大裙子上装饰也越来越多。19世纪50年代,裙子表面横向布满了一段一段的襞褶装饰,通常分三段、四段、五段、七段不等(图9-2-76)。极端者,如用奥甘迪(Orsanaie,蝉翼纱)做的裙子上就有25段襞饰。襞褶的设计有斯卡拉普(Scallops,海扇形缘饰)、流苏、缎带装饰等(图9-2-77)。这些装饰的色彩多采用裙子的对比色,十分鲜艳夺目。60年代末,外出服出现了用四五个隐蔽的带子把外侧的罩裙卷起,露出里面衬裙的波兰风样式(图9-2-78),这种样式只流行两三年即转向后部突起的巴斯尔样式。克里诺林(Crinoline)显著的外观特征成为当代时装设计中的一个重要设计元素(图9-2-79 ~ 图9-2-82)。

图9-2-73 克里诺林时代女装

图9-2-74 克里诺林时期讽刺大裙撑漫画

图9-2-75 克里诺林时期使用扣子的女装

图9-2-76 克里诺林时期女裙装饰的分段襞褶

1855年欧仁妮皇后和她的宫女们
图9-2-77 克里诺林时代女性着装

Worth 1860年设计的礼服

绘画作品中的克里诺林女装

图9-2-78 裙撑的再次复活使罩在外面的大裙子上装饰也越来越多

图9-2-79 Alexander McQueen 2013春夏时装

图9-2-80 某国际服装品牌时装

图9-2-81 Yohji Yamamoto 时装

图9-2-82 Jean Paul Gaultier 2008
秋冬时装

六、巴斯尔时代（1870—1890 年）

1871 年，巴黎公社成立，时装界一度消沉，沃斯的高级时装店关闭，裙撑被合体的连衣裙式的 Princess dress 取代。17 世纪末、18 世纪末两次出现过的臀垫巴斯尔（Bustle）又一次复活。因此，服饰史学家把 19 世纪 70 年代到 80 年代，将女性长裙裙身后曳部分堆放在后臀部的时期称为巴斯尔时代（图 9-2-83）。

当时女装流行巴斯尔样式，即撑架上蒙着马尾衬布，外侧的罩裙流行拖裾形式。女性服饰的臀部的夸张达到极限。巴斯尔（Bustle）时期女装，除凸臀的外形特征外，另一个特色即拖裾（图 9-2-84）。与后凸的臀部相呼应，这时女装在前面用紧身胸衣把胸高高托起，把腹部压平，强调"前挺后翘"的外形特征。这种极端的外形到 19 世纪 90 年代变为优美的 S 型。领子一般白天为高领，夜间多为袒露的低领口。强调衣服表面的装饰效果是巴斯尔样式的又一大特征。由于女装上大量使用室内装饰手法，如窗帘的悬垂褶襞，床罩、沙发罩缘饰上所用的普利兹褶或活褶、荷叶边、流苏等装饰，都广泛应用于女装，有人称其为"室内装饰业者"（图 9-2-85、图 9-2-86）。日本设计师山本耀司（Yohji Yamamoto）曾在 1986 年设计了一款强调臀部造型的时装（图 9-2-87）。

1879 年夜礼服　　1870—1880 年小姐服　　1891 年舞会服　　1880—1890 年舞会服

图 9-2-83　巴斯尔时代女装式样

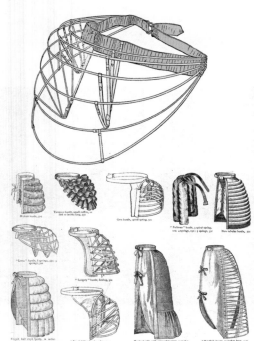

图 9-2-84　巴斯尔样式裙撑

图 9-2-85　巴斯尔样式的女性着装

图 9-2-86 巴斯尔样式帽子　　　　　　　　　　图 9-2-87 Yohji Yamamoto 1986 年 Nick knight

七、S 型时代（1890—1914 年）

18 世纪末到 20 世纪初，欧洲资本主义从自由竞争时代向垄断资本主义发展。英、法、德、美等几个发达国家进入帝国主义阶段。欧美各国经济发展很快，在这个世纪的转换期，艺术领域出现了否定传统造型样式的运动潮流，这就是所谓的新艺术运动（Art Nouveau）。"新艺术"产生于 19 世纪末，也被称为"现代艺术"或"世纪末样式"，是具有划时代意义的艺术样式。这个时期被称为"美好时代（belle époque）"。

英国这时正处于维多利亚王朝的最盛期，掌握着世界工商业的霸权，在服装方面也不断推出适应时代潮流的新样式，对巴黎的女装有一定影响。1880 年，由男服裁缝店模仿男服制作的男式女服泰拉多·斯茨（Tailared suit）登场，女服又一次向男服靠拢，向现代化发展。另外，进入 80 年代后，

上流女性之间盛行各种体育运动，高尔夫球、溜冰、网球、骑马、海水浴、骑自行车远足、射箭等，巴斯尔样式无法适应这些运动，女性们开始穿上各种名目的运动服，这个新的品种到 90 年代更加发展壮大，大大促进了女服的现代化进程（图 9-2-88）。

从 1890 年起，巴斯尔（Bustle）从女装上消失，西方女装进入了 S 型时期。西方女装以紧身胸衣在前面把胸高高托起，腹部压平，腰勒细，在后面紧贴背部，把丰满的臀部自然地表现出来，从腰向下摆，裙子像小号似的自然张开，形成喇叭状波浪裙。从侧面观察时，挺胸收腹翘臀，宛如"S"形。服装史上将这一时期称为"S 型时代"（图 9-2-89、图 9-2-90）。在美国，因画家基布逊（Charles Duna Gilbson，1867—1944 年）喜画这种样式，故也称作基布逊外形（Gilbson Girl silhouette）。该

图 9-2-88 19 世纪末女性广泛参与体育运动

图 9-2-89 S 型时期女性裙装

图 9-2-90 S 型时期女性头饰

式样与新艺术运动所提倡的曲线造型保持一致。S型时期的女装处在西方传统服装风格接近尾声，现代化女装时代即将来临的交汇点。

1906 年，巴黎时装设计大师保罗·波烈（Paul Poiret）推出高腰身的希腊风格，把数百年来束缚女体的紧身胸衣从女装上去掉，从此奠定了 20 世纪流行的基调，预示着腰身不再是女性魅力的唯一存在，这在服装史上是具有划时代意义的。1907 年，西方服装的 S 型设计逐渐趋缓，女装长度逐渐缩短，腰围放松，臀围收缩。S 型流行了近 20 年，1908 年左右开始，女装向放松腰身的直线形转化，裙子也开始离开地面，露出鞋。S 型女装式样逐渐退出了历史舞台。

从造型角度讲，S 型女装主要以紧身胸衣、多片的鱼尾裙和羊腿袖为特色。

哥阿·斯卡特（Gore Skirt），即多片的鱼尾裙，是指为了扩大裙摆的量或收紧腰部，形成优美的鱼尾状波浪，用几块三角形布纵向夹在布中间构成的裙子，现在人们穿用的四片、六片、八片等斜裙、喇叭裙和鱼尾裙都属此类。这样设计的结果是使裙子从上向下，像小号似的自然张开，形成喇叭状波浪裙。至 S 型时期，利用省（Dart）塑造形体的制衣技术已趋于成熟和完善。从技术层面而言，省的形状、大小、长短和指向是判断西方服装发展水平的主要标志之一。18、19 世纪的西方女装，从简单的抽褶收腰演变为数个固定褶收腰，直至 S 型女装腰省的使用。该时期的西方制衣技术已趋于完善，人体胸、腰、臀之间的围差已得到很好的解决。

基哥·斯里布（Gigot Sleeve），即羊腿袖，是指一种像羊腿似的袖子，以袖筒和袖窿肥大、袖口窄紧为特点（图 9-2-91）。其在袖窿顶部收有收褶，至袖口部呈锥形收缩。该种袖式曾在 16 世纪的文艺复兴时代和 19 世纪的浪漫主义时代两度流行。它的流行是由于 S 型时期女装衣裙造型趋于简洁，人们心理上感到单调而采用的一种弥补和对比手法。S 型时期羊腿袖的特点是高于人的肩点，形成一种耸翘的挺拔感，而在此之前曾流行过低于人的肩点的羊腿袖。在 S 型时期，与羊腿袖同时流行的还有泡泡袖（Puff Sleeve）。泡泡袖是指在袖山处抽碎褶而蓬起呈泡泡状的袖型。除了羊腿袖之外，S 型女装亦在领、胸及肩部加一些装饰，这样就使服装的视觉中心和量感移到了人体的上半身。此外，大发髻和夸张的帽饰也在 S 型时期广泛流行。

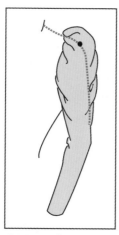
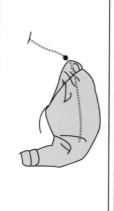
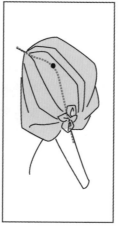

图 9-2-91　羊腿袖和泡泡袖式样

图 9-2-92　花卉和动物纹图案装饰的 S 型女装

图 9-2-93　《自由引导人民》

整体而言，紧身胸衣在 S 型女装的形体塑造上起主导和核心作用。哥阿·斯卡特（Gore Skirt）和基哥·斯里布（Gigot Sleeve）为辅助作用，当紧身胸衣发生变化时，两者也会产生相应的变化和调整。

S 型顺应人体曲线的造型特征，把服装设计的核心放到强调女性自身的优美体态上，是新艺术运动试图放弃传统装饰风格的参照，转向采用自然，如植物、动物为中心的装饰风格的间接反映。新艺术运动最典型的纹样都是从自然草木中抽象出来的，多是流动的形态和蜿蜒交织的线条，充满了内在活力。而 S 型女装则正是以对人体的曲线美为强调重点，这是西方传统服装向现代服装转折的关键因素。

当时新艺术运动不仅在女装的外观造型上，而且在服饰图案上产生了巨大的影响。S 型女装在服饰纹样设计上大量使用富有东方情调的花卉和动物纹样，进行了细腻的女性化图案装饰，如比亚兹莱

为《莎乐美》所作的插图中表现了一种富于流动感的曲线式人物服饰造型，飘逸的裙裾上绘有东方风格的图案，孔雀的羽毛极为自由地装饰着人物的发型和裙摆（图 9-2-92）。在其作品《在山下》和《圣母子》中亦可以看到，枝藤蔓延的牡丹花卉具有强烈的动感和形式构成感。

八、近代男装

1789 年法国大革命到 1914 年第一次世界大战爆发这一个多世纪，是西洋服装史的近代时期。这个时期的西方社会，无论是政治、经济还是各种文化现象都发生了激烈的变化（图 9-2-93）。随着法国君主制度的崩溃，特别是封建身份制度的崩溃，使贵族男性们从宫廷舞会炫耀财富、沙龙里向女性献殷勤的事务中抽身，转向从事近代工业及商业等领域的务实性社会活动。男性们开始抛弃那些夸张且装饰过剩的服装，开始转向追求服装的品味性、合理性、活动性和机能性。可以说，与女装相比，男装首先迈入了走向现代服装的变革之路。

虽然法国大革命吹响了新时代号角，但兴起于18 世纪中叶的英国产业革命将男士服装的领导地位从法国转移英国。机械的工业化大生产改变了资本主义经济和社会结构。各种科学文明的发展改变着人们的生活方式和生活意识。

服装总是与其所处时代密切联系。如果仔细阅读人类服装的发展史，就可以看到，任何一次社会

变革总是毫无例外地引起服装的变化。应该说，西方近代男装变革的启门者是法国革命。它首先废止了过去的"衣服强制法"，身份不再是着装的限制。同时，男装也抛弃了过去的过剩装饰、繁复刺绣、沉重庞大假发和装饰性配剑，把目光投向海峡彼岸的英国资产阶级和贵族那田园式的装束。对机能性和功能性的追求成为西方男装的发展方向。

代表庶民阶级的雅各宾派革命者的服装，上衣里面穿双排扣的背心，下身穿长裤，头戴红色无檐帽。面料也由华美的丝织物变成朴素的毛织物。前襟自腰节开始向后斜着裁下去的夫拉克（Froc），逐渐在男装中间普及。过去曾遭受鄙视的黑色，成为仪礼和公共场合的正式服色，具有新的权威。

从路易十八到查理十世的统治期间，法国上流社会的绅士们的生活充满了注重典雅和严谨的贵族风格。受同期浪漫主义女装的影响，男装也时兴收细腰身，肩部耸起（图9-2-94）。男装的基本构成仍是夫拉克、长裤（Pantalon）和基莱，夫拉克驳头翻折止于腰节处，前襟敞开不系扣，露出里面的基莱，后面的燕尾有时长及膝窝，有时短缩至膝部稍上，肩、胸向外扩张，垫肩使肩部显得很宽，袖山处也膨鼓起来。与此相对，强调细细的腰身，长裤也很细长，整体廓型呈倒三角形。男子外套鲁丹郭特（Redinggote）也同样是细腰身、下摆量加大的外廓型，旅行用大衣常装饰着披肩式短斗篷。

19世纪40年代中期的浪漫主义时期，干练的资产阶级实业家的装束成为流行风尚（图9-2-95）。男装流行黑色和茶色。夫拉克的高领已变成像现在的西服领一样的翻驳领，长裤有宽裤腿和锥形裤两种，面料多喜用条格纹的毛织物。1848年二月革命后，出现了今天西服上衣的前身——拉翁基·茄克（Lounge Jacket）（图9-2-96），于是，有燕尾的夫拉克这种过去的常服被作为礼服使用。衬衣也从1840年左右起开始流行无装饰的实用的简练造型。在整个浪漫主义时期，筒形礼帽、文明杖是男子不可缺少的随身物。

作为对浪漫主义的反省，19世纪50年代出现的实证主义和现实主义思潮直接反映于男装。向贵夫人献殷勤的骑士风度已成为遥远的过去，朴素而实用的英国式黑色套装在资产阶级实业家和一般市民中普及。

男装的基本样式仍是上衣、基莱和长裤（Pantalon），与过去不同的是出现了用同色同质面料来制作这三件套装的形式，并确立了按用途穿衣的习惯，一直延续至今。上衣有四种：白天的常服（Frock Coat）、夜间正式礼服（Tail Coat）即燕尾服，也称作Swallow Tailed Coat或Evening Dress Coat、白天穿的晨礼服Morning Coat和外出便装拉翁基·茄克（Lounging Jacket），意为休闲茄克。衬衣领呈有领座的翻领，袖口有浆硬的袖克夫的现代型的衬衣和领带登场。

图9-2-94 浪漫主义时期强调细腰的男装

图 9-2-95 浪漫主义时期，干练的资产阶级实业家的男子装束

图 9-2-96 1848 年二月革命时期的男装

男用夜间外套，这时出现一种叫做 Inverness Cape 的有披肩的长袖大衣，腰部常系腰带，但一般白天外出用大衣均无披风，一种带兜帽的大衣 Burnous 在男女中间流行（图 9-2-97）。50 年代出现了一种叫做 Raglan Coat 的插肩袖大衣。正式场合的帽子仍是大礼帽，平常则戴毡帽、草帽或瓜形帽。

一直到第二次世界大战前为止，工人阶级和其他阶级在衣服上有明显差别，但资本家和其他中间阶层之间在式样上并无差别，只是面料和加工的精细程度不同而已（图 9-2-98）。这可以说是在资本主义制度下，服装摆脱封建等级的束缚，向民主化方向迈进的一种进步（图 9-2-99）。而且这时男装（包括女装）开始分化出市井服（逛街服）、运动服和社交服这些不同场合穿用的不同品种，但男装变化十分微妙，不像女装那样大起大落。

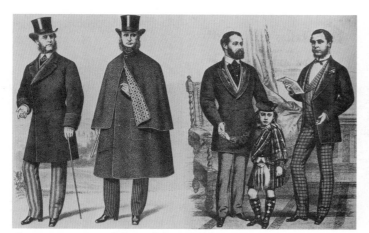

图 9-2-97 19 世纪 50 年代男子外出和室内服装

图 9-2-98 《皇家接到俱乐部》中身穿法国服装的绅士们

图 9-2-99 身着户外服的 Albert 王子像

第十章 公元 20—21 世纪服装

第一节 中国服装

一、中国新貌

民国初年实施的新服制和孙中山提出的服装制作四原则，使民众的穿衣戴帽摆脱等级制度和传统的政治伦理的干预，标志着中国古代衣冠体制的解体。

20世纪的最初十年，中国女性还是以上衣下裙的形式为主。青年妇女往往下穿黑色长裙，上身穿窄而修长的短袄，如三色花缎女短袄（图10-1-1），窄身大襟，直袖立领，两侧开衩，面料为湖蓝地花缎，粉红色丝绵衬里。盘纽，领口、斜襟各 1 对，侧门襟 3 对。有的短袄袖子短且肥大，时称"倒大袖"（图10-1-2）。这时期还流行一种领高至双耳，遮住面颊的元宝领，被人戏称"朝天马蹄袖"（图10-1-3、图10-1-4）。虽然领子要高高立起遮住面颊，但小臂却是要露出来，作家张爱玲（图10-1-5）称这种式样为"'喇叭管袖子'飘飘欲仙，露出一大截玉腕。短袄腰部极为紧小。"民国时期的女裙仍然保留宽大的裙腰，但裙门结构已经消失。辛亥革命之后，西式服饰影响加剧，裙腰系带被更容易穿着的松紧带所代替。在正规场合，裙子内要套长裤和套裤。《南北看》载："清末民初，裙子是妇女们的礼服，嫡庶之分，就在裙子上。还有喜庆大典，正太太、姨太太一眼就可以看出来。正太太都是大红绣花裙子，姨太太只能穿粉红、胡色和淡青紫色的裙子。除非有了显赫的儿女，大妇赏穿红裙子才能穿。"

民国建立以后，缠过又放开的脚多起来，受西风东渐的影响，喜欢着西式服装的人越来越多。中式

图 10-1-1　三色花缎女短袄

图 10-1-2　民国时期倒大袖短袄和长裙

图 10-1-3　民国元宝领长袄

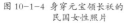

图 10-1-4 身穿元宝领长袄的
民国女性照片

图 10-1-5 身穿短袄的张爱玲

衣服，虽然还是两件的袍服，却因为裁剪的关系，变得修长又有线条，极具美感。民国元年（1912年），"北洋政府"颁发的服制条例（图10-1-6）规定：男子礼服分为"大礼服""常礼服"两款。常礼服又分为甲、乙两种，大礼服和常礼服的甲种都是西式的。乙种是中式齐领右衽的长袍、短褂，褂是对襟，左右及后开衩。女子礼服一式，是齐领对襟长上衣，下服打裥长裙，俗称百裥裙。衣长齐膝，左右及后下端开衩，周身加绣饰。裙式为中置阔幅，然后连幅分向左右两侧打裥，上置裙带系腰。

民国十八年（1929年），民国政府重新颁布《服制条例》（图10-1-7）。这次对国民"礼服"和公务人员制服进行了规定，国民男式礼服为蓝袍和黑褂，女式礼服为蓝袍和蓝衣、黑裙两种款式。男公务员制服为中山装。孙中山先生参照西服结构和中国传统服装紧领宽腰的特点，结合东南亚华侨地区流行的"企领文装"加以改进而成。其形制为立翻领，对襟；前襟五粒扣，代表五权分立（行政、立法、司法、考试、监察）；四个贴袋，表示国之四维（礼、义、廉、耻）；袖口三粒扣，表示三民主义（民族、民权、民生）；后片不破缝，表示国家和平统一之大义。

二、海派旗袍

20世纪20年代至40年代，受西方文化的影响，在我国最早步入大都市行列的上海，曾经出现过时装业蓬勃发展的短暂时期。当时的上海同时拥有"东方巴黎"和"东方好莱坞"的美称。作为全国服装业的中心，摩登的上海女郎成为全国时尚的领军人物，"中西合璧"的海派服装也形成于该时期。

中国最具民族特色且影响最大的服装莫过于旗袍（图10-1-8～图10-1-10）。受西方文化影响，民国时期上海旗袍发生了重大转变。首先，原本宽大的廓型开始变得紧身，能够将东方女性优美的身体曲线表现出来（图10-1-11）。其次，清代旗袍的封闭性被两侧的高开衩打破。再次，新式旗袍出现了许多局部变化，在领、袖处采用西式服装装

民国元年（1912年）《制服案》礼服图一

大礼服昼用　　大礼服晚用　　大礼服裤

常礼服甲种昼用　常礼服甲种晚用　常礼服甲种 裤

常礼服乙种褂式　　　常礼服乙种袍式

民国元年（1912年）《制服案》礼服图二

中式女子礼服上衣　　中式女子礼服下裳

男子大礼服帽　　　男子常礼服帽

男西式礼服靴

（一）昼用　　（二）晚用　　男子中式礼服靴

图 10-1-6 民国元年服制条例

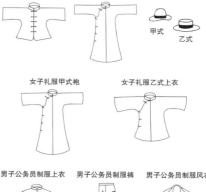

民国十八年（1929年）《服制条例》礼服图

男子礼服褂　　男子礼服袍　　男子礼服帽式

甲式

乙式

女子礼服甲式袍　　女子礼服乙式上衣

男子公务员制服上衣　男子公务员制服裤　男子公务员制服风衣

图 10-1-7 民国十八年《服制条例》

图 10-1-10 湖绿色绸刺绣缘饰旗袍

图 10-1-13 红黄渐变色线钩针编结旗袍

图 10-1-8 蓝地彩印花罗夹旗袍　　　　图 10-1-9 暗花纹棉麻旗袍

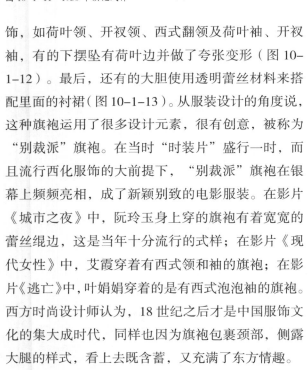

图 10-1-11 1930 年旗袍式样

图 10-1-12 "别裁派"旗袍

饰，如荷叶领、开衩领、西式翻领及荷叶袖、开衩袖，有的下摆坠有荷叶边并做了夸张变形（图 10-1-12）。最后，还有的大胆使用透明蕾丝材料来搭配里面的衬裙（图 10-1-13）。从服装设计的角度说，这种旗袍运用了很多设计元素，很有创意，被称为"别裁派"旗袍。在当时"时装片"盛行一时，而且流行西化服饰的大前提下，"别裁派"旗袍在银幕上频频亮相，成了新颖别致的电影服装。在影片《城市之夜》中，阮玲玉身上穿的旗袍有着宽宽的蕾丝绲边，这是当年十分流行的式样；在影片《现代女性》中，艾霞穿着有西式领和袖的旗袍；在影片《逃亡》中，叶娟娟穿着的是有西式泡泡袖的旗袍。西方时尚设计师认为，18 世纪之后才是中国服饰文化的集大成时代，同样也因为旗袍包裹颈部，侧露大腿的样式，看上去既含蓄，又充满了东方情趣。

三、中华人民共和国成立之后

1949 年中华人民共和国的成立，标志着中国服装史走入了一个新时期。至 20 世纪 70 年代，中山装、工装衣裤、列宁装、军便装、方格衬衫和连衣裙等服装式样先后流行。穿草绿色军装，戴草绿色军帽，扎宽皮带，佩戴毛主席像章，挎背草绿色帆布挎包，成为当时时髦装束。蓝、灰、黑成为大街上的"老三色"，中山装（图 10-1-14）、列宁装（图 10-1-15）和军便装（图 10-1-16）则成为中国人民很长时期的"老三装"。英国设计师约翰·加利亚诺（John galliano）曾以此为灵感为迪奥（Dior）设计了自己第一场发布会中的时装作品（图 10-2-17）。

华裔设计师谭燕玉（Vivienne Tam）2013 秋冬女装系列将汉字、二维码、中国红搬上了连衣裙（图 10-1-18）。

图 10-1-14　中山装　　　　图 10-1-15　列宁装　　　　图 10-1-16　军便装　　　　图 10-1-17　John galliano 为 Dior 设计的 1999 年高级成衣

图 10-1-18　Vivienne Tam 2013 秋冬女装系列

图 10-1-19　日本宽银幕电影《追捕》中的杜丘和真由美　　　　图 10-1-20　《大西洋底来的人》剧照

　　20 世纪 70 年代末，伴随着改革开放的大门敞开，人们的审美视野也一并打开了。年轻人用自家或朋友的单卡收音机，欣赏邓丽君的《何日君再来》。随着中日电影文化交流的不断深化，一批优秀的日本电影被陆续引进中国。国人在日本宽银幕电影《追捕》中，痴痴地看着冷面硬汉杜丘（图 10-1-19）和长发美女真由美相拥驰骋在一望无际的草原上，被浑厚男低音主题曲"啦呀啦"唱得心驰荡漾。杜丘的风衣、鸭舌帽，后来又加上美国连续剧《大西

洋底来的人》（图 10-1-20）里的蛤蟆镜、喇叭裤，以及大鬓角，成为男孩子的扮酷行头。山口百惠的学生裙、三浦友和的鸡心领毛衫，都被那个年代的观众欣然接受和效仿。1980 年，首部国产爱情片《庐山恋》公映后，连衣裙成为女孩子最钟爱的时装。1985 年，国产影片《红衣少女》在社会上引起轩然大波，其中主人公的大红衬衫，打破了当时中国灰色卡其布服装一统天下的格局。

四、东风西进

对于西方，中国是一个充满神秘感的国度，伊夫·圣·洛朗（Yves Saint Laurent）在 1977 年的清宫时装系列可以说是尝试中国风格的第一步（见图 9-1-79）。在此之后，中式时装一直未见出现。直到 20 世纪 90 年代末，刚刚上任迪奥（Dior）首席之位的约翰·加利亚诺（John Galliano）在 1997 年秋冬系列首秀中，重现 20 世纪 30 年代上海部分女子形象（图 10-1-21、图 10-1-22），抹厚脂粉，擦腮红、刘海儿发、细眉黑眼睛，身穿旗袍，细致而玲珑的雕花刺绣从胸口蔓延至腰腹两侧，背部面料被处理成鲤鱼纹理，肩部则分别垂坠细长的流苏穗带，在行走间持续"步摇"。肩部采用不对称剪裁，密集而纤细的尼龙绳呈网状交叠至脖颈处，背部则是赤裸而直白的大面积镂空。同场出现的还有一件与西式礼服无异的中式红色旗袍。这一季的广告大片也充满了中国风味（图 10-1-23）。

2001 年，让·保罗·高提耶（Jean Paul Gaultier）推出以京剧人物为灵感的"刀马旦"系列高级女装（图 10-1-24）。从 "Nuit de Chine" "Fu Manchu" "Shanghai Express" 等主题名称就可以知道，当季设计将是一次中国元素的巡礼。该系列设计具有鲜明的历史厚重感。上海的历史渊源甚至可以追溯至清朝，钉珠裹身的缎面洋装俨然是西洋版格格的专属行头，龙袍刺绣的风衣以及对襟立领束腰衣拥有宫廷风范。此外，服装细节，如黑发头饰被编制成公主扇、流苏伞、绣花框等元素极具中国风格。

2003 年春夏，法国时装品牌迪奥（Dior）在设计师约翰·加利亚诺（John Galliano）的带领下成功变成了一场向东方文化致敬和解构的盛宴（图 10-1-25）。整个系列的灵感来源于设计师为期三周的中日旅行，这场时装秀也打破了文化的界限，约翰·加利亚诺（John Galliano）将旗袍、和服等

图 10-1-21　上海烟花女子形象的中式设计

图 10-1-22　John Galliano 为 Dior 设计的 1997 秋冬中式旗袍

图 10-1-23　1997 年 Dior 广告

图 10-1-24 Jean Paul Gaultier 2001 年时装

图 10-1-25 Dior 2003 春夏高级成衣

图 10-1-26 Giorgio Armani 2005 春夏时装

传统服装纷纷转换成体积庞大的巨型服饰，模特似乎已经淹没在堆砌状的织锦缎、塔夫绸和饰边雪纺之中。约翰·加利亚诺（John Galliano）本人称其为"重口味的浪漫主义"。

随着中国奢侈品的消费力持续增长，越来越多的国际时尚大牌加入东方元素。汤姆·福特（Tom Ford）为伊夫·圣·洛朗（Yves Saint Laurent）推出了中国系列的高级定制服（见图 9-1-35）。2005 年春夏，乔治·阿玛尼（Giorgio Armani）推出了立领、盘扣、中式绲边、书法字等元素一应俱全的时装作品，令人感到焕然一新（图 10-1-26）。

在 2006 年秋冬系列中，除了青花瓷旗袍式礼服（见图 7-1-36），意大利设计师罗伯特·卡沃利（Roberto Cavalli）运用黑金色，创作了改良的中式旗袍（图 10-1-27）。鲜少将灵感触角伸向中国的美国设计师奥斯卡·德拉伦塔（Oscar de la Renta）也对旗袍的改良做出过有益尝试。兴许是一种巧合，

在 2007 春夏时装系列中，几身缎面礼服和蕾丝长裙，既没有立领，也没有盘扣，甚至没有开衩，却有旧上海旗袍的韵味（图 10-1-28）。

北京奥运会将"中国风"推向一个新高潮，中国消费品零售额大约以每年 14% 的速度增长，2007 年达到 11 800 亿美元。2007 年 10 月，芬迪（Fendi）品牌耗费了 1 000 万美元进行了长城大秀。卡尔·拉格斐（Karl Lagerfeld）在芬迪（Fendi）2007 年秋冬米兰发表会后，将此系列移师到长城展演，并添加几套中国风设计（图 10-1-29）。整场时装秀以一件鲜红色礼服开场，以一件黑色旗袍配以印花流苏手包谢幕（图 10-1-30）。印花流苏手包上刺绣着瓜鼠图案，两侧饰有红色丝绸流苏和闪亮金色双F 的标志扣。由于老鼠一胎多子，苦瓜等果实里面也有很多种子，因此将老鼠和苦瓜看作繁育能力很强的动物和植物。宣德二年（1427 年），盼望生子多年的朱瞻基终于得了第一个儿子朱祁钰。为此，他画了苦瓜鼠图记录了他得子后的幸福。卡尔·拉格

图 10-1-27 Roberto Cavalli 2006 秋冬时装

图 10-1-28 Oscar de la Renta 2007 春夏时装

瓜鼠图案和红色流苏手包

明朝皇帝朱瞻基绘《三鼠图轴》

图 10-1-30 Fendi 2007 年长城秀最后一件中式风格时装及中国瓜鼠图案手包

图 10-1-29 Fendi 2007 长城秀

斐（Karl Lagerfeld）说："我尝试了一些剪裁和图案，以达到一种适合中国模特的优雅效果。"芬迪（Fendi）品牌官方解释选择在中国长城作秀的原因是他们认为在未来的 25 年中，这里将是世界经济最快的增长点，希望芬迪（Fendi）在中国时尚消费品市场占有一席之地。

在纽约、米兰、巴黎时装周上，中国风也成为最受欢迎的元素，中式立领、印花水墨、流苏、花鸟鱼虫等图案随处可见。意大利品牌普拉达（Prada）推出了新艺术风格旗袍晚装系列，半透明生丝绡加上新艺术风格的插画印花，衣襟边缘有重色缘边，胸口不规则的镂空突出了曲线和有机形态（图 10-1-31）。同一年，某国际服装品牌 2008 春夏系列将宝塔肩造型融入旗袍设计，保留了原有中国旗袍的高耸衣领及纤细腰线，加入艳丽的花朵图案，运用立体造型和硬质材料塑造出未来主义风貌（图 10-1-32）。

2007 年，卡沃利（Just Cavalli）秋冬时装中有一款印花京剧脸谱的白色衣裙（图 10-1-33）。这个设计后来成为系列产品（图 10-1-34）。纪梵希（Givenchy）2013 秋冬女装系列巴黎时装周发布了京剧铜钱头的发式造型（图 10-1-35）。

图 10-1-31　Prada 2008 春夏时装秀

图 10-1-32　某国际服装品牌 2008 春夏时装秀

图 10-1-33　Just Cavalli 2007
　　　　　　秋冬时装

图 10-1-34　Just Cavalli 胸前民族脸谱印花女款真丝连衣裙

图 10-1-35　Givenchy 2013 秋冬女装系列中的京剧铜钱头发式

图 10-1-36 某国际服装品牌 2008 秋冬时装

中国绘画也是极具中国特色且被经常利用的设计元素（图 10-1-36）。2008 年秋冬，尼古拉·盖斯奇埃尔（Nicolas Ghesquière）的作品中运用江南烟雨、品茗、吹笛等颇具中国古代风情的印花元素。某国际服装品牌 2008 年春夏推出了现代水墨风格的礼服，薄纱中层层铺陈、饱含水分的色调，蕴含了浓郁的东方韵味。高田贤三（Kenzo）2008 秋冬时装系列以中国传统的梅花月季图作为主题，在真丝缎上挥洒铺开。T 台上的时装水墨元素，与奥运会的水墨山水一起，成为 2008 年最具中国美感的景象。

尽管有些品牌并未做出中国风的设计，但在中国取景拍摄广告也是一个方法，如杰尼亚（Ermenegildo Zegna Couture）将 2008 春夏广告全都放到中国拍摄。著名奢侈品牌卡地亚（Cartier）甚至推出"祝福中国"全球限量系列。它几乎涵盖了卡地亚（Cartier）绝大部分引以为傲的产品系列——吊饰、项链、珠宝表、打火机、时钟、珠宝笔、袖扣，甚至还特别制作了纯粹中国生活味道的龙形图案瓷盘和龙形装饰书脊。其中，珠宝表选择的是麒麟造型；另一款镶嵌着圆钻、黑色蓝宝石和祖母绿的珠宝表选取的是熊猫。此外，龙的造型也成为卡地亚（Cartier）此番"礼赞中国"的代表造型，高调出现在打火机、座钟、瓷盘、钢笔、袖扣上，色彩选择了中国红，点缀以蓝、绿两色。

2010 年秋冬，卡尔·拉格斐（Karl Lagerfeld）将香奈儿（Chanel）高级时装发布会场地设置在上海东方明珠塔旁边，涉及金缕衣、清代朝珠、云肩、中式发髻（图 10-1-37）等元素。马克·雅可布（Marc Jacobs）在 2011 年路易·威登（Louis Vuitton）春夏系列中运用中式传统的开襟结构，将撞色绳边和立体短袖组合，摩登新颖，再搭配蕾丝折扇与长流苏耳环装饰，异域中国味十足（图 10-1-38）。伦敦设计师玛丽·卡特兰佐（Mary Katrantzou）的阵容包括中国航海印花连衣裙；纳伊·姆汗（Naeem Khan）表示这是受《丝绸之路》一书的启发，使用激光切割皮革黑色礼服（图 10-1-39）。中国台湾品牌"夏姿·陈"2012 秋冬"织梦"系列，以中国少数民族苗族文化为主题，以蝴蝶、饕餮纹、芒纹等苗族风格图腾来表现此系列作品。

"新中国风"之盛已在奢侈品领域迅速蔓延，甚至被《金融时报》评论为"中国财富复兴中国时尚"。当传统被充分挖掘时，中国风格的内涵便开始扩展。法国品牌赛琳（Celine）推出了以梅、兰、竹、菊为创意的插图手袋系列（图 10-1-40）。香奈儿（Chanel）2012 春夏"链条打包手拎袋中药包"（图 10-1-41）、意大利品牌 Bagigia 热水袋包、手织麻花型的爱马仕（Hermes）毛衣、路易·威登（Louis Vuitton）"菜篮子"镂空手包（图 10-1-42）都以中国元素为设计灵感，赛琳（Celine）在 2013 秋冬运用蛇皮袋元素进行时

图 10-1-37　Chanel 2010 秋冬时装

图 10-1-38　Louis Vuitton 2011 春夏时装

图 10-1-39　Naeem Khan 2011 春夏时装

图 10-1-40　Celine 2004 年以梅、兰、竹、菊为创意的插图手袋

图 10-1-41　Chanel 2012 春夏 时装

图 10-1-42　Louis Vuitton 菜篮子手包

图 10-1-43　Celine 2013 秋冬时装

图 10-1-44　Tsumori Chisato
扇形手拿包

图 10-1-45　Rochas 书卷式手拿包

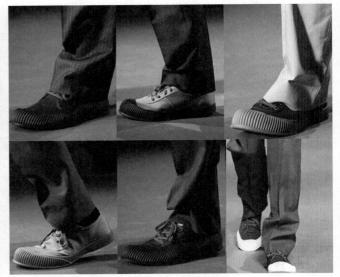

图 10-1-46　Prada 以中国传统大头鞋为元素进行设计

装设计（图 10-1-43），致敬了 2007 年路易·威登（Louis Vuitton）品牌蓝白红塑胶袋的蛇皮袋手包。津森千里（Tsumori Chisato）在 2013 年秋冬巴黎时装周将手包做成水墨淡彩的扇子形状（图 10-1-44）、巴黎罗莎（Rochas）的模特们更是手持一本古旧的书卷式手拿包（图 10-1-45）。在 2014 春夏米兰男装周中，普拉达（Prada）以中国传统大头鞋为元素进行设计（图 10-1-46）。

卡沃利（Just Cavalli）2013 秋冬系列来自罗伯特·卡沃利（Roberto Cavalli）在不丹的一次旅行（图 10-1-47）。在本季设计中，藏传佛教的唐卡和守护神们主导了整个系列，中国风格的翔龙、老虎、祥云、宫殿、玉佩等纹样使浓郁的东方风格呼之欲出。绿松石色、橙、红、绿都是亚洲民族特有的标志性色彩，意大利壁画图案和这些元素糅合在一起，形成西方剪裁与东方元素的混合体。华裔设计师谭燕玉（Vivienne Tam）2014 年秋冬秀场，以敦煌壁画为主题的时装系列延续了上一季的中国风

设计（图 10-1-48），精美的印花让人着迷。在丝绸之路上，最著名的当属敦煌莫高窟壁画（图 10-1-49）。这个主题迎合了 2013 年秋中国政府提出建设丝绸之路经济带的新闻热点。

对"中国风"的认识，大致可以分三个阶段：第一是纯粹模仿、复原阶段；第二是传统与现代结合阶段，在形式上它是纯粹传统的，但在功能上却是现代的；第三是中国元素范围和内容创新阶段，首先在程式上它是现代的，用现代的材料、结构和现代的理念做出来的，但又表达着中国常见的习俗和符号。"中国风"时装应该能够做到首先是现代的，然后是中国的。这类时装的生命力将会很强，而且具有延续性和普及性。中国风时装是一种感觉，似有似无之间，不是具体的中国式样。它需要建立在世界流行时尚文化体系之中，是国际化的中国风格，而不是单纯的中国式样的服装产品。"中国风"时装要控制中国元素的使用比例不要过多，要在款式、纹样、材质、装饰等元素之间保持合理的平衡。

图 10-1-47 Just Cavalli 2013 秋冬时装

图 10-1-48 Vivienne Tam 2014 秋冬时装

图 10-1-49 莫高窟第 285 窟穹顶壁画

中外服装史

第二节 西方服装

一、变革先驱

兴起于 18 世纪下半叶的英国产业革命、18 世纪末的法国资产阶级大革命，加速了西方封建主义身份制度的崩溃，先前繁琐的服饰礼仪也随之消亡解体。现代男装服饰与当代民主社会人人平等的政治体制相适应，突破阶级局限，适用于所有人群。与此同时，步入工业化以后的西方社会，重新定位了男性的社会职责，社会上层男性们从先前在宫廷、沙龙里向女性献殷勤，转向了追求商业成功和政治荣誉感。

那些显示性别和物质炫耀的服饰式样被全部抛弃，欧洲男性的服装风格开始与工业化的节奏相匹配，西方男装趋于简练而具力度：宽平的肩、直线条腰身，方方正正的造型，把现代男性的力量感、效率感描绘得淋漓尽致。此时的西方男性更加注重如何展现自己高贵的生活品位和良好的礼貌教养，男人放弃了对华美的追逐，他们以实用为导向。就服饰对男士所具有的重要性而言，男性尽最大努力追求正确的穿戴，而并非穿着考究或精致。

19 世纪西方现代时尚的开拓者乔治·波·布鲁梅尔（Georse Brummell）曾经提出，优雅的绅士应该通过服饰细节将自己与出身低的人们区别开来（图 10-2-1）。他的服装包括一件在腰上扣紧的外套，后摆过膝，翻领及耳，以及白色亚麻衬衣、蓝色马甲和打褶的领巾，塞进黑靴的长裤。这套精心安排的服装显得简洁而含蓄。乔治·波·布鲁梅尔（Georse Brummell）表示，绅士们不应再戴爵位缎带及勋章，来表明其贵族的家系。反之，他们应穿戴普通的服装，这些服装应由伦敦萨维尔街（Savile Row）最好的裁缝制成。这些服装应由经验最丰富的裁缝制作，应聘用最好的剪裁师、样板师、制领师、内衬师、制裤师、制袋师，缝纫师及缉边师制作。

布卢默夫人（Mrs Amelia Jenks Bloomer）是 19 世纪美国著名的妇女解放运动的先驱（图 10-2-2）。1850 年，她设计了一套宽松式上衣和灯笼裤，上衣是小碎花纹棉布制成的衣长及膝的小圆领长外套，灯笼裤裤筒宽大，脚口束紧（图 10-2-3）。她本人

图 10-2-1　十九世纪西方现代时尚的开拓者 Georse Brummell

290

图 10-2-2 布卢默夫人

图 10-2-3 布卢默夫人设计的
宽松上衣和灯笼裤

图10-2-4 布卢默夫人设计的自行车运动服

图 10-2-5 巴黎时装设计先驱沃斯

图 10-2-6 沃斯1898年设计的丝绸宫廷晚装

图 10-2-7 1885年结婚礼服和1870年礼服设计稿

首次穿着灯笼裤出行，游学欧洲时受到英国妇女喜爱，一度成为流行装。这一行为使世俗中女子穿裤不高雅不体面的观念发生动摇，许多参加户外活动的女子都选穿 Bloomer 裤。19 世纪末，布卢默夫人还设计了一套自行车运动服（图10-2-4）。

20 世纪初的巴黎时装进入了由设计师创造流行的新时代。查尔斯·弗雷德里·沃斯（Charles Frederick Worth）是巴黎高级时装业的第一位时装设计家（图10-2-5）。在时装设计上，沃斯（Worth）摒弃了新罗可可风格的繁缛装束，将女裙的造形变成前平后耸的优雅样式（图10-2-6）。他的设计风格华丽奢侈，喜欢在衣身装饰精致的褶边、蝴蝶结、花边和垂挂金饰等（图10-2-7）。沃斯（Worth）在时装界另一项首创是率先使用时装模特。他也是时装表演的始祖。普法战争前夕，沃斯（Worth）雇员达一千二百多人，每年有大量成衣出口。沃斯（Worth）组织了巴黎第一个高级时装设计师的权威组织：时装联合会。它既是贸易的联合体，也是行业公共关系与训练技术中心，最后这个组织成为

专业团体的保护组织，被称为"高级时装协会"。沃斯于 1895 年 3 月逝世于巴黎，其店铺经历三代，到 1946 年才关闭。

保罗·波烈（Paul Poiret）是 20 世纪初巴黎最伟大的时装设计师（图10-2-8），虽然他最终落魄潦倒而死，但其所精心打造的时尚潮流、服装款式仍影响着当今设计师。他将妇女从紧身胸衣里解放出来，取而代之的是宽松的衬衣和细长裙（图10-2-9）。保罗·波烈（Paul Poiret）和他的妻子丹尼斯（Denise）酷爱神秘的东方色彩，从印度的饰品

图 10-2-8 Paul Poiret

图 10-2-9 Paul Poiret 与模特

图 10-2-10　19 世纪末英国女性穿的中式服装

图 10-2-11　Paul Poiret 1905 年孔子袍

到中国的瓷器，都是他设计的灵感源泉。1906 年，波烈（Poiret）推出高腰身的细长形的希腊风格，摒弃了紧身胸衣，强调"多莱斯的支点不是在腰部，而是在肩部"，腰身不再是表现女性魅力的唯一存在，这在服装史上具有划时代的意义。1910 年，他设计了宽松腰身、膝部以下收紧，具有东方和服风格的霍布尔裙（Bobble Skirt，蹒跚地走路之意）。为步行方便，他在收小的裙摆上做了一个深深的开衩，这是服装史上第一次在女裙上开衩。1914 年，为适应直线形秀美而简洁的服装造型，保罗·波烈（Paul Poiret）借鉴阿拉伯的头巾推出了小窄沿帽。

19 世纪末英法联军和 20 世纪初，欧美游客、商贾在中国的游历、贸易，以及八国联军的劫掠使清代服饰大量流入欧美市场。华美精致、深具异国情调的中国服装成为西方艺术家、中上层阶级热衷的收藏品，对西方艺术和时装产生了深刻的影响（图 10-2-10）。保罗·波烈（Paul Poiret）也深受东方风影响，推出了命名为"孔子"（图 10-2-11）的外套。其后，保罗·波烈（Paul Poiret）还大胆吸收阿拉伯穆斯林妇女服装的宽松、随和样式（图 10-2-12 ～图 10-2-14），引起了法国时装界的轰动。

香奈儿（Chanel）开创了现代女性时装（图 10-2-15），是第一位将男装面料毛针织物用在女装上的设计师。她崇尚的运动和简洁几乎成为一个时代的服装精神（图 10-2-16），将传统女装的繁文缛节缩减到极限，推出了针织面料的男式女套装、长及腿肚子的裤装、平绒夹克以及长及踝的夜礼服等（图 10-2-17）。在技术上，她大量借鉴男装的

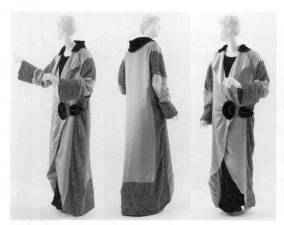

图 10-2-12　1912 年 Paul Poiret 设计的歌剧外衣

图 10-2-13　Paul Poiret 1922 年设计作品

图 10-2-14　20世纪初期，Paul Poiret 阿拉伯风格时装

图 10-2-17　1921 年法国时尚杂志上的女装

图 10-2-15　Chanel 照片

图 10-2-16　Chanel 时装画

缝制技巧，创造极尽隐蔽的工艺技术。她认为设计师要为穿着者提供从设计师设定的基本元素中选择并创造个性风格的可能和机会。

　　玛德莱奴·威奥耐（Madeleine Vionne）是斜裁法的发明者。1912 年，36 岁的威奥耐（Vionne）开设了自己的服装店，并创造了改写服装史的斜裁法。这种方法巧妙地运用了面料斜纹中的弹拉力，进行斜向的交叉裁剪，也有人称斜裁服装为"手帕服装"，因为斜裁的最大难度在于边缘的处理。威奥耐（Vionne）经常运用菱形式三角形的结合处理裙子的下摆（图 10-2-18）。斜裁法事实上建立了人与服装的一种新关系，使服装与人体达到了自然和谐的状态。维奥尼还运用中国广东的绉纱面料，以抽纱的手法制成在当时极受欢迎的低领套头衫。在玛德莱奴·威奥耐（Madeleine Vionne）的服装中，我们常能看到古希腊、中世纪以及东方袍服的影子，

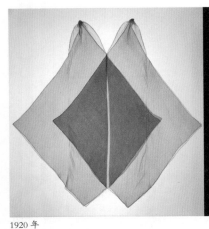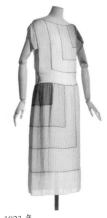

1920 年　　　　　　　　　　　　　　　　1921 年　　　　　　　1923 年

1933 年　　　　　　　　晚装（1938 年）

图 10-2-18　Vionne 作品

她善于将各种元素融合在一起，设计出具有现代感的时装。她还把过去只用做衬里的皱绸运用在晚礼服中，充分利用面料的斜向垂坠感和弹性创造出丰富的变化，线条流畅、华美，优雅而不失性感。她所创造的修道士领、露背装和打褶法，如今都已作为专用词汇收入服饰词典。

伊尔莎·斯奇培尔莉（Elsa Schiaparelli）是 20世纪 30 年代超现实主义风格时装设计师，被香奈儿（Chanel）喻为"会做衣服的画家"。1927 年，斯奇培尔莉（Schiaparelli）推出了使她一举成名的黑毛衣上加白蝴蝶结领子的提花毛衣；1931 年又推出令好莱坞明星纷纷效仿的宽垫肩套装。她为超现实主义先驱让·谷克多（Jean Cocteau）设计的夹克上衣，有一双刺绣的手抱住了穿着者的身体（图10-2-19）。受萨尔瓦多·达利（Salvador Dali）影响（图 10-2-20），她设计了龙虾裙（图 10-2-21）和倒扣在头上的高跟鞋（图 10-2-22），被无数后来者模仿。20 世纪 30 年代后期，斯奇培尔莉

图 10-2-19　1937 年晚装夹克

图 10-2-20　Elsa schiaparelli 和 Dali　　图 10-2-21　Elsa schiaparelli 的
龙虾图案裙装

图10-2-22　Elsa schiaparelli 倒扣在头上的高跟鞋

图10-2-25　以昆虫为主题的颈链和手袋（1938年）

图10-2-23　Elsa schiaparelli 用报纸
　　　　　做的面料图案设计

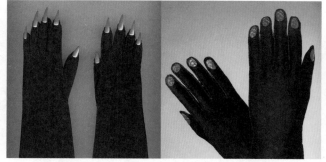

图10-2-24　Elsa Schiaparelli 带金色指甲装饰的手套与 Yohji Yamamoto 和 Comme des Garcons 的模仿设计

（Schiaparelli）将时装的重点从腰臀部移到了肩部，强调肩部平直的同时，收缩了臀部。这种服装此后很快在好莱坞的带动下流行起来，成为第二次世界大战之前的主流女装。在立体主义大师毕加索（Pablo Picasso）建议下，斯奇培尔莉（Schiaparelli）将报刊上有关她的文章剪贴下来，设计成拼图，印在围巾、衬衫和沙滩便装上（图10-2-23）。斯奇培尔莉（Schiaparelli）还创造了一些服饰饰品，如带金色指甲装饰的手套（图10-2-24）、昆虫颈链（图10-2-25）、甲虫纽扣等都极有特点。

二、战争期间

20世纪上半叶，1914年至1918年期间发生了第一次世界大战（图10-2-26），1939年至1945年期间发生了第二次世界大战（图10-2-27）。两次世界大战的破坏力给整个人类造成了极大的灾难，深刻地改变了人类历史。战争题材也广泛地进入时装设计领域，例如2010春夏，吉塞弗斯·提米斯特（Josephus Thimister）以一战的血腥屠杀以及欧洲的分崩离析为创作灵感的时装作品（图10-2-28），降落伞的绳索、军装元素和人造血痕都成为设计细节。

两次世界大战使欧洲男女比例失调，社会劳动大量缺失，这为女性们走出家庭，进入社会从事生产劳动、参加社会服务提供了机会。原本待在深闺、养尊处优的女性们第一次作为劳动力补充到社会各个部门，从事以前属于男人的职业，甚至承担了家庭经济来源的重任（图10-2-29）。为了工作便利，符合机能性、方便活动的职业服装就成为战争时期女装的发展重点。

从1916年以后，越来越多的设计开始关注比较随意的日常服装，这奠定了战后服装设计的基础。由于社会角色的转换，女性们已经拥有更为广阔的天地。在英国和美国，女性拥有了选举权。战后女性的生活形态也发生了重大转变，女性不再如过去只守在家里，其活动空间也延伸到户外，因此，适合户外穿着的服装款式也应运而生。这个时期的服装变化需求从以往的晚装礼服，转向白天服装。20世纪20年代的女性在外观形象上崇尚"帅气、潇洒"

图 10-2-26　第一次世界大战索姆河战役

图 10-2-27　美国海军队员登陆硫黄岛后竖起美国国旗

图 10-2-28　俄罗斯设计师 Josephus Thimister 2010 春夏

的气质。这取代了以往"优雅"作为女性着装单一正面评价的局限，胸部被压平、纤腰被放松、浅边或无沿的帽子流行。此外，无论裙装还是上衣，都有套头装（Jumper Blouse）的趋向。因为采用了套头方式，因此也无须腰带之类的束带，活动和穿脱都自由容易了。同时，许多套头装腰线的降低，使女性味的重心集中于臀部，并在臀部堆出多余的量（图 10-2-30）。1917 年，*Vogue* 杂志的一篇题为《美国的极致青春期》文章中最初提出 The Flapper（本意是刚刚学会飞的小鸟，20 世纪 20 年代开始被美国人引用来描述美丽轻佻的年轻女郎）的概念。这种服装也容易模仿制造，普通女性可以在家里用缝纫机制作。由于这种外形很像未成年的少年体形，所以被称作男童式（Boyish）风格。

第一次世界大战后，饱受战争痛苦的人们重新思考人生的意义，人们开始狂热地追求和平的欢娱。20 世纪 30 年代，大量新型能减轻家务劳动的电器问世，女性从繁琐的家务中解脱出来。上层社会人们沉醉在飞速旋转、频率飞快地探戈、爵士舞和却尔斯登舞舞会中。留声机的问世使俱乐部、展览会上充斥着美国黑人爵士乐。汽车时代的到来也加速了人们的生活节奏。工业影响遍及世界。美国装饰运动比较集中在建筑设计和与建筑相关的室内设计、家具设计、家居用品设计上，而法国则比较集中于豪华、奢侈用品设计。受美国"好莱坞"电影文化影响，欧洲女性的形象发生了新的变化，甚至有人称其是"Moving with the movies"（生活随电影而变）。此时，欧洲女装重新恢复到强调女性的妩媚、

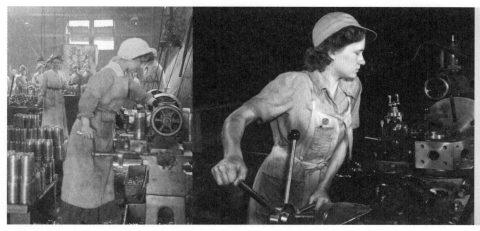

图 10-2-29 二战时期，欧洲国家和美国参加工厂劳作的女性

二战时的美国宣传海报

1923   1925   1926   1929

图 10-2-30 20 世纪 20 年代女性风貌

娇嫩和雅致的气质上（图 10-2-31），经过精致剪裁、不放过身体任何细节，但又有节制地突显体形的简洁丝绸长裙盛行一时。"成熟、妩媚"取代了先前的"年轻、稚气、帅气"的形象，体态轮廓也以曲线玲珑有致的"流线型"（Streamline Style），取代以前的"直线型"（Linear Pattern）。烫发技术的出现，也使得卷曲的短发式称为流行，与之相配的是

斜扁帽。1937 年，杜邦公司研发出了尼龙纤维，尼龙袜子开始出现，女性秀美腿之风更是以史无前例的速度刮了起来（图 10-2-32）。

由于时装的流行越来越快，加之 1929 年至 1933 年的经济危机，许多家庭经济拮据。妇女们将 20 年代流行的短裙的下摆加上绸缎边、皮毛，把短裙接长以适应新的流行变化。人们开始追求钱包、

手袋、帽子等小饰品。此时，配饰上的宝石成为这些附件设计的焦点。1922 年，香奈儿（Chanel）与流亡法国的俄国沙皇亚历山大二世的长子季米特里·帕夫落维歧大公产生了情感。这位大公将自己逃亡时带出的大批珠宝送给香奈儿。香奈儿（Chanel）以此大批仿制珍珠串饰，搭配使用在自己的时装中（图 10-2-33）。宝石的意义在于装饰效果，而不在于它的真假。这使得时装流行具有更大的普遍性。到了 20 世纪 30 年代中期，由香奈儿（Chanel）兴起的仿制珠宝风在欧洲已经极为盛行，而香奈儿（Chanel）却凭着一种直觉推出了的真正的宝石饰品。香奈儿（Chanel）对此解释到："在繁华的 20 年代，使用人工制作的珠宝不会给人招摇的感觉。"现在生意暗淡，所以反而可以推出珍贵的"高贵、量少、质高的时装反而可以刺激人们的购买欲望"。

第二次世界大战的爆发引发了物资紧缺，20 世纪 30 年代花花公子和晚会女郎的盛装，被 40 年代轻便、耐用和务实的服装所取代。英、美等国政府限制民间纺织品消费，实行节约法令，加之强烈的社会责任和经济紧缩，让人们无暇顾及穿衣打扮。男性们奔赴前线，女性则成为社会的主要劳动力，她们开始在各个领域独挡一面。这也促进了人们对衣服实用性的考虑。女装也更趋向制服化和功能化（图 10-2-34）。从 1934 年开始，女日装开始变得严谨，肩部加宽，到 1938 年，为了强调和夸张肩部，上衣服装中开始使用垫肩。受其影响，女性下身的裙子则开始缩短，鞋子则在造型、设计和色彩上更加讲究。从 1941 年开始，德国实行了严苛的配给制度。德国政府对服装的长度、褶皱的多少、宽度、纽扣等都做出了具体规定。为了节省材料，首饰、皮草、抽纱、类似翻领外加口袋等都被严格禁止。战争时期的服装每一个细节都讲究布料的精简节约。服装改为比较传统的村姑式样，不少人的服装有了补丁，于是服装设计师将补丁作为设计元素

1932　　1933　　1935　　1936

图 10-2-31　20 世纪 30 年代巴黎女子时装

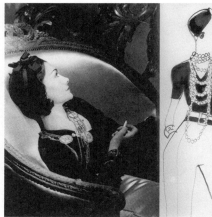

图 10-2-32　第一代尼龙丝袜　　　　图 10-2-33　佩戴仿制珠宝的香奈儿本人

图 10-2-34　第二次世界大战期间的西方女性服装

图 10-2-35　战争期间软木制作的鞋跟

图 10-2-36　Madame Grès 用红白蓝的
　　　　　　法国国旗色设计的时装

图 10-2-37　伊丽莎白·雅顿设计了
　　　　　　一种穿晚礼服时戴的
　　　　　　防毒面具

使用。因为材料的匮乏，人们开始注重服装材料品质的重要性，那些结实耐用的材料受到重视，尤其是棉麻等与皮肤接触时舒服的材料。此时，人们甚至使用软木制作鞋跟（图 10-2-35），使用木片制作的腰带、手袋等，这样可以节省皮革。

　　1942 年，法国进入了法西斯入侵的高潮，法国妇女头戴高而夸张、颜色醒目的帽子，用长发、

短裙表达自己的愤怒，帽子和鞋子越来越夸张。法国女性的帽子有时高达一英尺半，设计师在帽子上大量堆砌羽毛和小块皮毛等材料，因为这些不属于紧俏物资。用于头部装饰的头巾、帽子成为战争期间时装的设计重点。在 1943 年德军占领巴黎期间，被誉为"布料雕刻家"的葛莱夫人（Madame Grès）用红白蓝的法国国旗色完成自己复出的第一个系列（图 10-2-36），她甚至在自己时装屋一楼窗外挂上了巨大的红、白、蓝三色标识。伊丽莎白·雅顿（Elizabeth Arden）设计了一种穿晚礼服时戴的防毒面具（图 10-2-37）。战争期间，女士们并没有因为战争而减退对美的追求，为了与戎装相配，她们将头发剪得更短，或盘成发髻。"生存下去"是当时人们的首要追求，这个时期的发型以实用为主。

三、电影时尚

　　电影是生活的写照，生活中离不开服装，电影也是如此（图 10-2-38）。演员们在电影中扮演角色时所穿着的服装被称为电影服装，具有表演服装的特性。由于电影"源于生活，又高于生活"，所以电影中的服装比生活中略显夸张和超前，这也正是电影引领时尚的魅力所在。

　　第一次世界大战的爆发为美国的电影走向世界提供了重要的契机。由于欧洲各国的电影工业因战事影响而陷于瘫痪状态，这使得美国获得极大的收益，并出现了影片流出去、人才流进来的盛况。好莱坞一方面趁机开拓海外市场，奠定日后把持世界电影市场霸主的地位；另一方面以一种开放的姿态，接纳来自西欧各国的一流导演以及表演、摄影等方面的专业人才，以壮大他们的创作阵容。此时，电影默片的女明星取代了战前舞台剧的女演员，成为人们至爱的偶像。20 世纪 20 年代的电影被称为"女男孩"时代，其实这种具有男孩特征的女性形象是好莱坞电影制作出来的。克拉拉·包尔（Clara Bow）在 1927 年的电影《它》中的短发红唇造型风靡一时（图 10-2-39），女扮男装成为时尚，这是女装发展史上从未有过的现象。

20世纪30年代，好莱坞创造了很多这样理想的偶像，瑞典演员葛丽泰·嘉宝（Greta Garbo）在影片《卡米尔》中穿着样式简单的白衬衣（图10-2-40），还有那精致的黑色领带恰到好处地点缀着知识女性的优雅从容，这令那些还裹在长裙和针织外套里的女性倍感失落。另一位瑞典籍演员英格丽·褒曼（Ingrid Bergman）在《卡萨布兰卡》（图10-2-41）、《爱德华大夫》（图10-2-42）、《美人计》（图10-2-43）等影片中有着出色的表演，她的高贵且优雅气息十足的装扮吸引着无数影迷，被大众誉为"好莱坞第一夫人"。

20世纪30年代的无系带套头长裙，突出裸露的脖子，颈线成为审美焦点（图10-2-44）。时装的设计重点从20年代的腿部一度转移至背部。这

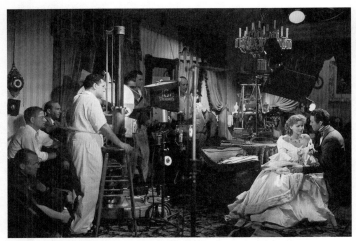

图10-2-38　美国好莱坞拍摄电影时的照片　　　　　　　　图10-2-39　1927年电影《它》

图10-2-40　葛丽泰·嘉宝《卡米尔》　图10-2-41　英格丽·褒曼《卡萨布兰卡》　图10-2-42　英格丽·褒曼《爱德华大夫》　图10-2-43　《美人计》

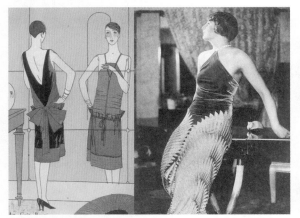

图10-2-44　Paul Poiret 1922年时装　　　　　图10-2-45　英国时装　　　　　图10-2-46　皮草镶边的大衣

种夜礼服的背部开得特别低。裸露出大部分的背部，这与美国电影的审查制度有关。在当时，好莱坞的审查制度规定，女演员的服装前面不得有任何开衩的暴露，因此服装设计师就把开衩转到后面（图10-2-45）。电影中的服装式样毫无例外地影响了现实社会的时装流行风潮。在现实生活中，欧美上流社会的晚装往往利用荷叶边或比较夸张的珍珠项链来转移视线，有些人在低背部下边缘装饰一些布料花束。皮草是这个时代显示品味和富有的标志。它可以被镶在下摆、袖口、领口等部位（图10-2-46）。当然，最为奢侈和流行的是狐狸皮披肩，尤其是以银狐皮披肩最为讲究。它的好处是还可以为女性暴露的背部和肩部保温御寒。稍差者也可使用天鹅绒或者薄丝绸围巾作为替代。

第二次世界大战后，由于战争对人们造成的各种压力，促使男女老少都喜爱观看电影，他们渴望从电影中寻找和平、美丽与梦想，好莱坞进一步确立起作为"梦工厂"的地位。这个美国昔日毫不起眼的小镇，竟成为世界电影的中心力量和世界影迷向往的圣地。这个象征着美国信用卡的好莱坞，每年耗费巨资投拍电影，并推广到世界各地，以赚取成倍递增的利润和荣誉。有人说："要看美国经济发展的好坏，就先看看美国电影的票房纪录。"

电影明星之所以有极强的形象感召力，除了她（他）们与众不同的风度、气质和得天独厚的容貌、体形外，也得力于服装设计师的精心包装。著名电影服装设计师阿德理安、班顿和格瑞设计的服装足以同当时最时髦的巴黎时装媲美，被人们称作"明星身后的明星"。20世纪50年代，奥黛丽·赫本在影片《罗马假日》（图10-2-47）中的服装出自设计师艾迪斯·海德之手，海德由此获得了第五次奥斯卡服装设计大奖。白色衬衫、莲蓬裙、轻便无跟船鞋等，至今还是时尚领域的重要元素。赫本在接下来的影片《窈窕淑女》（图10-2-48）、《龙凤配》（图10-2-49）、《蒂凡尼的早餐》（图10-2-50）中的服装均出自法国时装设计师纪梵希（Givenchy）之手，两人的合作被誉为时装与电影联姻的最完美组合。

1951年，马龙·白兰度在影片《欲望号街车》中穿的圆领T恤衫、LEVI'S牛仔裤和皮靴成为时装的潮流（图10-2-51）。马龙·白兰度略有粗野的男子汉气概和笑起来玩酷的眼神令T恤衫顿时大放异彩，这一形象迷倒了无数影迷，更被年轻人捧为摇滚时尚的先驱。其他好莱坞大牌影星如詹姆斯·狄恩在电影《无因的反叛》（图10-2-52）中身着牛仔裤，塑造出年轻人一种浪漫不羁的形象。1961年的影片《西城故事》中的青少年全是穿上反褶裤脚的牛仔裤，在当年风靡一时。影片中出现的年轻人，都是与披头士同一类型的，清一色的牛仔裤和T恤衫装扮。于是，他们的偶像造型成为了数千万年轻歌迷争相模仿的对象，其共同的服装——牛仔裤、T恤衫，为广大服装市场带来了活力。

这个时期，电影中还出现了T恤衫、迷你裙、喇叭裤这些为年轻人所喜爱的流行服饰。

四、高级时装

从1945年二次世界大战结束，到1947年新风貌诞生为止，这段时间是从战争的废墟和疲惫中恢复的时期，被称为序幕。其后的十年间，高级时装进入了鼎盛时期。从20世纪50年代中期起，年轻消费层和成衣业的崛起变得举足轻重。

从1947年的新风貌开始，到1957年迪奥逝世为止，是高级时装的全盛时期。高级时装可以说是上层社会的奢侈兴趣，不但将高级时装缝制从裁缝店手艺提升到艺术领域，而且时尚设计师也成为和其他艺术家相提并论的热门人物。当时的时装界由于战争的影响而热忠于创造华丽的服饰。

1947年2月12日，当战后的人们还尚未摆脱战争的影响时，迪奥开办了第一次高级时装展，推出名为"新风貌"（New Look）时装系列（图10-2-53）。当一个个模特出现时，人们几乎不敢相信自己的眼睛：那肥大的长裙、纤细的腰身、高耸的胸部曲线，还有灯笼袖、平跟鞋和斜斜地遮着半只眼的帽子……"新风貌"打破了战时女装保守古板的线条，也改变了战前风靡一时的香奈儿（Chanel）

图 10-2-47 《罗马假日》

图 10-2-48 《窈窕淑女》

图 10-2-49 《龙凤配》

图 10-2-50 《蒂凡尼的早餐》

图 10-2-51 《欲望号街车》

图 10-2-52 《无因的反叛》

式时装。法国的天才时装设计师迪奥（Dior）本人打破了战后女装保守古板的线条（图 10-2-54），他那强调女性隆胸丰臀、腰肢纤细、肩形柔美的曲线"新风貌"正在主流社会里风靡。整个法国的时尚女士们，开始为自己身上穿着的光秃秃的短裙而不安，为绑在身上的平庸夹克而懊恼。

20 世纪 50 年代初，迪奥又推出了"垂直造型"及"郁金香造型"，其是提倡时装女性化这一设计理念的表现。1952 年，迪奥时装开始放松腰部曲线，提高裙子下摆。1953 年，迪奥更是把裙底边提高到离地 40 厘米（图 10-2-55），使欧洲社会一片哗然。1954 年，其设计的收减肩部幅宽，增大裙子下摆的"H"型（图 10-2-56），以及同年发布的"Y 型""纺缍型""A-line"（图 10-2-57）系列，无不引起哄动。这些简洁年轻的直线型设计，体现着他那种纤细华丽的风格，并遵循着传统女性的审美标准。1957 年，克里斯汀·迪奥在接受《时代》周刊访问时，曾以艺术家的口吻，将时尚这门学问形容为"人类对抗庸俗的最后庇护所"，"在这个重视常规与统一的机械时代，时尚自我且独一无二。即使是最骇人听闻的创新也应该被坦然接受，因为它们保护我们免于粗制滥造与单调乏味，为了对抗阴郁，时尚一定得被小心捍卫"。

正如迪奥（Dior）本人所预言，"新风貌"是一个在社会学、美学和商业的奇迹。除了拥有无与伦比的设计天赋外，敏锐、清醒、果敢的商业头脑也是迪奥超乎常人的地方（图 10-2-58）。他坚信天赋和足够强大的资本才是品牌的最佳组合，因此，他不仅放弃自己做投资人的想法，也拒绝了别的公司盛情邀请，而坚持创建自己的品牌。正是他的创新思路和坚定人格，马塞尔·布萨克（Marcel Boussac）给了他 600 万法郎的投资。1954 年，迪奥的出口额占据法国高级时装总出口额的一半以上。至 1956 年，迪奥从开始时的 3 个工作室 85 名雇员剧增至 22 个工作室 1200 名雇员。

图 10-2-54　工作中的 Christina Dior

图 10-2-53　迪奥设计的改变二战后法国时尚风貌的 "New Look"

图 10-2-55　时装设计大师 Dior

　　可以说，20 世纪的前半个世纪，高级时装店的设计师们一直是时尚潮流的主宰者。当时统治时装界的男性设计师们高傲地以自我为中心，无视女性自身的感受，迪奥曾说过他要将妇女"从自然主义解放出来"。女性设计师，如香奈儿（Chanel）、玛德莱奴·威奥耐（Madeleine Vionne）、伊尔莎·斯奇培尔莉（Elsa Schiaparelli）等都是在第二次世界大战的那个物资相对紧缺的年代取得成功，但是对于丰裕社会而言，高级时装的"话语权"总是又回到男性手中。

　　1957 年，52 岁的克里斯丁·迪奥（Christian Dior）死于心脏病。他的去世宣告了高级时装设计的黄金时代的结束。以迪奥新式样外观为代表的西方传统女装，从男性角度去塑造女性的形象，为了达到某些特殊的形态而无视人体的舒适度而忽视服装的机能性。迪奥的去世使"型"的时代成为历史。

　　时装的机能性也越来越受到重视。这也使面向大众消费群的成衣化生产模式进一步发展成为可能。与建筑、汽车、日用产品一样，西方女装也开始走上机能性之路，单纯化、轻便化、简洁化、朴素化是巴黎时装设计师的新目标——某国际服装品牌推出了放松腰身，装饰一个蝴蝶结的"带形女装"（Sack Dress，图 10-2-59）、强调天真可爱的"娃娃式女装"（Baby Doll，图 10-2-60）；迪奥店的继承人伊夫·圣·洛朗推出了高腰身的"梯形"（Trapeze Line，图 10-2-61）；皮尔·卡丹（Pierre Cardin）推出了高腰身的后背宽松的"斧形"（Serpe，图 10-2-62），裙长缩短到离地 50 厘米。伊夫·圣·洛朗（Yves Saint Laurent）和皮尔·卡丹（Pierre Cardin）都曾是迪奥（Dior）的学生，他们都曾对 20 世纪的时装发展做出过重要贡献。

图 10-2-57 Dior 的［A-line］形时装

图 10-2-56 Dior 的 H 型时装

图 10-2-58 站在窗边的迪奥

图 10-2-59 带形女装

图 10-2-60 娃娃式女装

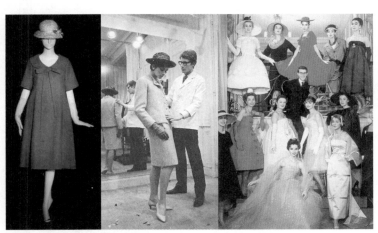

图 10-2-61 Yves Saint Laurent 梯形时装

图 10-2-62 Pierre Cardin 和其斧形设计

1960年春天，西方女装进一步简化。1962年秋，许多设计师都发表了"裙裤"（Culotte Skirt），从外表上看像是筒裙、小斜裙或波浪裙，实际上两腿分别包装有裆裤，人们在强调女性味的同时，也开始注重机能性。20世纪60年代末期，法国社会的不安定，使得高级时装店面临着顾客急剧减少的窘境，而时装店的员工要求加薪的呼声更是让高级时装店面的经营雪上加霜。这一切使得巴黎的高级时装业产生了显著的恶化；迪奥店的销售量锐减了67%，相同的危机在其他所有的专卖店也可以见到，其中最令人瞩目的是5月23日巴蓝夏加的关店声明，预兆了高级时装业危机的到来。1970年以后，时装界进入了高级时装与可以极大表现创造力的成衣共存的时代。

五、反制时装

20世纪50年代，美国出现了避世派文化运动。有些史学家也称它为"垮掉的一代"（Beatniks）。其是从一群亲密的朋友开始，起初他们的思想理念与穿衣方式只是在小范围内传播。在成员之间彼此的互动与感染下，他们的思想逐步具体清晰了起来，最终演变为一场思想运动（图10-2-63）。

避世派成员大多卷入过战争的痛苦，他们对陷入一成不变、追求物质享受的美国生活方式感到极度的失望。他们抗议"疾病缠身的美国"，沉醉在爵士乐的旋律中。他们充满幻想与理性的哲思对当时及后世影响极大。他们试图用自己独特的方式解决旧有文化所必须解决的问题。如同他们创造了自己的文学风格一样，开创自己的着装风格。他们拥有共同特点，即男性们一般蓄须、短发、穿着卡其色的棉质上衣或牛仔上衣，穿衬衫不打领带、毛衣、凉鞋等；女孩则穿黑色紧身上衣、不涂口红，但却涂抹名为"野熊"的色彩极其艳丽的眼影。

避世派文化运动在1957年至1958年吹过了大西洋，在遥远的欧洲登陆。最初接受的只是英国，然后逐渐在欧洲各国产生影响。但有一点需要特别指出，避世派运动的特色在渡海之后，完全失去了早期美国避世派的"知识性"主要特征，以及"和平主义"的思想境界，只有反社会的行为模式和服饰习俗的层面保留了下来。

对避世派产生共鸣的，不只是青年学生，还包括十几岁的孩子们。后来随着避世派文化运动在欧洲的传播与发展，十几岁的孩子成为了这场运动的

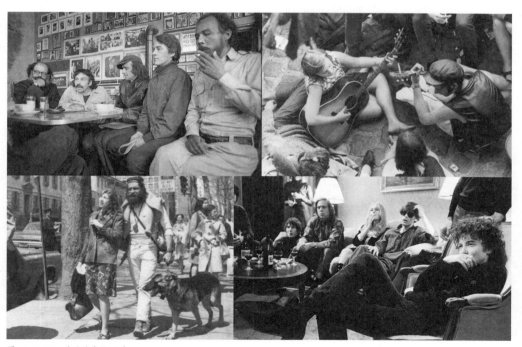

图 10-2-63 避世派文化运动

主角。西方 20 世纪五六十年代的经济跃进，使得西欧社会劳动阶层整体上跨入了富有的生活状态，但迫于现代化的高消费、高竞争的生活方式，夫妻二人必须一起外出工作；女性在家里照顾孩子的传统也早已因妇女的外出劳动而改变；独生子女的比例也比以往大幅提高。虽然在物质上并不匮乏，但情感上却显得孤独自闭的青少年，因无法在家庭中得到应有的温暖，开始用一种另类的表达方式来发泄情绪（图 10-2-64）。这一切为"避世派文化运动"在欧洲的盛行培植了土壤。

法国青年人自称是 Copains 伙伴，感情上的孤独导致他们借助暴力的行为，如飙车以及其他各种带有破坏性的行为来发泄情绪。西欧避世派造型上的共同特点是色彩强烈的安全帽、形状怪异的眼镜、刺花高皮靴等（图 10-2-65）。由于商品利益的驱动，*Life*、*Elle* 之类的杂志将注意力集中在他们身上，这唤起了大众的广泛注意。商人们从中也看到了无限的商机，将"避世派"服饰带进了服装商场。西欧避世派引进沿用美国早期避世派传统的皮革制宽松上衣以及牛仔裤，不过，与美国的避世派文化运动前辈们不同的是，欧洲拥有较高购买力的青少年，无法满足于这种廉价的服饰商品。于是欧洲避世派们身上穿的粗糙的自制宽松的上衣，逐渐被替换成了由商家制造的高档商店里货架上的精致商品。

1966 年初，起源于伦敦的嬉皮士运动在美国西海岸登陆，便迅速演化成以怀旧为题材的田园风格

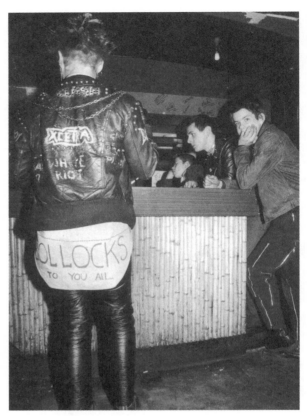

图 10-2-64　20 世纪 60 年代的年轻人

的街头装。同年 10 月，在金门公园的草坪上集结了 3 万多人举行了名为花之子（Flower Children）的集会。1967 年 1 月，在同一场地又集结了五万人，组成了一个名为 Human Being（人类）的团体。到了这一年的夏天，在春天还是二十万人的美国嬉皮士团体超过 45 万人，嬉皮士运动迅速波及全球（图 10-2-66）。

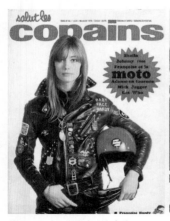

图 10-2-65　西欧避世派造型

图 10-2-66　嬉皮士运动迅速波及全球

　　嬉皮士（Hippes）是继避世派思想之后，另一个对主流服饰影响深刻的年轻人运动。嬉皮士们对传统衣着的态度是"反流行"（Anti Fashion）。他们席地而坐，以拥抱代替握手，穿印花服饰，以别具特色的民族服饰取代了传统的高级时装。嬉皮士与避世派之间最大的不同点是嬉皮士拥有更宽裕的经济，他们通过服饰来表现反传统的意识，使得服装意识形态与物质形态变得更多样化而且更具有活力。尽管嬉皮士在外形上很颓废，但他们的无性别发式与着装却开辟了近代中性服饰的序幕（图 10-2-67）。

　　嬉皮士们有意地将自己弄得衣衫褴褛，并在衣服上绣上各色花朵来表达对战争和工业社会的厌恶以及对爱与和平的渴望（图 10-2-68）。他们对大工业生产给社会带来公害的现象进行了彻底无情的批驳。他们全面排斥人造纤维，只接受棉、毛、丝、麻、皮革等服装面料。同样的，他们也否定工业社会机械大生产，发扬尊重手工业，这种思想繁衍出

另一种复古的风潮。嬉皮士们经常出游，海外旅行更是常事。他们带回印度妇女用的披巾（Sari）、阿富汗人民的上衣、摩洛哥工人的工作服。他们觉得这些衣物更珍贵、更蕴含自然美。这促成了民族时装的流行，这也体现了嬉皮士运动对发展中国家人民的同情与关爱（图 10-2-69）。

　　20 世纪 60 年代初，伦敦加纳比（London Carnaby Street）附近的女孩们，已开始穿着裙摆至膝部的短裙了。1965 年，马丽·奎恩特（Mary Quant，图 10-2-70）在英国白金汉宫隆重推出了刚刚能遮住膝盖的"迷你裙"（图 10-2-71）。同年，巴黎的高级时装设计师安德莱·辜耶基（Andre Courreges）将女套衫加长 6 英寸使之变为"连衫裙"。随后，安德莱·辜耶基（Andre Courreges）将裙摆线条再次上移，直到人体膝盖以上，发表了史无前例的"露出膝盖"的迷你装。马丽·奎恩特和安德莱·克莱究正是凭借着精确的比例感和卓越的剪裁技术呈现出纯正、新鲜的服装美感，创造了革命性、

图 10-2-67　嬉皮士运动及其服装

图 10-2-68　嬉皮士们用鲜花表达对战争和工业社会的厌恶

图 10-2-69　嬉皮士与民族服饰

图 10-2-70　Mary Quant

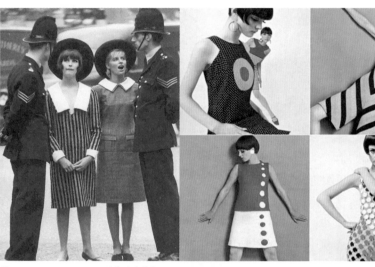

图 10-2-71　Mary Quant 设计的迷你裙

新颖柔美的均衡造型（图 10-2-72）。这种可以展现女性修长双腿、高跷臀部和轻盈体态的"迷你裙"一经发布，即引发了社会道德的论战。虽然迷你裙也有其反传统的思想背景，不过对同时具有修长双腿的 20 世纪 60 年代少女来说，"露出膝盖"是年轻人表现自我特有的权利。它被视为"年轻人时装的第一股旋风"的起因，并迅速在欧美风靡。

安德莱·辜耶基（Andre Courreges）的作品发表后，NBC 电台利用刚刚发射成功的卫星，隔着大西洋将巴黎的新型风貌以最快的速度传播到美国，世界各地的传播媒体竞相刊出图片，不间断地反复报道。"迷你裙"为全球女装带来了革命性的改变，非常适合年轻的社会，在青少年间立刻刮起了迷你旋风，一时间还不能完全接受的成年人也或多或少地提高了裙子底线。1966 年春夏，一向以尊于传统著称的纪梵希（Givenchy）和巴尔曼（Balmain）也适应潮流将下摆移至膝盖处，

格雷（Gres）夫人则推出膝盖以下的服饰（图 10-2-73），香奈儿（Chanel）也推出了紧贴膝盖的"夏乃尔长度"，路易·威登（Louis Vuitton）则出人意料地将下摆缩至膝盖上 22 厘米，是当时主流服饰品牌最短的迷你装。

1968 年爆发的"五月革命"使年轻人运动达到顶点（图 10-2-74）。这些经济富足的年轻一代，是伴随着西方物质文明的飞速发展成长起来的叛逆分子。由于当时史无前例的高入学率，使得学校的一切设施都无法满足这些急速膨胀的学生们的需求。20 世纪 60 年代中期，加里福尼亚的伯克莱最先掀起了反越战运动（最早爆发于 1962 年），其次波及英国、法国、西德、意大利、荷兰、比利时、瑞士、西班牙等西欧国家，以及稍迟一点的希腊、埃及、土耳其。1968 年戴高乐政权没落后，由学生们带动的"五月革命"，更是掀起了前所未有的运动高潮。"五月革命"从最初的学生运动，发展成

图 10-2-72 20世纪60年代露出膝盖的迷你裙

图 10-2-73 迷你裙套装

图 10-2-74 1968年爆发的"五月革命"

图 10-2-75 20世纪70年代的 Punk 人群

为学生与青年劳工的大型运动。与学生运动相呼应的青年劳工团体人数最高时达九百万人之众,法国上下顿时陷入革命前夕的紧张状态。

在西方社会里,20世纪70年代常被形容为"乌托邦主义的幻灭、颓废的年代",人们痛醒于现实中,努力去忘掉一切。这种态度反映在时装里。20世纪70年代初期,欧洲社会正处在通货膨胀、失业率上升的形势下,经济的不景气导致人们多少对高贵奢华、过分强调女性魅力的时装产生抵触情绪。1973年,越战结束后,嬉皮士们以鲜花倡导爱、和平、回归自然的观点被认为是颓废的象征。这显然不适合70年代激进、充满暴力倾向的青年人。持续的经济危机,使青年人看不到美好的未来与前景,无政府主义成为那个时代的最为流行的口号。

发源于伦敦金斯路郊外的一种新势力朋克(Punk)在伦敦街头宣告诞生(图10-2-75)。朋克的兴起和盛行,与20世纪60年代的嬉皮士、摇滚乐队及当时蔑视传统的社会风尚有着千丝万缕的联系。他们以极端的方式追求个性,同时又带有强烈易辨的群体色彩。他们穿着黑色紧身裤、印着寻衅的无政府主义标志的T恤衫、皮夹克和缀满亮片、大头针、拉链的形象,从伦敦街头迅速复制到欧洲和北美(图10-2-76)。朋克文化的灵魂起源于美国摇滚流行风潮。雷蒙斯(The Ramones)1976乐队成立于1974年,被认为是朋克音乐的先行者,也是美国的第一支朋克乐队(图10-2-77)。

服装对于朋克族来说,是一种宣告方式。这种宣告方式虽不及"垮掉的一代"那样平民化,更不像"嬉皮士"般富于理性的支持,却是以一种嘈杂的、缺乏统一的方式建立起自己的独特的风格式样。他们愿意在强烈的摇滚音乐背景下,在各种风格独特的小店中购买价钱便宜，可随时更换与丢弃服装。精细的做工、奢侈的面料不再是评价的标准，独特的个性和夸张的表现手法才是最重要的。"朋克女王"维维恩·韦斯特伍德（Vivienne Westwood，图10-2-78）在伦敦皇家大道上的时装店，最初取名岩石（Rock），后改为世界尽头（World's End，图10-2-79），可谓是个名副其实的朋克之家。随着时间的流逝，松散的结构、多道拉链、尖头束发等朋克风格逐渐被商业化，进入主流时装、文化领域。廉价商店里可以看见用安全别针与刮胡刀片制成的耳环，在高档商店中这些可以是金的。

六、成衣兴起

20世纪30年代初期的经济危机后，美国富兰克林·罗斯福总统的"新政"和随后的福利国家体制的建立，以及美国与欧洲经济的高速发展促成了庞大的中产阶级的诞生。由于西方世界各国生产力的普遍发展，导致了经济上的极大发展，绝对贫困日益减少。在欧洲各工业国家中形成了一种相同的状况："中产阶级的迅速增加"。中产阶级成为就业人口的大多数，在其经济收入大幅度增加、生活质量日趋改善、文化教育水平普遍提高之后，成为欧美消费市场的主流。

到了20世纪40年代，人们对成衣业的印象已开始有所改观。1943年，公关界的先锋人物埃利诺·兰伯特（Eleanor Lambert）发现美国消费者除了等待着

图 10-2-77 The Ramones 1976 乐队

图 10-2-76 Punk 人群着装与 Jean Paul Gaultier 设计的 Punk 时装

图 10-2-78 Vivienne Westwood

图 10-2-79 World's End

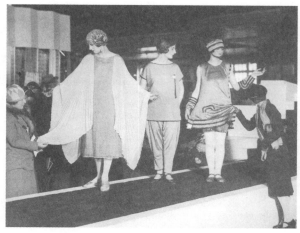

图 10-2-80 Sorelle Fontana 时装秀在 Pitti 宫举办（佛罗伦萨，1953 年）

图 10-2-82 Christian Dior 和 Salvatore Ferragamo 在 New York 的合影

1916 年法国服装工厂　　　　　在 20 世纪初的制造女性内衣花边　　　　在 20 世纪初的高级女装作坊

图 10-2-81　20 世纪中叶的法国纺织工业和高级时装业

战事的报道之外，还对大洋那边的时尚发展趋势密切关心。于是埃利诺·兰伯特（Eleanor Lambert）将媒体集中到了一起，在纽约召集了一群设计师，举办了世界上第一次时装周（图 10-2-80）。从此美国和世界各地的时装掘金者们就定期在纽约举办时装周。

1946 年，人们将举办"妇女成衣业"（Confection Pour Dames）改名为"女装工业"（Industrie Du Vetement Feminin）。1947 年，在里昂商品交易会上，有 100 个成衣制造商参展。1950 年，法国纺织工业和高级时装业同时跌入困境（图 10-2-81）。尽管有高级时装协会与纺织品补助政策的大力扶持，高级时装业还是不可阻止地走向衰落，从 1952 年的 60 家到 1958 年时，仅剩下了 36 家。一些人为了挽救颓势，开始考虑如何将高级时装与成衣联合。

1959 年，德国成衣业与法国高级时装协会签订了一个协议，每年两次由包括巴尔曼、迪奥、郎万等在内的 15 名法国高级时装设计师，每人带 60 至 70 件款式到德国参展，使德国的成衣制造业能够及时了解最新流行趋势，从而减少批量生产的风险性。而法国的高级时装设计师们也能从展会的门票收入中获得丰厚的利润。在 1958 年至 1963 年的这段时间，美国和欧洲一些国家的成衣业正在势不可挡地发展壮大，成衣制造商业从巴黎的高级时装大师们手中购买新的款式，再回到本国进行批量生产。20 世纪 60 年代初，每季都有满满一架飞机的新款式衣裙和样板从法国运往纽约。

其实，早在 20 世纪 40 年代末期，迪奥已经开始涉足高级成衣业。他先是于 1948 年，在纽约第五大道 730 号以"迪奥纽约"（Dior New York）为名开设第一家高级成衣店（图 10-2-82）。每个季度，迪奥和他的设计团队都会在纽约停留几天。1952 年，迪奥伦敦店开业。

成衣业得到了迅速兴起，拥有长期传统的高级时装店的地位逐渐受到影响。此时，时装的社会价值被提到更重要的位置，成衣市场成为设计师关注的对象。被喻为巴黎服装风向球的众多高级时装设计师，开始着手引导高级时装平民化。从表面上看起来，高级时装业仍继续保持权威性，但实际上，其基础早已开始剧烈地动摇了。这个时期的中流砥柱是战后的年轻一代，他们的反叛运动越演越烈，自我意识呼声日渐高涨，加上成衣化设备已步入现代化，一股逐渐抬头的改革浪潮已漫漫形成，这使得高级时装业日益衰落。

直至20世纪50年代末期，高级成衣还不足以带来相当丰厚的利润，技术问题又阻碍了成衣业全面有效的发展。此时，人们已开始对高级时装的权威性提出质疑，大型商场，如巴黎春天百货公司也逐渐改变了人们的消费习惯，在时装界与装饰界，已开始有大众化的趋势。时髦但不贵的成衣产品越来越丰富。1950年，雅克·汉姆将高级时装和成衣拆分成两个独立的公司，而安德烈·库雷热（Andre Courreges）则在同一场发布会中合并展示自己高级时装和成衣的所有作品，由于他在巴黎时装界的地位而使成衣系列自然地获得成功（图10-2-83）。

经过多年的努力，人类终于在1960年登上了月球（图10-2-84），从而兴起了全世界对于宇宙太空的好奇以及对现代科技的崇拜。这促成了当时太空风貌（Space age look）和现代主义风貌（Moderrism style）的形成。曾经在工程专业学习，当过飞行员

的时装设计师安德烈·库雷热（Andre Courreges）采用白色和明快色彩，突出体现对于科学技术的热爱，1965年春夏季推出了包括帽子、眼镜、手套在内的宇航员式样的时装系列。库雷热（Courreges）的设计采用了几何形式的裁剪，体现未来主义的超短裙，加上白色方头塑胶靴，有时甚至还采用塑胶片和金属片突出太空的金属感（图10-2-85）。有棱角的几何图形具有一种机械时代的单纯特征。太空时代的无性别区分的特点成了时装界一个大胆的尝试，喇叭裤与靴子代替了迷你裙与长统靴或低跟女鞋。甚至，有人还用皮革或聚氯乙烯做成更为中性的裙子。此时，皮尔·卡丹（Pierre Cardin）也推出了很多太空风貌的时装作品（图10-2-86）。

1973年10月，中东战争引发了石油危机，导致石油价格上涨，石油冲击又引发了世界性的经济危机。与经济上的困境相同，政治界也是丑闻与大事频出：美国尼克松总统的水门事件、美国在越南战争中的失败、法国总统在任内逝世、美苏之间时好时坏的关系，这一切都使得世界局势处在一种动荡不安的气氛中。经济不景气与高失业率更加使广大民众对于单一方式、专家精英领导带有反对情绪，导致人们全面性地不再光顾时装商店，高级时装业顿时再次陷入了黑暗时期。

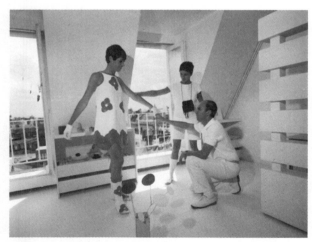

图10-2-83　工作中的Courreges

图10-2-84　1960年美国宇航员登月照片

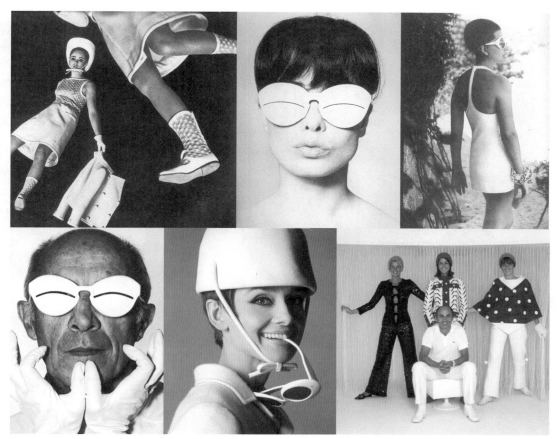

图 10-2-85（a） Andre Courreges 的作品

图 10-2-85（b） Andre Courreges 的作品

图 10-2-86　Pierre·Cardin 太空风貌设计

此时，随着传媒技术的进一步提升，20 世纪 70 年代的服装国际化的进程却因此加速了。布里诺·迪·洛瑟尔评论到："这次世界危机，完成了 20 世纪 60 年代以及 70 年代进行中的，19 世纪以后服装系统之全面性破坏运动。"成衣制造技术的提高使其与高级时装之间的差距正在逐渐减少。上流阶层社会的传统生活方式也在种种变革后有所改变。高级时装所追求的奢华与高贵的品位，相对于中产阶级朴素的生活态度和年轻人的激进思想，已经显得落伍了。巴黎每年两次的时装发布会，从世界各地赶来的顾客从 1964 年的 1 万 5 千名锐减至 1974 年的 5 千名。顾客数量的减少使巴黎的高级时装业走向了衰落。1955 年间，高级时装的从业人员有 2 万多人，到了 1965 年减少至 1 万多人，而到了 1973 年，则只剩下 2200 人了。加盟高级时装协会的高级时装店也由 1962 年的 55 家，1963 年的 45 家，减至 1967 年的 32 家。在这 5 年间，高级时装店总共减少了 42%。

1973 年，为了挽救本国的时装产业，巴黎的高级时装协会、高级成衣协会和法国男装协会联合组成现在的法国服装联合会（Federation Francaise de la couture du pret-a-porter des couturiers et des Cresteurs de Mode）。这项改革将高级时装和高级成衣联合起来。正式确认并涉足高级成衣业是挽救巴黎时装地位的战略性需要。随着皮尔·卡丹（Pierre Cardin）进军成衣业的成功，许多高级时装设计师也开始进行有益的尝试。把高级时装和大众口味结合起来，圣·洛朗就是朝这个方向努力的一面旗帜，他设计了一些中产阶级喜爱的服装。

七、物质年代

20 世纪 80 年代是一个享受的年代，丰裕的年代。物质主义成为生活的中心，追求物质享受成为这个时期的中心。冷战结束、苏联的戈尔巴乔夫改革、波兰的团结工会、中国的改革开放政策都突显出一个宽松的时代，整个世界的中心是政治稳定、经济增长和经济扩张。战争的痛苦已离人们逐渐远去，经济衰退也被暂时抑制。"Work hard and play hard"成为人们的生活准则（图 10-2-87）。

在时装方面，穿着讲究，年轻人反叛的时装风格已经被归入主流时尚。这个时期，曾经激愤的青年人已开始成为社会的主流，嬉皮士演变成雅皮士风貌（Yuppie Look）。20 年前曾经以精神至上、意识形态为主导的文化被物质社会的感官享受所取代。他们的着装、消费行为及生活方式等带有较明

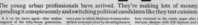

图 10-2-87　20 世纪 80 年代的 yuppie look

显的群体特征，但他们并无明确的组织性。雅皮士有着较优越的社会背景，如较高的社会地位、丰厚的薪水等。他们不一定年轻，但他们对奢华物品、高级享受的追求依然热情十足。雅皮士衣着讲究，修饰入时，处处透露出他们所拥有的良好的生活状态。在价格不菲的西便服袖肘处镶拼一块椭圆形皮质补丁曾是雅皮士或有雅皮倾向的人士所喜爱的。你似乎很难从这里找到任何美感的依据，但毫无疑问，它容易让人想起高级写字楼。雅皮士着迷于法拉利（Ferrari）跑车、劳力士（Rolex）手表、古驰（Gucci）饰品、范思哲（Versace）时装的主要原因之一是他们对这些高档物品让一般人不敢问津的价格所代表的质量和信誉深信不疑。

20 世纪 80 年代的职业女性，要在各个领域与男性一争短长，所以采取了非常咄咄逼人的态度。这种态度，反映在女性服装也是正式的，如剪裁精致、宽垫肩、短而紧身的裙子和讲究的衬衣。宽而棱角分明的宽垫肩是从男士西服中借鉴过来，直而硬的廓型传达出权威的感觉（图 10-2-88）。超大风貌（Ovresized Look），做旧的面料，灰调色彩，凡此等等，把女性天然的体态掩盖，扮作男儿相。

20 世纪 80 年代，时装界开始寻求简约与抽象主义的结合。作为一种现代艺术流派，极简主义出现并流行于二十世纪五六十年代，主要表现于建筑、日用、绘画等领域。极简主义主张极少的装饰和形象，摒弃一切干扰主体的不必要的东西，即密斯·凡·德洛（Mies Van der Rohe）推行的"少则多"的风格。作为一种生活方式，极简主义作为一种设计风格是在20 世纪 70 年代末期才变得时髦。在美国设计师的带动下，极简主义成为 20 世纪 90 年代服装流行时尚（图 10-2-89）。中产阶级的成长，使美国成为一个巨大的时装消费市场。与欧洲相比，美国的时装设计长期处于劣势，但自 1980 年以来，极简主义使美国时装改变了永远遵循欧洲脚步的现状。

20 世纪 70 年代末，迪斯科（Disco）成为年轻人的娱乐方式，迪斯科（Disco）装也成为流行，它常由数件服装组成，具有重叠层次感的服饰风格或穿着方式——性感的深 V 领口或露肩晚装长裙、雪纺单肩蝙蝠袖连身裙、玩味性浓厚的连身裤等，结合闪耀的金属色、珠片等元素、的确良衬衣、热裤或旧式抽纱上衣搭配牛仔裤（图 10-2-90）。此时，美国黑人的疯克音乐（Funk Music）十分流行。这类音乐的演奏者多来自美国大都会中的贫民窟，出于炫耀心理，他们希望能够穿出吸引人注目、与众不同的服装，如蛇皮服装，炫耀衬衣布满装饰，紧身丝绸裤、黑色领巾，外面是黑色的皮大衣和平底鞋。

图 10-2-88　1980 年的时尚风貌　　　　　　　　　　　　　　　　　　　图 10-2-89　极简主义时装

Hip-Hop 是 20 世纪 60 年代源自美国街头的一种黑人文化。它衍生出嘻哈时装，即鼻环、数个耳环、穿着宽松但昂贵的衣服，包着名牌头巾或棒球帽、宽大 T 恤衫、板裤、典藏版的球鞋，当然还有带数位摄影的手机与耳机，加上一堆亮闪闪的金属饰物、戴墨镜、MD 随身听、滑板车、双肩背包等，编发辫、烫爆炸头或束发（图 10-2-91）。Hip-Hop 起源于古非洲，在 20 世纪 80 年代初随着音乐合成器的出现而走红，配合着舞步而表达桀骜的悲伤与愤怒，因而它有着强烈的个人化，追求自我认同，以及反主流的不驯。当时的黑人社群生路匮乏，街头贩毒

乃是主要营生，那种宽大厚重的服饰乃是年轻毒贩彻夜在街头流荡之必需，而宽松的长裤、口袋则用来藏枪，球鞋则用以必要时的追赶与奔逃。这种装束在本质上相当接近不驯青少年的帮派装。

20 世纪 80 年代初期，阿迪达斯（Adidas）公司将篮球鞋和健身服大规模推向美国市场后，获得了巨大的经济收益。一种新型的舞蹈"霹雳舞"（Break Dancing）出现，是由美国黑人青年倡导的一种舞蹈，舞蹈者常掺入一系列杂技式动作的表演（图 10-2-92）。1984 年，美国电影《霹雳舞》公映后，蝙蝠衫成为时髦。

图 10-2-90　20 世纪 70 年代末 disco 风尚

图 10-2-91　Hip-Hop Fashion

图 10-2-92　Break Dancing Fashion

在 20 世纪 50 年代，西方艺术界仍沉浸在严肃、规范的现代主义形式中，艺术剩下的仅是最低限的抽象，形式主义达到了极致。抽象主义提倡极度严肃的展示艺术哲学和程式化表现方式引起了人们的不满。20 世纪 60 年代中期，一种首创于美国艺术家阿罗唯的名为 "Pop Art"（波普艺术，又称新达达主义）的时装炙手可热。波普艺术是为广大消费者的、短暂的、大量生产的低廉的、可消费的艺术形式。它是对抽象艺术的反动，是对现实生活，面

对机械文明和消费文明，把所见、所知的生活环境，以大家熟悉的形式表现出来。受 "波普" 文化的影响，时装的造型与款式开始出现 "趣味化、年轻化" 的品味和流行风格（图 10-2-93）。

1987 年，英国佳士得公司以 2500 万英镑将荷兰印象派画家梵高油画杰作《向日葵》拍出了当时世界艺术品拍卖的最高价位，在世界范围引起极大的轰动。伊夫·圣·洛朗（Yves Saint Laurent）将梵高的《向日葵》（图 10-2-94）和《鸢尾花》移

YLS 波普艺术时装

thierry mugler 紧身胸衣以及皮革短裤 1992

Thierry Mugler "Harley Davidson"

波普艺术卫衣

Rodnik-Band

图 10-2-93 波普时装

植到自己时装作品中（图 10-2-95），他用无数张闪烁着各种颜色的珠片缝缀在两件晚礼服上，仅是装饰的金属亮片和珠子就重达 36 斤，充分表现出原作的神韵。这不是圣·洛朗的首次尝试。早在 1966 年，热爱艺术和历史文化的伊夫·圣·洛朗（Yves Saint Laurent）以直线和矩形色块在时装上复制了冷抽象画家蒙德里安的《红、黄、蓝三色构图》（图 10-2-96）。1979 年，他发布"毕加索云纹晚礼服"，在裙腰以下大胆地运用绿、黄、蓝、紫、黑等对比强烈的缎子，在大红背景上进行镶纳，构成多变的涡形"云纹"（图 10-2-97）。伊夫·圣·洛朗也曾将毕加索的鸽子、小提琴、乐谱等运用在自己的黑裙白衣的设计中（图 10-2-98）。

穆勒（Mugler）2013 度假系列时装有一件与纽约插画艺术家 MelOdom 合作的黑色 T 恤衫。T恤衫上名为"歌舞伎之吻"的印花虽充满戏剧感，但流畅干净的线条与洗练的黑白灰配色却将图案完美地融入颇有极简主义意味的服饰里（图 10-2-99）。马丁·马吉拉（Maison Martin Margiela）则在 2014 秋冬时装（图 10-2-100）中运用了印象派画家高更的作品（图 10-2-101）。

图 10-2-94 梵高"向日葵"和伊夫·圣·洛朗的时装

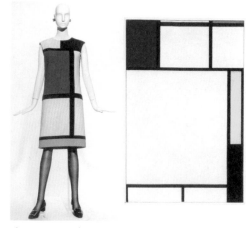

图 10-2-96 伊夫·圣·洛朗的蒙德里安时装

图 10-2-95 梵高"莺尾花"和伊夫·圣·洛朗的时装

图 10-2-97 伊夫·圣·洛朗的"毕加索云纹晚礼服"

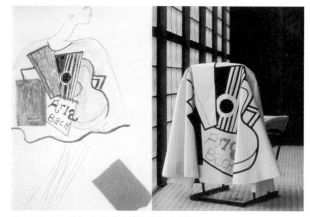

图 10-2-98 伊夫·圣·洛朗的毕加索绘画时装

图 10-2-99 Mugler 2013 度假系列

图 10-2-100 Maison Martin Margiela 2014 秋冬

图 10-2-101 印象派画家高更的油画作品

参考文献

[1] 李当岐 . 西洋服装史 [M]. 北京：高等教育出版社，2005.

[2] [美] 布兰奇·佩尼 . 世界服装史 [M]. 徐伟儒，译 . 沈阳：辽宁科学出版社，1987.

[3] 沈从文 . 中国古代服饰研究 [M]. 北京：文物出版社，1981.

[4] 宿白 . 白沙宋墓 [M]. 北京：文物出版社，2004.

[5] 周锡保 . 中国古代服饰史 [M]. 北京：中国戏剧出版社，2002.

[6] [日] 原田淑人 . 中国服装史研究 [M]. 合肥：黄山出版社，1983.

[7] 包铭新 . 近代中国女装实录 [M]. 上海：东华大学出版社，2006.

[8] 包铭新 . 近代中国男装实录 [M]. 上海：东华大学出版社，2008.

[9] 孙机 . 汉代物质资料图说 [M]. 北京：文物出版社，1990.

[10] 高春明 . 中国服饰名物考 [M]. 上海：上海文化出版社，2001.

[11] 周汛，高春明 . 中国历代服饰史 [M]. 上海：学林出版社，1997.

[12] 高春明 . 中国历代妇女装饰 [M]. 上海：学林出版社，1991.

[13] 黄能馥，陈娟娟 . 中国历代服饰艺术 [M]. 北京：中国旅游出版社，2001.

[14] 崔圭顺 . 中国历代帝王冕服研究 [M]. 上海：东华大学出版社，2007.

[15] 陈高华，徐吉军 . 中国服饰通史 [M]. 宁波：宁波出版社，2002.

[16] 尚刚 . 隋唐五代工艺美术史 [M]. 北京：人民美术出版社，2005.

[17] 陈茂同 . 中国历代衣冠服饰制 [M]. 北京：新华出版社，1993.

[18] 赵丰 . 辽代丝绸 [M]. 香港：沐文堂美术出版社，2004.

[19] 赵丰，于志勇 . 沙漠王子遗宝 [M]. 香港：艺纱堂，2000.

[20] 赵丰，金琳 . 黄金·丝绸·青花瓷——马可·波罗时代的时尚艺术 [M]. 香港：艺纱堂服饰出版社，2005.

[21] 赵评春，迟本毅 . 金代服饰——金齐国王墓出土服饰研究 [M]. 北京：文物出版社，1998.

[22] 中国社会科学院考古研究所，定陵博物馆，北京文物工作队 . 定陵 [M]. 北京：文物出版社，1990.

[23] 何介钧 . 沙马王堆二、三号汉墓·第一卷·田野考古发掘报告 [R]. 北京：文物出版社，2004.

[24] 南京市文物馆 . 金与玉公元 14-17 世纪中国贵族首饰 [M]. 上海：文汇出版社，2004.

[25] 湖北省荆州地区博物馆 . 江陵马山一号楚墓 [M]. 北京：文物出版社，1985.

[26] （刘宋）范晔，（晋）司马彪 . 后汉书 [M]. 北京：中华书局，1965.

[27] （汉）班固 . 汉书 [M]. 北京：中华书局，1962.

[28] （唐）房玄龄，等．晋书 [M].北京：中华书局，1974.

[29] （梁）沈约．宋书 [M].北京：中华书局，1974.

[30] （梁）萧子显．南齐书 [M].北京：中华书局，1974.

[31] （唐）魏征，等．隋书 [M].北京：中华书局，1975.

[32] （后晋）刘昫，等．旧唐书 [M].北京：中华书局，1975.

[33] （宋）欧阳修，等．新唐书 [M].北京：中华书局，1975.

[34] （元）脱脱，等．辽史 [M].北京：中华书局，1974.

[35] （元）脱脱，等．宋史 [M].北京：中华书局，1977.

[36] （元）脱脱，等．金史 [M].北京：中华书局，1974.

[37] （明）宋濂，等．元史 [M].北京：中华书局，1976.

[38] （清）张廷玉，等．明史 [M].北京：中华书局，1975.

[39] （汉）郑玄注．周礼注疏 [M].北京：北京大学出版社，1999.

[40] （汉）史游．急就篇 [M].四部丛刊续本．北京：商务印书馆，1934.

[41] （汉）宋衷注．世本 [M].上海：上海古籍出版社，1995.

[42] （汉）董仲舒．春秋繁露 [M].北京：中华书局，1975.

[43] （晋）陆翙．邺中记 [M].丛书集成本．北京：商务印书馆，1937.

[44] （唐）刘肃．大唐新语 [M].北京：中华书局，1986.

[45] （五代）马缟．中华古今注 [M].沈阳：辽宁教育出版社，1998.

[46] （宋）王溥．唐会要 [M].北京：中华书局，1990.

[47] （宋）聂崇义．新定三礼图 [M].北京：中华书局，1992.

[48] （宋）孟元老．东京梦华录 [M].北京：中国商业出版社，1982.

[49] （宋）李昉．太平御览 [M].上海：上海古籍出版社，1994.

[50] （宋）周密．武林旧事 [M].杭州：杭州西湖书社，1981.

[51] （宋）高承．事物纪原 [M].北京：中华书局，1989.

[52] （宋）魏了翁．仪礼要义 [M].北京：北京图书馆出版社，2003.

[53] （宋）司马光．资治通鉴 [M].北京：中华书局，1956.

[54] （宋）吴自牧．梦梁录 [M].西安：三秦出版社，2004.

后 记

在撰写本书的一年多时间里，我一直沉浸在中西方服饰文化的海洋中，那些多变、丰富却又遵循一定发展轨迹的款式造型、着装方式、剪裁技巧、制作工艺、文化内涵和象征意义，以及由此演绎出的流行风尚和时装设计，都让我激动不已、收获颇多。其实，中外服装的历史所反映的不仅仅是人类着装方式的变化，更多的时候是社会政治、经济等诸多因素的变化所致。通过研究将这些线索一一比对、梳理和解释清楚，是我撰写本书的目的之一。

这些年在清华大学美术学院、法国 ESMOD 高级时装艺术学院、北京服装学院讲授服装史课程的教学过程中，一个最直接的挑战是如何将这门课讲得既有文化内涵又生动有趣。一个行之有效的方法是在讲解服装历史发展的同时，适时穿插展示一些运用历史元素的时装设计案例，并由此分析当代流行时尚和时装风格是如何借鉴、依托于人类服装历史，尽管也有演绎和变化，但终究脱离不了历史文化的土壤。这样做既拉近了服装历史与我们现实生活的距离，也为同学们提供了时装设计的新思路。我觉得"活学活用、学以致用"才是学习服装史的意义所在。

感谢清华大学美术学院王悦教授的引荐、东华大学出版社谢未编辑的盛情邀请；感谢承担本书统筹和编辑工作的马文娟编辑，也期待今后能有更多机会与师妹一起合作；感谢恩师包铭新教授在百忙之中抽出宝贵时间为本书撰序，谢谢恩师的提携和指导；感谢程远文化的细心排版和耐心的图片编辑工作。此外，本书西方服装史部分的撰写受到了恩师李当岐教授《西洋服装史》一书的诸多影响与启发。其实，我学习和研究西方服装史也是在清华大学师从李当岐教授做博后研究才开始的，在此特别致谢！

感谢恩师陈建辉教授对我一生的支持和帮助！

感谢清华大学肖文陵主任、深圳大学吴洪院长、苏州大学李超德书记、中国妇女儿童博物馆杨源馆长、清华大学李莉婷教授、北京工业大学林志远院长、北京服装学院邱佩娜教授、檀国大学校崔然宇教授曾经给予的帮助！还有感谢老同学尚美服饰牛宝明董事长、佛像专家张瑞班长持久而热情的友谊！

我相信，那些曾经存在于人类历史进程中的服装永远不会消失，她们会以新的形式一直存活于我们的生活中。

2015 年 5 月 18 日写于清华大学

远古时代 约前170万—前2070年	夏 约前2070—前1600年	商 前1600—前1046年	西周 前1046—前771年	春秋 前770—前476年	战国 前475—前221年

先秦时期（前170万—前221年）

中外服装史年表

中国服饰

■ 三星堆青铜立人像
身着纹饰繁复的多层套装

■ 河南安阳殷墟出土的玉人
高巾帽、交领右衽窄袖衣、
腰束大带、蔽膝

■ 周代贵族男性祭祀时穿用上衣下裳的冕服
■ 周代王后及命妇穿用一体式的六服

■ 战国人穿的开裆

■ 战国人穿的女裙

■ 甘肃出土的头戴帽箍，穿着腰带
长裤、翘头靴人形彩陶

■ 河南安阳殷墟出土的跽坐玉人
卷箍头颖、大带、饰有
龙形纹饰的衣服

■ 战国男性身穿

西方服饰

■ 古埃及，罗印·克罗斯、
丘尼克、卡拉西里斯的穿着

■ 古希腊，希顿的穿着，希玛纯、
克拉米斯等外装的穿着

■ 石器时代的维纳斯

■ 两河流域的卡吾纳凯斯

■ 克里特的执蛇女神像，女装出现
紧身胸衣，有裙撑的裙子
■ 克里特男子的腰衣

古希腊（前800—前14

古埃及（前3200—前320年）

200		200	400	600	800	900
秦 前221—前206年	西汉 前206—公元25年	东汉 25—220年	三国—南北朝 220—589年	隋 581—618年	唐 618—907年	
秦汉时期（前221—220年）			魏晋—隋唐时期（220—907年）			

■飞鸟花卉纹绣浅黄
绢面绵袍

■襜褕，西汉流行宽大单衣

■魏晋男性流行小冠、大袖衫
以及袴褶和裲裆式样

■襕衫，袍下摆施
一横襕袍服

■唐代贵族男性常服为
幞头、圆领袍、銙带、
乌皮靴

■汉代直裾袍
领袖有缘饰，袖子宽大

■袿衣，魏晋女性所穿
杂裾垂髾的袍服

■唐晚：体态丰满，
衣博裙阔，袖口

■唐初：小袖短襦、掩胸长裙，佩饰简约
■唐中：胡服、男装、戎装盛行

一体式深衣、革带与佩玉

■罗马女性
内穿斯托拉，外披帕拉

■罗马男性，内穿丘尼卡，外披托加

■欧洲北方早期居民着装

■罗马女性的"比基尼"装束

■罗马，斗篷帕鲁达门托姆上装饰
有叫作"达布里昂"的补子

6年）		罗马 前27—公元395年				
200		200	400	600	800	900

	100	200	300	400

五代 907—960年	北宋 960—1127年	南宋 1127—1279年	元 1206—1368年

宋元时期（960—1368年）

■元代贵族女性头戴罟罟冠，身穿大袍，长可及地，宽衣长袖，袖口窄小

■辫线袄，窄袖，腰作辫线细褶的袍服

■褡子，衣服前后襟不缝合

■宋代褐黄色罗镶花边大袖衣

■宋代皇帝头戴折上巾
淡黄袍衫，玉装红束带，皂文靴

衣领袒露，宽大

■宋代女性尚花冠、短襦、长裙式样

■辽金男性穿圆领开衩袍和缺胯袍

■质孙服，元代宫廷盛宴时，皇帝和百官穿着一色礼服

■男性开始穿用普尔波万和茄库等短上衣

■中世纪武士盾牌和服装上的徽章图案

■中世纪流行的家徽纹样

■以斯拉修装饰为特征的德国样式风靡欧洲

■男性下身穿着肖斯，裤子开口处的科多佩斯变大，成为一种装饰

■男女穿同型的科特和修尔科

■男女都穿着同样造型的布里奥

■女性流行汉宁等各种帽子
■男性穿用肖斯和波尔普万
■意大利风领导欧洲潮流

■1359年前后，吾普朗多流行

■文
上

■明代皇帝常服，头戴乌纱折角向上巾，
　身穿盘领窄袖袍，腰束玉带，脚穿皮靴

■明代官员常服，头戴
　乌纱帽，身穿补服

■明代官员公服，头戴
　幞头，身穿蟒服

■明代柿蒂窠过肩蟒妆花罗贴里

■明代命妇头戴凤冠，
　身穿大袖衫、霞帔

■紧身胸衣"苛尔·佩凯"、
　裙撑"法勤盖尔"流行

■文艺复兴德意志风
　装饰斯拉修的女装

■西班牙风的流行
■拉夫领流行

■铁制的紧身胸衣出现

■文艺复兴西班牙风
　时期的拉夫领

■巴洛克"荷
　（长发、耆

■文艺复兴"意大利风"时期的
　衣波尔普万和裤子肖斯

■文艺复兴时期的女鞋乔品

■男上衣波尔普万中
　的填充物愈来愈甚

■文艺复兴西班牙风
　时期的男服裤子

意大利风时代	德意志风时代		西班牙风时代
1450—1510年	1510—1550年		1550—1620年

■端罩，清代皇帝祭祀时，
穿在朝服外的皮制礼服

■清代皇帝、皇后礼服有朝冠、朝服、朝珠和朝带等

■清代补服为圆领、对襟、平袖
袖与肘齐，衣长至膝下

■清朝龙袍，绣有九条龙，
下摆有水脚、山、石、宝物

■朝褂，清代命妇朝会、祭祀时，套在朝袍外
的圆领、对襟、无袖大褂襕式的礼褂

■清代皇帝祭圜丘、祈雨
穿用的圆领对襟石青色

■巴洛克"荷兰风"时期的
男装自然舒适，波尔普万
和肖斯中的填充物消失

■鸠斯特科尔男装流行

■男装阿比和贝斯特开

■大量使用蕾丝的荷兰风女装

■女性发型巨大化

荷兰风时代 1620—1650年	法国风时代 1650—1715年

■清代皇太后、皇后冬朝冠

■常服袍，圆领右衽，大襟
窄袖，有马蹄袖端

■ "一字马甲"，一字形
前襟上装有排扣，两边腋
下也有纽扣

■清代女服褂襕

■清代称膝裤为"套裤"
其长度可遮覆大腿

■缺襟袍，清代文武官员出行时所穿长袍
右衽大襟，窄袖、四开裾，右衣裾下短一尺
便于骑马的袍子，故又称"缺襟袍"

■清代满族花盆底鞋

■清代裙子的基本形制是马面裙
"马面"是指裙前后有两个长
方形裙门

■马面凤尾裙，
于马面裙之夕

时，
褂

始流行

■法国式罗布流行

■英国式罗布流行

■波兰式罗布流行

■新古典主义时期流行
白色棉布衬裙式连衣裙
和披肩

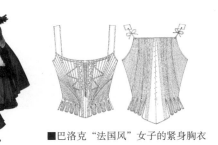

■巴洛克"法国风"女子的紧身胸衣

■巴洛克"法国风"男子服装

■洛可可时期的中国风服装

■洛可可时期的裙撑帕尼艾

洛可可时代
1715—1789年

■衣长及地的清代服饰

■氅衣，清代内廷后妃的便服

■钿子，珠翠为饰的彩冠

■前身四个口袋
门襟五粒纽扣
袖口三粒纽扣

■霞帔，阔如背心，下施彩色流苏，
胸背缀与其丈夫官位相应的补子

■将凤尾裙附围系
女裙

■旗袍，满族女性服装中最具代表性服装之一

■浪漫主义时期强调
细腰的男装

■1850年，西方男子外出和室内服装

■巴斯尔样式开始流行

■管状女装样式流行

■帝政时期有帝政帕夫袖的女裙

■1858年，沃斯在巴黎开设面向
皇后等上层顾客的高级女装店，
从而开创了巴黎的高级女装业

■自行车流行，布尔玛女裤
作为骑自行车用的女服流行

■浪漫主义女装流行
■羊腿袖达到最大化
■紧身胸衣再度成为女性的必需品

■女装外型呈S型

| 新古典主义时代 1789—1825年 | 浪漫主义时代 1825—1850年 | 克里诺林时代 1850—1870年 | 巴斯尔时代 1870—1890年 | S型时代 1890—191 |

| 10 | 20 | 30 | 40 | 50 | 60 | 70 | 80 | 90 | |

中华民国（1912—1949年）　　　　　　　中华人民共和国（1949年至今）

■20世纪上半叶，女装男性化

■身着"别裁派"旗袍的电影明星阮玲玉

■身着"别裁派"旗袍的中国女性

■20世纪60年代的军便装

■20世纪80年代，西方文化和港台地区时尚进入内地（大陆）

表示国之四维，
代表五权分立，
表示三民主义

■"北洋政府"颁发的服制条例，男子礼服分大礼服、常礼服，常礼服又分为甲、乙两种

■1929年，民国政府重新颁布《民国服制条例》，国民"礼服"男式为蓝袍和黑褂

■中华人民共和国成立至20世纪70年代期间流行的蓝色工装衣裤、列宁装式样

1923　1926　1932　1937　1940

■宽肩式男装流行

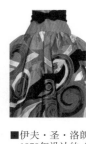

■1966年，伊夫·圣·洛朗推出"蒙德里安"样式

■伊夫·圣·洛朗1979年设计的"毕加索云纹晚礼服"

■三宅一生于1996年推出的古典油画家安格尔《泉》的印花时装作品

■裙长再次变长，流行细长的淑女式

■霍布尔裙流行

■1947年，迪奥发布"新样式"

■1967年，帕苛·拉邦奴推出金属"铠甲式"女装
■1966年，伊夫·圣·洛朗推出长裤套装
■1967年，嬉皮士样式流行

年